제2판

식품위생학

김정목 · 강희정 · 박상규 · 배상옥 · 신정규 · 이영덕

창지사

머리말

근래에 각종 언론매체를 통해 식품과 건강에 관한 다양한 정보가 쏟아져 나오고 있는데, 그중에서도 식품의 안전과 관련한 우리 사회의 관심은 갈수록 높아져 가고 있다.

식품은 인간에게 생존에 필수적인 영양소를 제공하고 먹는 즐거움을 선사하지만, 때로는 오염된 유해 물질, 각종 미생물, 독소 등에 노출되어 심각한 질병을 야기한다. 더구나 환경오염으로 인해 새로운 유해 물질들이 나타나고 과학기술의 발달로 극미량까지 검출할 수 있음으로써 정량적 위해평가 없이 식품에 유해 물질이 존재하는 것만으로 안전성 논쟁이 발생되기도 한다. 따라서 식품을 공부하는 학생뿐만 아니라 식품 관련 업계에 종사하는 분에게 식품안전에 관한 이해와 정확한 정보를 전달하고자 책을 집필하였다.

정부 부처에서는 식품위생 · 안전과 관련한 법규의 제 · 개정이 활발하게 이루어지고, 최근에는 「식품위생법」에 근거하여 식품안전정보원, 식품안전관리인증원 등의 조직이 설립되었다. 식품안전관리인증기준(HACCP), 농약 허용물질목록 관리제도(PLS), 식품이력추적관리제도 등 다양한 안전 관리 정책과 방안도 추진되고 있다.

이 책에서는 전반적인 식품안전에 관한 내용부터 미생물의 분류와 특성, 식중독과 관련된 미생물의 특징, 곰팡이독, 화학적 유해 물질, 감염병, 유전자변형식품, 방사선 조사식품, 방사능 오염 식품, HACCP, 시설 및 개인위생 관리 분야까지 골고루 다루었고, 최신 동향도 많이 소개하고자 하였다.

앞으로도 식품위생 관련 내용을 지속적으로 수정 · 보완해 나갈 것이며, 이 책이 필요한 모든 분에게 도움이 되기를 희망한다. 더불어 책이 출간되기까지 많은 도움을 준 창지사 편집진에게도 감사의 인사를 전한다.

저자 일동

차례

CONTENTS

CONTENTS

CHAPTER 01

식품위생 안전의 개요

제1절 식품위생 안전의 정의

2020년 우리나라 출생아의 기대수명이 83.5세로 늘어남에 따라 수명의 연장과 함께 건강하게 사는 것에 관한 관심이 더욱 높아지고 있다. 생명과 건강을 유지하고 증진시키기 위해서는 운동, 휴식뿐 아니라 음식의 섭취가 중요한데, 잘못된 식품 섭취는 오히려 건강에 해가 되므로 식품의 안전한 섭취가 필요하다.

우리나라는 식품안전에 관하여 「식품안전기본법」, 「식품위생법」, 「축산물 위생관리법」, 「건강기능식품에 관한 법률」, 「수입식품안전관리 특별법」 등의 여러 관련 법을 적용한다. 이 중 「식품위생법」은 식품으로 인해 생기는 위생상의 위해(危害)를 방지하고 식품영양의 질적 향상을 도모하며 식품에 관한 올바른 정보를 제공하여 국민보건의 증진에 이바지함을 목적으로 제정된 법률이다. 식품안전과 관련하여 「식품위생법」 제2조에 명시된 주요 용어의 정의는 다음과 같다.

- '식품'이란 모든 음식물(의약으로 섭취하는 것은 제외한다)을 말한다(제1항).
- '식품첨가물'이란 식품을 제조 · 가공 · 조리 또는 보존하는 과정에서 감미(甘味), 착색(着色), 표백(漂白) 또는 산화 방지 등을 목적으로 식품에 사용되는 물질을 말한다. 이 경우 기구(器具) · 용기 · 포장을 살균 · 소독하는 데에 사용되어 간접적으로 식품으로 옮아갈 수 있는 물질을 포함한다(제2항).
- '기구'란 다음 각 목의 어느 하나에 해당하는 것으로서 식품 또는 식품첨가물에 직접 닿는 기계 · 기구나 그 밖의 물건(농업과 수산업에서 식품을 채취하는 데에 쓰는 기계 · 기구나 그 밖의 물건 및 「위생용품 관리법」 제2조 제1호에 따른 위생용품은 제외함)을 말한다(제4항).

  가. 음식을 먹을 때 사용하거나 담는 것

  나. 식품 또는 식품첨가물을 채취 · 제조 · 가공 · 조리 · 저장 · 소분(小分: 완제품을 나누어 유통을 목적으로 재포장하는 것) · 운반 · 진열할 때 사용하는 것

- '용기 · 포장'이란 식품 또는 식품첨가물을 넣거나 싸는 것으로서 식품 또는 식품첨가물을 주고받을 때 함께 건네는 물품을 말한다(제5항).
- '위해'란 식품, 식품첨가물, 기구 또는 용기 · 포장에 존재하는 위험요소로서 인체의 건강을 해치거나 해칠 우려가 있는 것을 말한다(제6항).
- '식품위생'이란 식품, 식품첨가물, 기구 또는 용기 · 포장을 대상으로 하는 음식에 관한 위생을 말한다(제11항).

한편, 세계보건기구(WHO)의 환경위생전문위원회는 식품위생을 "식품의 재배, 생산, 제조로부터 사람에게 섭취되기까지 전 단계에서 식품의 안전성, 건전성 및 완전무결성을 확보하기 위한 모든 수단(Food hygiene means all measures necessary for ensuring the safety, wholesomeness and soundness of food at all stages from its growth, production or manufacture until its final consumption)"이라고 정의하였다.

TIP 식품과 관련된 기구

- 국제식품규격위원회(CAC, Codex alimentarius commission): 국제적으로 통용될 수 있는 국제식품규격(Codex)을 개발하여 식품의 국제교역을 촉진하고 소비자의 건강을 보호하기 위한 목적으로 1962년 설립된 UN FAO와 WHO의 공동 운영 조직
- 국제암연구기관(IARC, international agency for research on cancer): 암의 원인에 관한 연구의 국제적 협력을 위하여 1965년 설립된 WHO 산하의 부속기관
- 국제연합 식량농업기구(UN FAO, united nations food and agriculture organization): 개발도상국의 기근과 빈곤을 제거하고 식량문제를 개선하기 위하여 1945년에 설립된 국제기구
- 국제원자력기구(IAEA, international atomic energy agency): 원자력의 평화적 이용을 위한 연구와 국제적인 공동 관리를 위하여 1957년 설립된 국제기구
- 미국 식품의약국(FDA, food and drug administration): 미국 내에서 생산되는 식품과 의약품의 안전성을 관리하기 위하여 1938년 미국 보건후생성의 산하기관으로 설립된 행정 기구
- 세계보건기구(WHO, world health organization): 보건 · 위생 분야의 국제적인 협력을 위하여 1948년 설립된 국제기구

제2절 식품안전의 위해 요인

식품위생의 범위에는 식품으로 인하여 발생할 수 있는 모든 건강상의 문제가 포함되며, 인체의 건강을 해칠 우려가 있는 식품안전의 위해 요인은 종류와 유입경로가 매우 다양하다. 자연독과 같이 식품 자체에 유독 성분이 포함된 경우도 있고, 생육·재배 과정에서 농약, 유해 금속, 항균·항생물질이나 기타 환경오염물질에 의해 식품 원료가 오염되기도 한다. 또한, 식품의 제조·가공 시 사용된 유해 식품첨가물, 기구나 용기·포장으로부터 용출된 유해 화학물질이 식품에 유입되기도 하며, 조리·발효 과정에서 일부 독성물질이 생성되거나 조리종사자의 취급 부주의 등으로 제조·저장·보존하는 과정에서 병원성 미생물과 독소, 이물 등이 혼입되어 안전성에 문제가 발생한다. 이와 함께 국제 교류의 증대로 다양한 수입식품과 식재료가 유입되면서 이에 관한 안전성 문제도 제기되고 있다.

식품의 안전을 위협하는 식품 위해 요인은 특성에 따라 생물학적·화학적·물리적 위해 요인으로 분류할 수 있다(표 1–1).

표 1–1 원인 물질의 특성에 따른 식품 위해 요인의 분류

특성	종류	
생물학적 위해 요인	병원성 미생물	세균, 바이러스, 곰팡이 등
	기생충	회충, 편충, 간흡충, 폐흡충, 아니사키스 등
화학적 위해 요인	자연독	동물성 독, 식물성 독, 곰팡이독 등
	화학물질	불허용 식품첨가물, 잔류 농약, 유해 금속, 내분비계 장애물질 등
물리적 위해 요인	동물성	위생곤충 및 알, 설치류 및 그 배설물, 동물의 털이나 배설물 등
	식물성	짚, 겨 등
	광물성	유리, 토사, 금속성 물질, 도자기 파편 등

또한, 식품 위해 요인은 여러 경로로 생성되어 식품에 유입될 수 있으므로 생성 원인에 따라 내인성(natural, intrinsic), 외인성(additional, extrinsic), 유인성(induced) 위해 요인으로 구분하기도 한다(표 1-2).

- 내인성 위해 요인: 식품 원료 자체에 포함된 유독 성분이나 생리작용 성분
- 외인성 위해 요인: 식품의 생육 · 재배 · 제조 · 유통 · 소비 과정에서 외부로부터 유입되거나 오염된 위해 요인
- 유인성 위해 요인: 식품 조리 과정 혹은 식품 섭취 후에 생체 내에서 생성되는 위해 요인

표 1-2 생성 원인에 따른 식품 위해 요인의 분류

<table>
<tr><th>생성 원인</th><th colspan="3">종류</th></tr>
<tr><td rowspan="4">내인성</td><td colspan="2" rowspan="2">자연독</td><td>동물성 독(복어독, 패류독, 시구아테라독 등)</td></tr>
<tr><td>식물성 독(감자독, 버섯독, 시안배당체 등)</td></tr>
<tr><td colspan="2" rowspan="2">생리작용성분</td><td>항비타민성 물질, 항효소성 물질, 항갑상샘 물질</td></tr>
<tr><td>식이성 알레르겐</td></tr>
<tr><td rowspan="11">외인성</td><td colspan="2" rowspan="4">생물적</td><td>식중독균</td></tr>
<tr><td>경구감염병균</td></tr>
<tr><td>곰팡이독</td></tr>
<tr><td>기생충</td></tr>
<tr><td rowspan="7">인위적</td><td>의도적</td><td>유해 식품첨가물</td></tr>
<tr><td rowspan="6">비의도적</td><td>잔류 농약</td></tr>
<tr><td>항균 · 항생물질</td></tr>
<tr><td>환경오염물질</td></tr>
<tr><td>방사능 물질</td></tr>
<tr><td>용기 · 포장 용출물</td></tr>
<tr><td>제조 · 가공 중 혼입물(비소, PCB 등)</td></tr>
<tr><td rowspan="3">유인성</td><td colspan="2">물리적 작용 생성물</td><td>조리 과정 생성물(유지 과산화물 등)</td></tr>
<tr><td colspan="2">화학적 작용 생성물</td><td>식품 성분 상호 반응 생성물(단백질 가열분해물 등)</td></tr>
<tr><td colspan="2">생리적 작용 생성물</td><td>생체 내 생리반응 생성물(N-나이트로사민 등)</td></tr>
</table>

각종 위해 요인이 포함된 식품의 섭취는 생물체에서 식중독뿐 아니라 경구감염병, 인수공통감염병, 기생충증 등과 같은 질환을 유발할 수 있다. 안전성이 확보되지 않은 식품을 섭취함으로써 발생할 수 있는 위해의 형태에 따라 식품 위해 요인을 분류하면 표 1-3과 같다.

| 표 1-3 | 위해 형태에 따른 식품 위해 요인의 분류

<table>
<tr><th colspan="3">위해 형태</th><th>종류</th></tr>
<tr><td rowspan="9">식중독</td><td rowspan="3">세균성</td><td>감염형</td><td>살모넬라, 장염비브리오, 병원성 대장균 등</td></tr>
<tr><td>독소형</td><td>황색포도상구균, 보툴리누스 등</td></tr>
<tr><td>중간형</td><td>클로스트리듐 퍼프린젠스, 바실루스 세레우스 등</td></tr>
<tr><td colspan="2">바이러스성</td><td>노로바이러스, 로타바이러스, 아스트로바이러스 등</td></tr>
<tr><td rowspan="3">자연독</td><td>동물성 독</td><td>복어독, 패류독, 시구아테라독 등</td></tr>
<tr><td>식물성 독</td><td>감자독, 버섯독, 시안배당체 등</td></tr>
<tr><td>곰팡이독</td><td>아플라톡신, 황변미독, 맥각독 등</td></tr>
<tr><td colspan="2">화학물질</td><td>유해 식품첨가물, 잔류 농약, 유해성 금속물질, 메탄올, 항균·항생물질, 환경오염물질 등</td></tr>
<tr><td colspan="3">경구감염병</td><td>세균성이질, 장티푸스, 콜레라, 폴리오(급성회백수염), 성홍열, 간염 등</td></tr>
<tr><td colspan="3">인수공통감염병</td><td>탄저, 결핵, 야토병, 브루셀라증, Q열 등</td></tr>
<tr><td colspan="3">기생충증</td><td>회충, 구충, 요충 등에 의한 감염</td></tr>
<tr><td colspan="3">기타</td><td>유전자변형식품, 방사능 오염 식품 등</td></tr>
</table>

제3절 식중독의 개요

1) 식중독의 정의와 발생 현황

'식중독(food poisoning)'은 식품 섭취로 인하여 인체에 유해한 미생물 또는 유독 물질에 의하여 발생하였거나 발생한 것으로 판단되는 감염성 질환 또는 독소형 질환을 말한다(「식품위생법」 제2조 제14항). 또한, WHO에서는 역학조사한 결과 식품 또는 물이 질병의 원인으로 확인되거나 의심되는 동일 식품 또는 물을 섭취함으로써 2인 이상이 유사한 질병을 경험하는 것을 집단 식중독으로 정의하고 있다(WHO, 2008).

(1) 연도별, 월별 발생 현황

2002년부터 2021년까지 우리나라 연도별 식중독 발생 현황을 보면, 식중독 발생건수는 2007년 510건으로 최대치를 나타낸 후 2013년까지 꾸준히 감소하는 추세를 보이다가 2014년부터 다시 증가하고 있다. 발생 환자 수는 2006년 10,382명으로 매우 높은 수치를 보였다가 이후 감소하는 추세였으나 2018년 11,504명으로 최대치를 나타내며 급증하였다(그림 1-1). 2002년과 2005년에는 각각 한·일 월드컵과 APEC 정상회의 개최에 대비해 위생 교육과 점검이 강화됨으로써 발생건수와 환자 수가 일시적으로 감소한 것으로 보이며, 2006년과 2018년에는 학교급식에서 대형 집단 식중독 발생으로 환자 수가 급증한 것으로 추정된다. 또, 코로나19의 대유행으로 외부활동의 감소와 함께 손씻기 등 위생과 안전 관리에 대한 관심이 증가하여 2020년에는 식중독 발생건수와 환자수가 최근 10년 이래 최저치를 기록하였다.

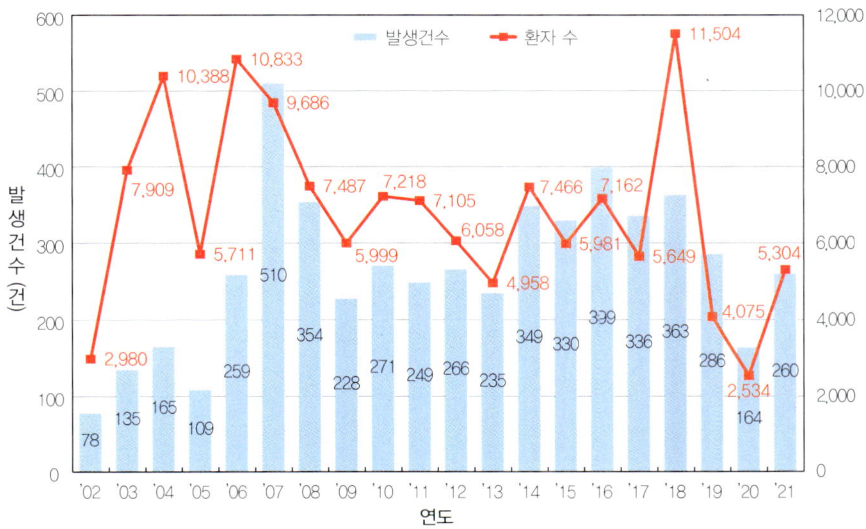

출처: 식품의약품안전처 식품안전나라.

그림 1-1 연도별 식중독 발생 현황(2002~2021년)

식중독은 기온, 습도 등 기후의 영향을 많이 받는다. 2002~2021년 월별 평균 식중독 발생 양상을 보면, 5~9월에 식중독 발생건수와 환자 수가 특히 많으며, 날씨가 무더워지기 시작하는 6월에 환자가 가장 많이 발생하였다. 늦은 봄에서 초가을 사이에 식중독이 집중적으로 발생한 이유는 온도와 습도가 높아 식중독의 주원인인 세균과 식품 부패균이 활발하게 증식할 수 있는 환경이 조성되고, 이 시기에 등산, 야유회 등 각종 야외 활동이 많아짐으로써 도시락 섭취나 외식에 의한 집단 식중독 발생의 위험이 커졌기 때문이다. 그러나 최근 5년간의 식중독 발생 양상은 조금 다른데, 발생 환자 수가 폭염기인 8월과 늦더위가 찾아오는 9월에 최대치를 나타내었으며, 월별 평균 식중독 발생건수는 12월에 20건, 1월에 22건이나 발생하여 2월을 제외하고 연중 고르게 분포한다(그림 1-2).

이처럼 겨울철에도 식중독이 발생하는 이유는 기온이 낮은 겨울에도 활발히 활동하는 바이러스에 의한 식중독이 많아졌기 때문이다. 세균성 식중독은 여름철, 바이러스성 식중독은 겨울철에 주로 발생하므로 앞으로는 계절과 관계없이 1년 내내 주의해야 한다(그림 1-3).

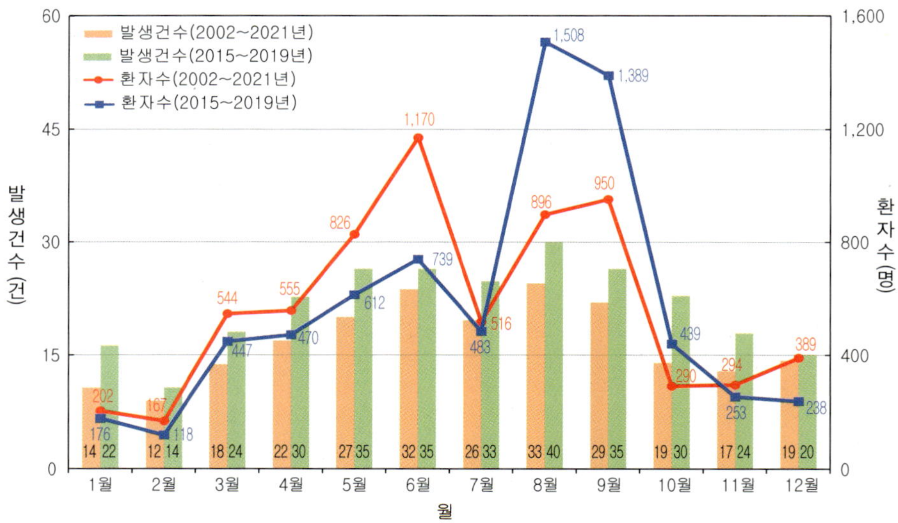

출처: 식품의약품안전처 식품안전나라.

그림 1-2 월별 식중독 발생 현황(2002~2021년, 평균)

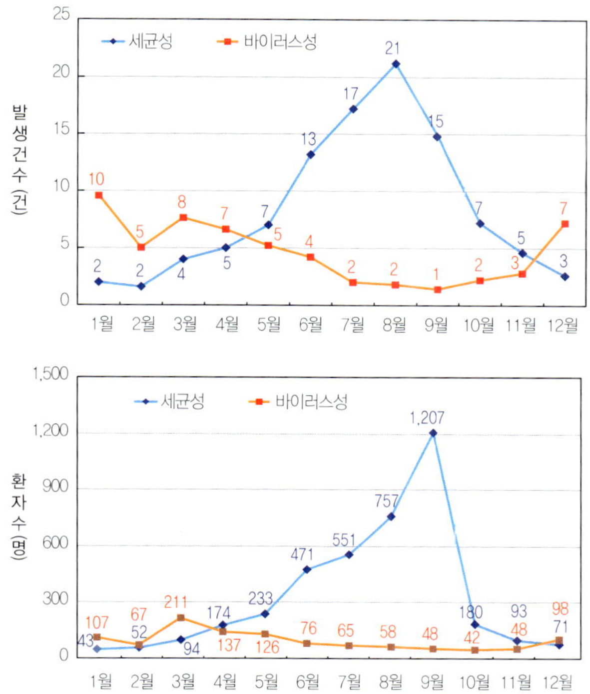

출처: 식품의약품안전처 식품안전나라.

그림 1-3 월별 세균성 및 바이러스성 식중독 발생 현황(2017~2021년, 평균)

비브리오패혈증균 예측시스템

식품의약품안전처와 질병관리본부는 최근 기후 변화로 발생시기가 빨라지고 있는 비브리오패혈증 감염에 대해 국민이 예방할 수 있도록 2017년 7월 21일부터 '비브리오패혈증균 예측시스템'의 시험 운영을 실시하여 발생 위험에 대한 예보 정보를 식품의약품안전처 식품안전나라(www.foodsafetykorea.go.kr)를 통해 실시간으로 제공한다. 이는 주요 항구, 양식 어장, 해수욕장 주변 등 전국 거점 지역 41곳의 해양 환경정보를 실시간으로 모니터링하여 현재 비브리오패혈증균 발생 가능성을 예측하고, 위험 단계를 관심(0~20), 주의(21~50), 경고(51~80), 위험(81~100)의 네 단계로 구분하여 단계별 대응 요령을 함께 제공하는 서비스이다.

비브리오패혈증은 비브리오 불니피쿠스에 의해 발생하는 감염성 질환으로 치사율은 50% 이상이며, 일반적으로 수온이 15℃ 이상인 4월경부터 시작하여 균이 대량 증식하는 8월에 가장 많이 발생하는 것으로 알려져 있다.

(2) 원인 물질별 발생 현황

2002년부터 2021년까지 원인 물질별 식중독 발생 현황을 보면, 세균성 식중독의 평균 발생건수가 105건으로 전체 식중독 발생건수의 39%를 차지하고 있으며, 그중 살모넬라, 장염비브리오, 황색포도상구균 식중독은 2000년 이전까지 우리나라에서 발생하는 3대 세균성 식중독으로 알려졌다. 그러나 코로나19 발생 이전 2015년부터 2019년까지 최근 5년 동안은 전체 식중독 발생건수 중 세균성 식중독이 차지하는 비율이 32%로 감소한 반면, 바이러스성과 기타 식중독의 발생 비율은 더욱 증가하였다(그림 1-4).

2015년부터 2019년까지 5년간 평균 식중독 발생건수는 노로바이러스 식중독이 52건으로 가장 많았으며, 발생 환자 수는 병원성 대장균 식중독이 2,097명으로 가장 많았다. 2015년 이후 상대적으로 병원성 대장균과 캄필로박터 제주니에 의한 식중독이 증가하는 추세이다. 특히 병원성 대장균 식중독은 2019년까지 발생건수와 환자 수 모두 두드러지게 증가하였다. 이뿐만 아니라 살모넬라 식중독과 노로바이러스 식중독도 꾸준히 발생하므로 지속적인 관리가 필요하며, 세균성 및 바이러스성 식중독 외에 쿠도아와 같은 원충성 식중독도 전체 식중독 발생건수의 10.5%인 36건이 발생하여 주의가 요구된다.

2021년에는 최근 5년 동안에 비해 살모넬라, 캄필로박터 제주니, 노로바이러스에 의한 식중독 발생건수의 증가가 두드러진다. 발생 환자수에 있어서는 살모넬라와 캄필로박터 제주니 식중독이 매우 증가하였는데, 이는 7, 8월에 지속된 폭염과 평균 최고기온의 상승 때문으로 해석된다. 식품의약품안전처에 따르면, 최근 5년간 살모넬라 식중독 환자의 67%가 8~9월에 발생했고 63%는 달걀이 원인이 되어 발생했다고 보도한 바 있다. 그러나 발생건수가 가장 많은 부분은 역학조사에서 원인을 밝혀내지 못하는 불명으로 조사되어 역학조사의 체계와 방법에 관해서 여전히 문제가 제기되고 있다.

식중독 원인의 대부분을 차지하는 세균성 및 바이러스성 식중독의 최근 5년간 월별 발생 현황을 보면, 캄필로박터 제주니 식중독(4~7월), 병원성 대장균 식중독(5~9월), 살모넬라 식중독(6~10월)과 같은 세균성 식중독은 봄부터 늦더위가 지속되는 초가을까지 많이 발생하였음을 알 수 있다. 또한 장염비브리오 식중독(7-9월)은 여름에 집중적으로 발생하였고, 클로스트리듐 퍼프린젠스 식중독은 연중 간헐적으로 다발하는 경향을 나타냈다. 노로바이러스 식중독은 12월에서 6월에 걸쳐 광범위하게 발생하므로 여름을 포함한 봄, 가을, 겨울 내내 주의가 요구됨을 알 수 있다(표 1-4).

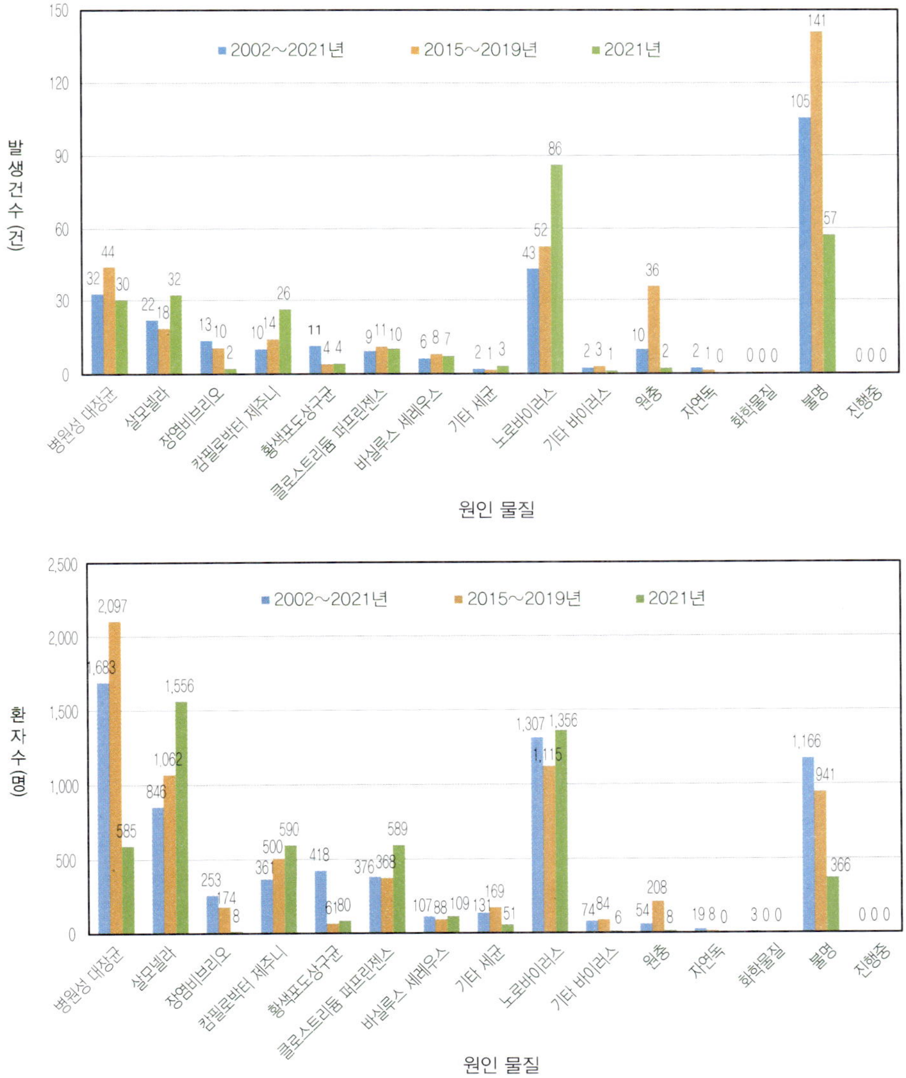

출처: 식품의약품안전처 식품안전나라.

그림 1-4 원인물질별 식중독 발생 현황(2002~2021년, 평균)

표 1-4 월별, 원인물질별 식중독 발생 현황(2017~2021년, 누적)

(단위: 건, 명)

구분		1월	2월	3월	4월	5월	6월	7월	8월	9월	10월	11월	12월	합계
병원성 대장균	발생건수	2	0	2	7	10	33	22	54	31	8	6	1	176
	환자 수	12	0	7	123	277	1,449	501	2,745	1,386	126	180	2	6,808
살모넬라	발생건수	0	0	4	3	6	12	17	23	24	14	6	1	110
	환자 수	0	0	177	319	194	363	1,013	484	3,636	541	105	6	6,838
장염 비브리오	발생건수	0	0	1	1	0	0	5	14	6	3	0	0	30
	환자 수	0	0	5	4	0	0	99	246	243	15	0	0	612
캄필로박터 제주니	발생건수	2	2	3	4	4	12	31	6	4	2	2	3	75
	환자 수	29	12	38	239	57	415	925	98	30	52	29	47	1,971
황색 포도상구균	발생건수	2	1	1	2	2	1	0	1	0	1	1	0	12
	환자 수	44	4	46	4	37	14	0	12	0	5	26	0	192
클로스트리듐 퍼프린젠스	발생건수	3	3	7	5	9	1	6	2	2	4	2	5	49
	환자 수	104	240	152	130	485	39	194	19	31	141	25	235	1,795
바실루스 세레우스	발생건수	1	2	1	3	4	5	3	5	6	3	5	2	40
	환자 수	28	6	34	52	113	37	7	52	57	14	76	49	525
기타 세균	발생건수	0	0	1	0	0	2	2	1	1	1	1	1	10
	환자 수	0	0	13	0	0	36	18	127	653	5	26	17	895
노로 바이러스	발생건수	48	25	37	30	25	19	8	9	6	8	14	35	264
	환자 수	534	333	1,006	563	614	369	136	291	235	183	238	488	4,990
기타 바이러스	발생건수	0	0	1	3	1	2	2	0	1	3	0	1	14
	환자 수	0	0	48	124	15	10	187	0	6	28	0	4	422
원충	발생건수	11	6	8	11	13	13	17	11	12	17	8	9	136
	환자 수	59	31	37	62	67	53	80	60	66	128	73	46	762
자연독	발생건수	0	0	0	0	2	0	0	0	2	1	0	0	5
	환자 수	0	0	0	0	7	0	0	0	21	7	0	0	35
화학물질	발생건수	0	0	0	0	0	0	0	0	0	0	0	0	0
	환자 수	0	0	0	0	0	0	0	0	0	0	0	0	0
불명	발생건수	27	31	31	46	52	57	55	42	53	34	40	20	488
	환자 수	167	141	368	391	252	281	444	285	251	302	240	99	3,221
합계	발생건수	96	70	97	115	128	157	168	168	148	99	85	78	1,409
	환자 수	977	767	1,931	2,011	2,118	3,066	3,604	4,419	6,615	1,547	1,018	993	29,066

(주) 안은 연중 다발 시기임

출처: 식품의약품안전처 식품안전나라.

한편, 자연독 식중독은 자연독에 관한 정보가 많이 알려지고 승인받은 공급처를 통해 식재료가 공급되면서 최근 발생률이 많이 감소하였다. 지금까지 동물성 중에서는 복어 중독, 식물성으로는 독버섯 중독이 발생건수와 환자 수에서 가장 많았으나, 2009년에는 원추리 섭취에 의한 집단 식중독 발생으로 환자 수가 최대치인 126명에 이른 것으로 조사되었다(그림 1-5, 그림 1-6).

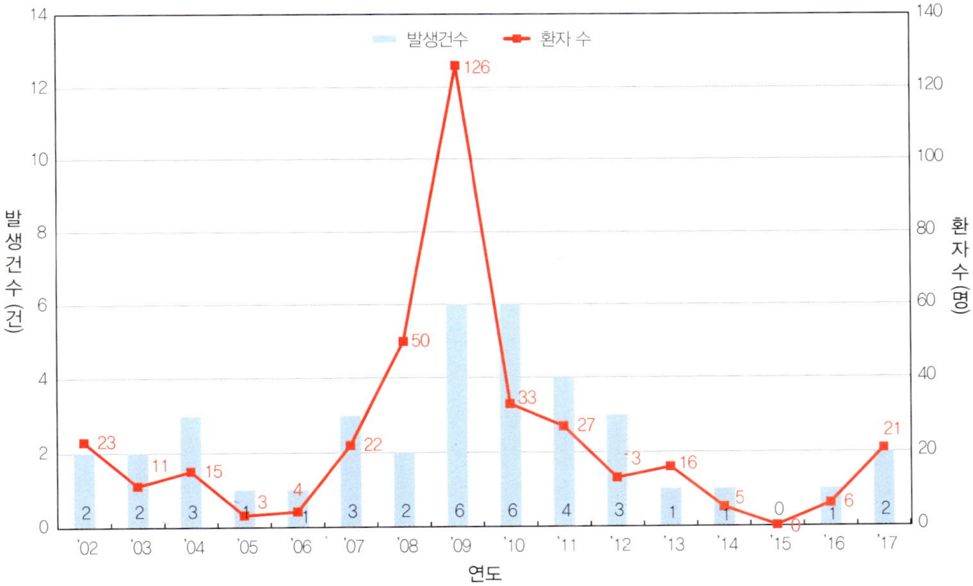

출처: 식품의약품안전처 식품안전나라.

그림 1-5 자연독 식중독의 연도별 발생 현황(2002~2017년)

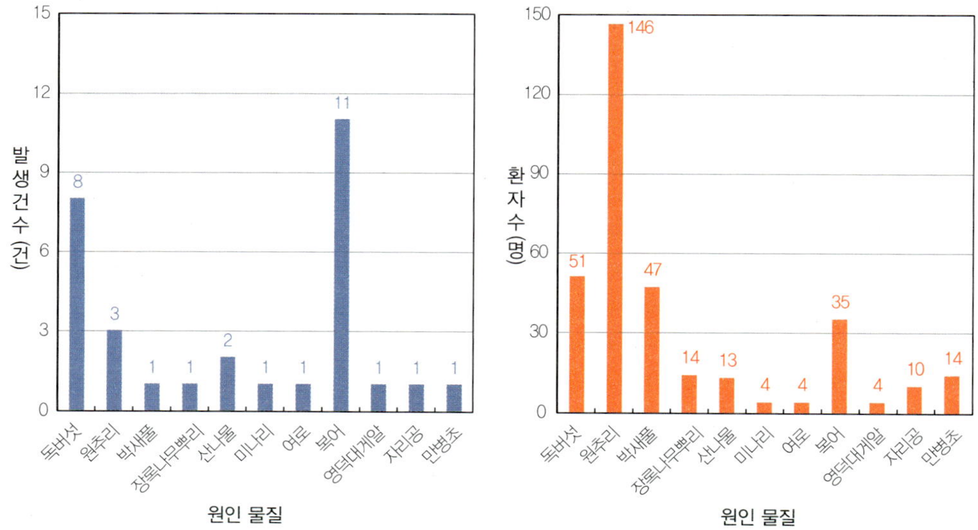

출처: 식품의약품안전처 식품안전나라.

그림 1-6 자연독 식중독의 원인별 발생 현황(2017~2021년, 누적)

(3) 원인 시설별 발생 현황

식생활 패턴의 변화에 따라 식중독 발생 양상 또한 달라지고 있다. 1인 가구와 맞벌이 부부의 증가로 외식과 단체급식의 필요성이 커지면서 음식의 대량 생산, 대량 조리 기회가 늘어나고, 반조리식품 등 여러 형태의 간편식과 가정편의식(HMR, home meal replacement) 사용이 늘어나는 등 식생활이 점차 다양해졌다.

통계 자료에 따르면, 2020년 우리나라의 집단급식소 수는 46,939개, 식품접객업 수는 914,934개이며, 국민의 하루 1회 이상 외식률은 28.0%에 달하여 약 국민 세 명 중 한 명이 하루 한 끼 이상 외식을 하는 것으로 조사되었다. 이와 같이 단체급식과 외식 기회가 증가함에 따라 식중독 발생 규모가 대형화되어 집단 식중독의 발생 가능성이 더욱 커지게 되었다. 또한, 다양한 형태의 가공식품과 편의식품을 이용하는 과정에서 각종 식품첨가물과 용기 · 포장으로부터 유래하는 유해 물질의 섭취 기회 또한 커지고 있다.

2017년부터 2021년까지 최근 5년간의 식중독 발생 현황을 원인 시설별로 살펴보면, 발생건수는 음식점이 822건으로 가장 많았고, 다음이 기타(식품제조업소, 야외행사 등) 학교 외 집단급식>학교>불명>가정집의 순이었으며, 발생 환자 수는 음식점>학교>기타>학교 외 집단급식>불명>가정집의 순으로 감소하였다(그림 1-7). 학교의 경우 식중독 발생건수는 137건으로 전체의 9.7%에 그쳤지만, 식중독 발생건수당 환자수가 56명으로 집단 식중독 위험이 가장 높은 원인시설로 나타났으므로 각별한 주의가 필요하다.

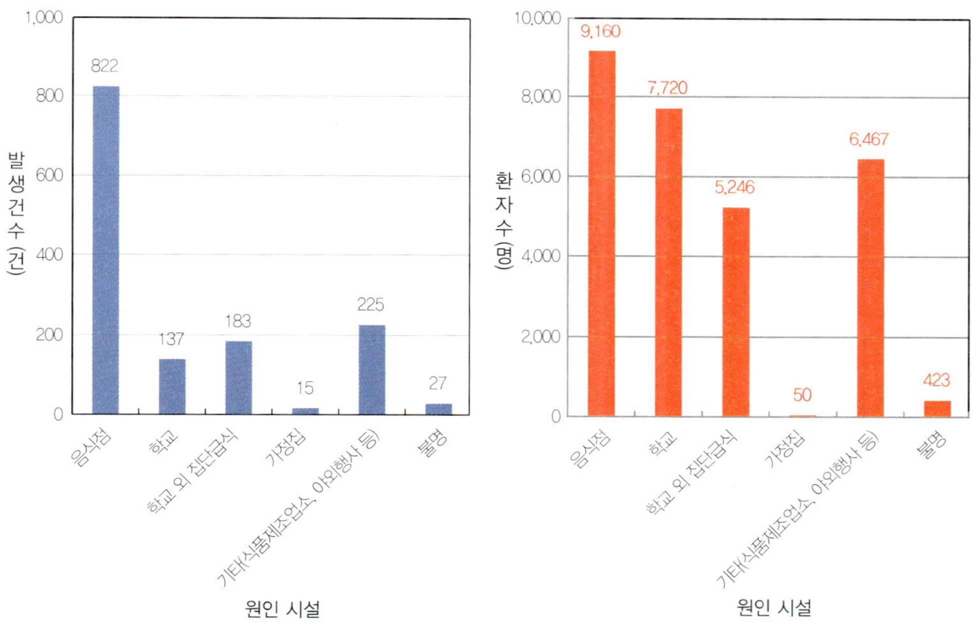

출처: 식품의약품안전처 식품안전나라.

그림 1-7 원인 시절별 식중독 발생 현황(2017~2021년, 누적)

학교 식중독 발생 현황을 연도별로 보면, 2006년 노로바이러스에 의한 대형 집단 식중독 발생으로 환자 수가 최대 6,548명에 달하였고 이후 감소 추세를 보이다가 2018년에는 살모넬라균에 의한 집단 식중독이 발생한 바 있다(그림 1-8).

계절적으로는 신학기 급식이 시작되는 3월부터 발생건수와 환자 수가 증가하기 시작하여 날씨가 무더워지는 5~6월에 많이 발생하였고, 폭염기인 8월과 늦더위가 지속되는 학기초 9월에 환자 수가 최대에 이르는 양상을 나타내었다(그림 1-9).

최근 5년간 발생한 학교 식중독 사고의 주요 원인 물질은 병원성 대장균>노로 바이러스>캄필로박터 제주니>바실루스 세레우스>클로스트리듐 퍼프린젠스 순이었으며(그림 1-10), 최적 증식온도가 35~40℃인 병원성 대장균은 기온이 상승하는 5~10월, 15℃ 이하의 낮은 온도에서도 활성을 유지하는 노로바이러스는 1~6월과 11~12월, 오염된 가금류에 의해 많이 발생하는 캄필로박터 제주니는 삼복 등 닭고기 소비가 증가하는 5~9월, 클로스트리듐 퍼프린젠스 식중독은 신학기인 3월에 주로 발생하였다(그림 1-11). 학교 식중독 발생건수와 환자 수에서 가장 많은 부분을 차지한 병원성 대장균 식중독은 토양으로부터 오염된 채소 표면에 묻어 있던 세균이 세척 부주의나 불충분한 가열 등으로 남아 있다가 상온에 방치 시 다량 증식하여 발생한 사례가 있으며, 노로바이러스 식중독은 오염된 하수나 지하수로 인해 굴, 파래, 채소 등의 식재료가 오염되어 발생한 경우가 있다(표 1-5). 여름철에 닭고기 등의 가금류를 세척·조리하는 과정에서 조리도구와 식재료의 교차오염으로 캄필로박터 제주니 식중독이 발생하기도 했으며, 개학 철에는 육류나 기름에 튀긴 식품을 실온에 장시간 방치하여 클로스트리듐 퍼프린젠스 식중독이 발생하였다고 보고된 바 있다.

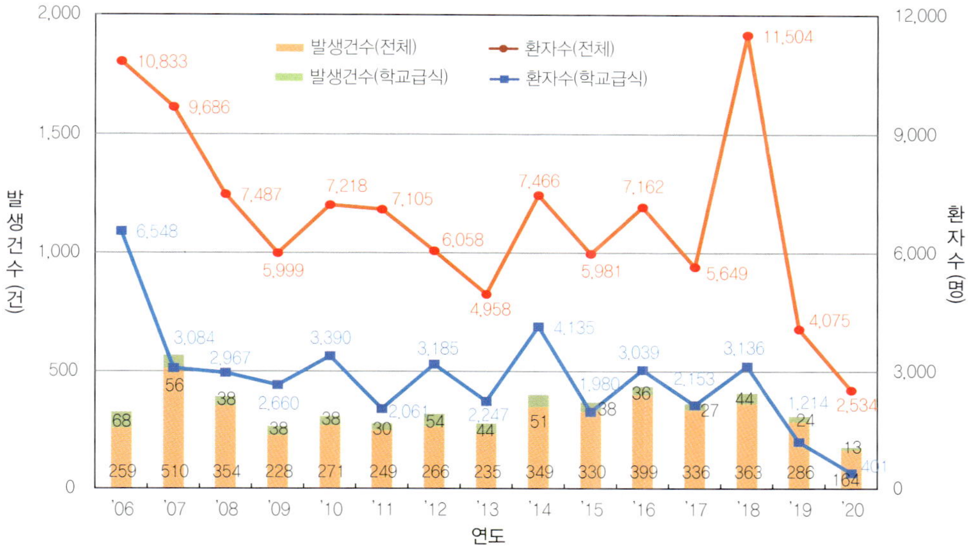

출처: 식품의약품안전처 식품안전나라.

그림 1-8 학교급식의 연도별 식중독 발생 현황 (2006~2020년)

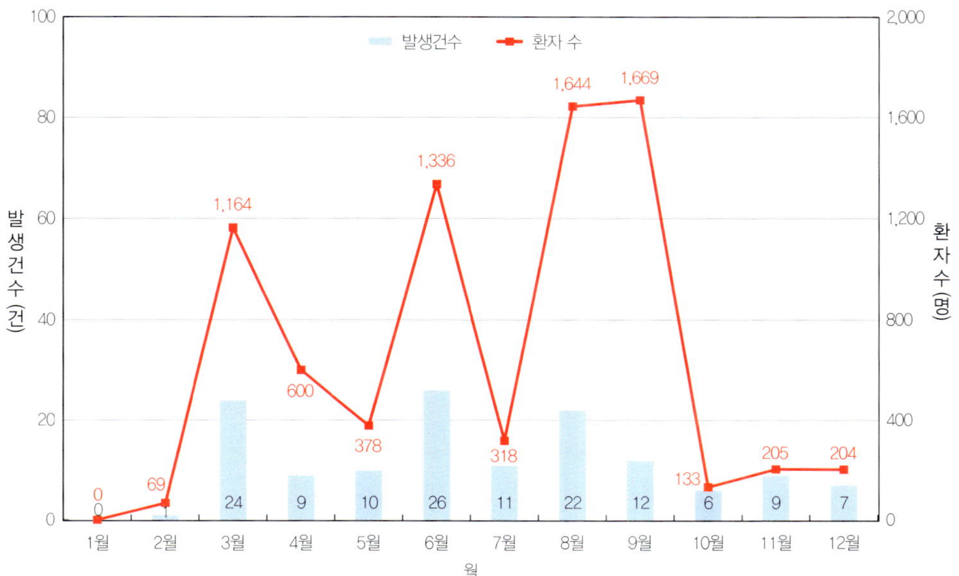

출처: 식품의약품안전처 식품안전나라.

그림 1-9 학교급식의 월별 식중독 발생 현황 (2017~2021년, 누적)

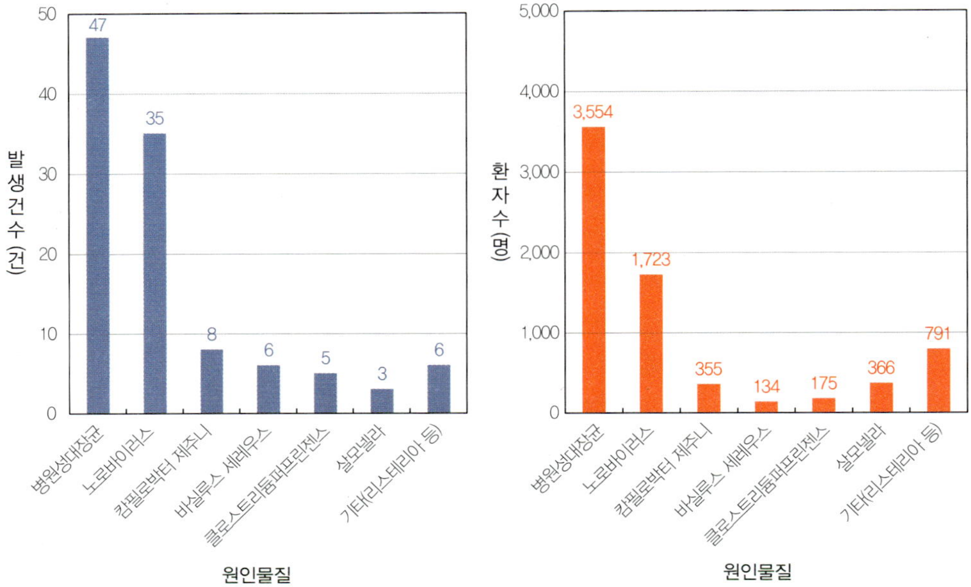

출처: 식품의약품안전처 식품안전나라.

| 그림 1-10 | 학교급식의 연도별 원인물질별 식중독 발생 현황(2017~2021년, 누적)

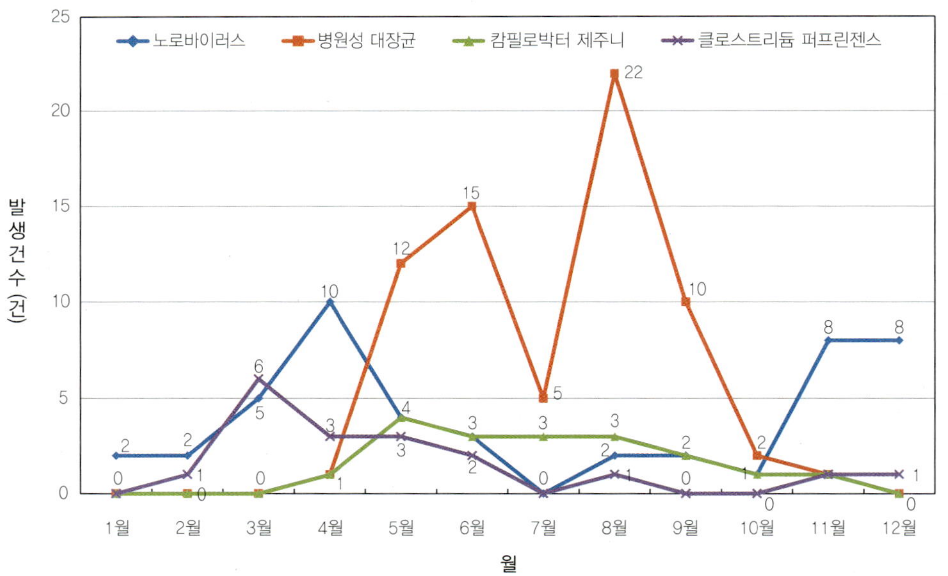

출처: 식품의약품안전처 식품안전나라.

| 그림 1-11 | 학교급식의 월별 원인 물질별 평균 식중독 발생 현황(2013~2017년)

표 1-5 학교급식 식중독의 월별 주요 원인 물질과 원인(추정) 식품(2017년)

월	주요 원인 물질	원인(추정) 식품 등
1월	노로바이러스	지하수, 기숙사 정수기 물
2월	노로바이러스	파래배무침, 파래무생채, 굴무생채
3월	노로바이러스	김치, 음용수
4월	노로바이러스	김치, 오이생채, 콩나물국
5월	병원성 대장균	김치, 음용수, 참치채소비빔밥
	노로바이러스	어리굴젓
	캄필로박터	삼계탕, 오징어오이무침, 단호박갈비찜
6월	병원성 대장균	미나리숙주무침, 비빔냉면, 수박, 훈제족발무침
	캄필로박터	닭곰탕, 구운오리김치볶음
	노로바이러스	음용수
7월	병원성 대장균	쫄면채소무침, 김치, 정수기 물
	캄필로박터	교차오염(생닭)
8월	병원성 대장균	김치, 열무무침
	캄필로박터	안동찜닭, 참치채소죽 · 김치, 닭감자조림
9월	병원성 대장균	김치, 오이 · 쌈장, 치킨텐더토르티야
	캄필로박터	돼지고기김치찌개, 닭가슴살겨자채
10월	병원성 대장균	교차오염(조리종사자)
11월	노로바이러스	김치, 굴무생채, 새송이꽈리 고추
12월	노로바이러스	굴, 깍두기, 김치, 굴무생채

출처: 식품의약품안전처 식품안전나라.

(4) 지역별 발생 현황

식중독 발생은 지역적으로 다른 양상을 보인다. 최근 5년 동안 전국 17개 시 · 도별 식중독 발생 현황을 살펴보면, 발생건수는 경기 서울 > 경남 > 부산 > 인천의 순이었으며, 환자 수는 경기 > 서울 > 부산 > 경북 > 충남 순으로 나타나 주로 인구가 밀집한 대도시와 여행지를 중심으로 식중독이 많이 발생한 것을 알 수 있다(표 1-6).

최근 5년간 식중독이 가장 많이 발생한 지역은 경기도로 발생건수는 289건, 환자 수는 9,092명으로 조사되었는데, 이는 각각 전국 식중독 발생건수의 21%, 환자 수의 31%에 해당하는 수치이다. 또한, 세종, 서울, 충남, 부산은 식중독 한 건당 평균 환자 수가 각각 30명, 26명, 25명, 25명으로 식중독 발생건수에 대한 환자 수 비율이 높게 나타나 대형 집단 식중독이 많이 발생한 지역으로 생각할 수 있다.

급식 시설별로 살펴보면, 지역과 관계없이 대부분 집단급식소와 음식점에서 식중독이 발생하였으며, 울산을 제외한 모든 지역에서 식중독 발생건수의 45% 이상이 음식점 사고였다. 특히 전북과 제주는 각각 발생건수의 81%, 79%, 발생 환자 수의 68%, 70%가 음식점에서 발생하여 전국에서 음식점 식중독 사고 비율이 가장 높았다.

이와 달리 대전은 학교 식중독 환자 수가 전체 환자 수의 64%에 달하는 249명으로 학교 식중독 환자 비율이 가장 높은 지역이므로 학교 식중독 사고 예방에 특히 신경 써야 할 것으로 보인다.

지난 5년간 지역별로 발생한 식중독을 원인 물질에 따라 나누어 보면, 살모넬라> 식중독>병원성 대장균 식중독>노로 바이러스 식중독의 순으로 환자가 많이 발생하였다. 부산, 경기, 전북, 전남에서는 살모넬라 식중독, 광주 충북, 경북, 제주는 병원성 대장균에 의한 환자수가 가장 많았고, 대구는 캄필로박터 제주니, 충남은 클로스트리듐 퍼프린젠스 식중독이 가장 많았다. 나머지 지역에서는 노로 바이러스 식중독에 의해 가장 많은 환자수가 발생하여 전국적으로 식중독 발생에 다양한 세균과 바이러스가 원인으로 작용했음을 알 수 있다(표 1-7).

경기도는 전국에서 살모넬라 식중독 환자 수가 가장 많은 지역으로 전국 환자 수의 반 이상인 57%에 해당하는 3,928명의 환자가 발생하였으며, 부산은 발생 환자 수의 약 12%를 나타내어 경기 다음으로 높았다. 노로 바이러스에 식중독 역시 경기에서 발생 환자 수가 1,270명으로 가장 많았고, 서울에서는 19%에 달하는 962명의 환자가 발생하여 그 뒤를 이었다. 병원성 대장균에 의한 식중독 역시 경기에서 환자 수가 가장 많았으며 다음이 17%인 경북이었다. 최근 5년간 증가 추세인 캄필로박터 제주니 식중독 역시 경기도의 발생 환자 수가 전체 발생 환자 수의 약 20%인 389명으로 가장 많았으며, 클로스트리듐 식중독은 충남이 전체 환자 수의 약 24%인 428명으로 전국에서 가장 많이 발생하였다. 한편, 분변에 오염된 물과 식품의 섭취로 발생하는 이질아메바, 람블편모충 등과 어류 생식이 원인이 되어 발생하는 쿠도아 등의 원충성 식중독 발생 환자 수는 인천이 전국에서 가장 많은 148명으로 조사되었다.

표 1-6 지역별 원인시설별 식중독 발생 현황(2017~2021년, 누적) (단위: 건, 명)

구분		서울	부산	대구	인천	광주	대전	울산	세종	경기	강원
학교	발생건수	16	15	6	4	2	6	3	0	26	9
	환자 수	2,021	850	337	321	23	249	30	0	1,823	375
학교 외 집단급식	발생건수	35	14	6	7	4	4	0	2	46	8
	환자 수	883	499	112	271	51	55	0	15	1,578	180
음식점	발생건수	90	58	31	53	24	10	9	6	158	42
	환자 수	1,041	943	235	508	142	29	125	255	1,874	253
가정집	발생건수	1	0	1	1	0	0	1	0	3	3
	환자 수	2	0	7	4	0	0	4	0	8	12
기타	발생건수	32	9	9	24	2	1	6	4	51	13
	환자 수	547	122	77	168	36	2	62	114	3,747	148
불명	발생건수	1	4	0	1	0	0	2	1	5	0
	환자 수	2	48	0	10	0	0	7	3	62	0
합계	발생건수	175	100	53	90	32	21	21	13	289	75
	환자 수	4,496	2,462	768	1,282	252	335	228	387	9,092	968

구분		충북	충남	전북	전남	경북	경남	제주	불명	합계
학교	발생건수	6	6	3	8	17	7	3	0	137
	환자 수	159	331	30	131	862	119	59	0	7,720
학교 외 집단급식	발생건수	17	5	4	3	14	1[illegible]	3	0	183
	환자 수	332	216	38	39	534	382	61	0	5,246
음식점	발생건수	38	35	54	60	44	70	37	3	822
	환자 수	291	646	535	673	353	612	624	21	9,160
가정집	발생건수	1	0	0	1	2	[illegible]	0	0	15
	환자 수	2	0	0	3	6	2	0	0	50
기타	발생건수	15	11	6	9	9	18	4	2	225
	환자 수	363	240	125	93	194	259	25	145	6,467
불명	발생건수	1	0	0	0	0	1	0	11	27
	환자 수	6	0	0	0	0	11	0	274	423
합계	발생건수	78	57	67	81	86	108	47	16	1,409
	환자 수	1,153	1,433	728	939	1,949	1,385	769	440	29,066

출처: 식품의약품안전처 식품안전나라.

표 1-7 지역별 원인물질별 식중독 발생 현황(2017~2021년, 누적) (단위: 건, 명)

구분		서울	부산	대구	인천	광주	대전	울산	세종	경기	강원
병원성 대장균	발생건수	12	11	11	5	3	2	2	0	34	14
	환자 수	506	799	180	121	49	34	37	0	2,133	284
살모넬라	발생건수	8	12	3	8	4	0	1	0	27	3
	환자 수	443	813	46	219	45	0	10	0	3,928	78
장염비브리오	발생건수	3	1	0	3	0	0	0	0	1	0
	환자 수	185	5	0	26	0	0	0	0	3	0
캄필로박터 제주니	발생건수	10	6	3	7	4	0	2	0	13	3
	환자 수	346	153	209	269	44	0	23	0	389	71
황색포도상구균	발생건수	1	0	0	0	1	0	0	0	2	2
	환자 수	30	0	0	0	12	0	0	0	25	19
클로스트리듐 퍼프린젠스	발생건수	5	2	3	1	1	1	0	2	8	1
	환자 수	279	22	148	11	6	44	0	99	349	10
바실루스 세레우스	발생건수	2	2	4	1	1	0	0	1	1	3
	환자 수	11	11	12	4	4	0	0	93	26	53
기타 세균	발생건수	4	1	0	1	0	0	0	0	2	0
	환자 수	823	5	0	1	0	0	0	0	46	0
노로바이러스	발생건수	44	18	6	12	4	4	4	6	73	15
	환자 수	962	358	43	375	26	187	95	182	1,270	318
기타 바이러스	발생건수	4	0	0	0	0	0	0	0	4	0
	환자 수	55	0	0	0	0	0	0	0	39	0
원충	발생건수	20	5	4	28	0	2	7	0	20	7
	환자 수	132	35	12	148	0	5	40	0	93	30
자연독	발생건수	0	0	0	0	0	0	0	0	2	0
	환자 수	0	0	0	0	0	0	0	0	21	0
화학물질	발생건수	0	0	0	0	0	0	0	0	0	0
	환자 수	0	0	0	0	0	0	0	0	0	0
불명	발생건수	62	42	19	24	14	12	5	4	102	27
	환자 수	724	261	118	108	66	65	23	13	770	105
합계	발생건수	175	100	53	90	32	21	21	13	289	75
	환자 수	4,496	2,462	768	1,282	252	335	228	387	9,092	968

구분		충북	충남	전북	전남	경북	경남	제주	불명	합계
병원성 대장균	발생건수	16	7	9	13	20	9	4	4	176
	환자 수	337	334	75	123	1,131	123	243	299	6,808
살모넬라	발생건수	6	6	6	10	6	4	5	1	110
	환자 수	180	60	253	272	172	205	112	2	6,838
장염비브리오	발생건수	0	0	4	8	2	6	1	1	30
	환자 수	0	0	67	147	107	65	3	4	612
캄필로박터 제주니	발생건수	9	3	0	5	3	6	1	0	75
	환자 수	124	42	0	96	33	158	14	0	1,971
황색포도상구균	발생건수	0	4	0	1	0	1	0	0	12
	환자 수	0	76	0	16	0	14	0	0	192
클로스트리듐 퍼프린젠스	발생건수	3	5	6	1	2	7	1	0	49
	환자 수	49	428	99	3	44	93	111	0	1,795
바실루스 세레우스	발생건수	5	2	0	7	2	4	4	1	40
	환자 수	80	15	0	31	42	48	89	6	525
기타 세균	발생건수	0	0	0	1	1	0	0	0	10
	환자 수	0	0	0	7	13	0	0	0	895
노로바이러스	발생건수	18	8	13	9	10	15	1	4	264
	환자 수	290	157	97	124	126	283	9	88	4,990
기타 바이러스	발생건수	1	2	0	0	2	1	0	0	14
	환자 수	2	161	0	0	54	111	0	0	422
원충	발생건수	3	10	3	1	5	18	2	1	136
	환자 수	10	63	28	6	37	107	10	6	762
자연독	발생건수	0	0	0	0	1	0	2	0	5
	환자 수	0	0	0	0	3	0	11	0	35
화학물질	발생건수	0	0	0	0	0	0	0	0	0
	환자 수	0	0	0	0	0	0	0	0	0
불명	발생건수	17	10	26	25	32	37	26	4	488
	환자 수	81	97	109	114	187	178	167	35	3,221
합계	발생건수	78	57	67	81	86	108	47	16	1,409
	환자 수	1,153	1,433	728	939	1,949	1,385	769	440	29,066

출처: 식품의약품안전처 식품안전나라.

국민건강 알람 서비스

국민건강보험공단은 식품의약품안전처의 식중독 확진 건수를 기반으로 국민건강보험공단의 진료 자료, 기상청에서 제공하는 지상기상관측 정보(기온, 습도, 강수 등), 국립환경과학원에서 제공하는 대기오염 통계 정보(미세먼지, 오존 농도 등)의 4개 기관 정형 데이터와 비정형 데이터인 민간의 소셜미디어 정보(트위터, 블로그, 뉴스)를 융합하여 현재 시점의 주요 유행성 질병에 대한 지역별 위험도와 행동수칙을 2015년부터 기관 홈페이지를 통해 제공한다. 이는 공공기관들의 협업을 통해 감기, 눈병, 피부염, 식중독, 천식의 5개 질환에 대한 위험 발생 확률을 관심, 주의, 경고, 위험의 4단계로 구분하고, 전국을 252개 시·군·구로 세분화하여 지역별 위험도와 위험 단계별 행동 요령을 단계별 알람으로 제공하는 서비스이다. 식중독의 경우 그동안 식품의약품안전처와 기상청이 공동으로 제시하던 식중독 지수를 '식중독 알람 서비스'로 업그레이드하여 지역별 식중독 위험 발생 확률을 예측하고 이를 식중독 발생지수(0~100)로 산출하여, 예측 정보와 단계별 행동 수칙을 다음과 같이 관심, 주의, 경고, 위험의 4단계로 알려 준다.

단계	지수 구간	식중독 위험도 단계별 행동 요령
● 관심	$0 \le P < 55$	화장실 사용 후, 외출 후, 조리를 시작하기 전후 등에는 손을 깨끗이 씻습니다.
● 주의	$55 \le P < 71$	음식물은 85℃ 이상에서 1분 이상 가열 조리하고 채소 및 과일류의 비가열 식품은 흐르는 물에 깨끗이 씻어서 섭취합니다.
● 경고	$71 \le P < 86$	식품용수는 가급적 수돗물을 사용하고 지하수는 반드시 끓여서 마시며, 조리기구는 충분히 세척한 후 소독합니다.
● 위험	$86 \le P \le 100$	구토, 설사 정도가 심하고 탈수, 발열, 발진 등의 증상 시에는 바로 의료기관을 방문하여 전문의의 지시를 따르고, 집단 설사 환자가 발생하면 가까운 보건소에 신고합니다.

출처: 국민건강보험공단 국민건강알람서비스.

2) 식중독의 원인별 분류

식중독을 원인에 따라 분류하면, 미생물에 의한 식중독, 자연독 식중독, 화학적 식중독으로 나눌 수 있다(표 1-8).

표 1-8 식중독의 원인별 분류

<table>
<tr><th colspan="2">분류</th><th>종류</th><th>원인균과 물질</th></tr>
<tr><td rowspan="5">미생물 식중독</td><td rowspan="3">세균성</td><td>감염형</td><td>살모넬라, 장염비브리오, 비브리오 불니피쿠스(패혈증 비브리오), 리스테리아 모노사이토제네스, 병원성 대장균(EPEC, EHEC, EIEC, ETEC, EAEC), 여시니아 엔테로콜리티카, 캄필로박터 제주니, 캄필로박터 콜리</td></tr>
<tr><td>독소형</td><td>황색포도상구균, 클로스트리듐 보툴리눔, 바실루스 세레우스(구토형)</td></tr>
<tr><td>감염독소형(중간형)</td><td>클로스트리듐 퍼프린젠스, 바실루스 세레우스(설사형)</td></tr>
<tr><td>바이러스성</td><td>–</td><td>노로바이러스, 로타바이러스, 아스트로바이러스, 장관 아데노바이러스, A형간염 바이러스, E형간염 바이러스, 사포바이러스</td></tr>
<tr><td>원충성</td><td>–</td><td>이질아메바, 람블편모충, 작은와포자충, 원포자충, 쿠도아</td></tr>
<tr><td colspan="2" rowspan="3">자연독 식중독</td><td>동물성 독</td><td>복어독, 패류독, 시구아테라독 등</td></tr>
<tr><td>식물성 독</td><td>감자독, 버섯독, 시안배당체독, 고사리독, 목화씨, 피마자씨, 원추리독, 여로독 등</td></tr>
<tr><td>곰팡이독</td><td>아플라톡신, 황변미독, 맥각독, 파툴린, 오크라톡신, 제랄레논, 스테리그마토시스틴 등</td></tr>
<tr><td colspan="2" rowspan="5">화학적 식중독</td><td>고의 또는 오용으로 첨가되는 유해 물질</td><td>유해 식품첨가물</td></tr>
<tr><td>본의 아니게 잔류, 혼입되는 유해 물질</td><td>잔류 농약, 유해성 금속 화합물</td></tr>
<tr><td>제조 · 가공 · 저장 중에 생성되는 유해 물질</td><td>지질의 산화 생성물, 나이트로사민</td></tr>
<tr><td>기타 물질에 의한 중독</td><td>메탄올 등</td></tr>
<tr><td>조리기구 · 포장에 의한 중독</td><td>녹청(구리), 납, 비소 등</td></tr>
</table>

출처: 식품의약품안전처 식품안전나라.

미생물에 의한 식중독은 세균, 바이러스, 원충에 의해 발생하는 식중독이며 식중독 중 발생 비율이 가장 높다. 세균성 식중독은 장티푸스, 이질, 콜레라 등 병원성 미생물에 의해 발생하는 경구감염병과는 구분되며, 다수의 식중독균에 오염된 식품을 섭취하거나 식중독균이 생산한 독소를 섭취함으로써 발생하고, 발병 기전에 따라 감염형, 독소형, 감염독소형(중간형)으로 나누어진다. 감염형 식중독은 식중독의 원인이 되는 생균의 경구적 섭취에 의한 식중독으로, 오염된 식품 중에서 증식한 다량의 원인 세균이 식품과 함께 섭취된 후 장관 점막에 침입하여 발병한다. 독소형 식중독은 원인 세균이 식품 중에서 증식할 때 생산하는 특유의 독소가 음식물 섭취 후 소화관에 작용함으로써 발병하고, 감염독소형(중간형)은 원인 세균이 식품에서는 독소를 생산하지 않으나 식품과 함께 섭취된 후 장관에 정착하여 독소를 생산하며 이 독소에 의해 발병하는 식중독이다. 바이러스성 식중독은 기온이 낮은 겨울에도 유행하며, 바이러스의 감염경로가 식품 외에 오염된 물, 환자의 대변이나 구토물, 공기감염 등 다양하므로 많은 주의가 필요하다.

자연독 식중독은 식품 재료가 되는 동식물의 성장 과정에서 자연적으로 생성되거나 축적된 유독, 유해 성분을 섭취함으로써 발생하는 식중독으로, 원인 식품에 따라 식물성과 동물성으로 나누어지며 식품에 곰팡이가 번식하면서 2차적으로 생산하는 곰팡이독소에 의한 급·만성의 건강 장애도 포함된다.

화학적 식중독은 식품의 제조·가공 중 외부로부터 첨가·혼입되거나 조리·저장 과정에서 새로 유도·생성되는 화학물질, 조리기구나 포장으로부터 용출되는 유독 화학물질이 원인이 되어 발생하는 식중독이다.

3) 식중독의 증상

식중독은 일반적으로 구토, 복통, 설사, 두통, 때로는 발열을 동반하며, 심하면 탈수·탈진 증세로 이어질 수 있는 건강상 장애나 식중독의 원인 물질에 따라 잠복기와 증상의 정도가 다르게 나타난다.

식중독 발생의 다수를 차지하는 세균성 식중독 중 감염형 식중독은 비교적 긴 잠복기를 거쳐 구토, 복통, 설사 등의 위장염 증세와 함께 발열이 나타나는 것이 일반적이며, 독소형 식중독은 잠복기가 짧고 발열이 별로 나타나지 않는다(표 1-9).

바이러스성 식중독의 경우 메스꺼움, 구토, 설사, 두통, 발열 등 중독 증상은 세균성 식중독과 유사하나(표 1-10), 세균성 식중독보다 미량의 개체로도 발병할 수 있으며 대부분 2차 감염이 일어난다는 점에서 차이가 있다(표 1-11).

표 1-9 주요 세균성 식중독의 병원체, 잠복기와 증상

병원체			잠복기 (평균)	증상	2차 감염
감염형	살모넬라		8~48시간 (12~24시간)	• 복통, 설사, 구토, 두통, 발열(고열) • 특별한 치료 없이 3~7일 정도면 호전됨	○
	장염비브리오		4~30시간 (12시간)	• 수양성 설사, 복통, 구토, 발열	×
	리스테리아 모노사이토제네스		1일~6주	• 건강인: 감기 유사 증상(구토, 발열, 오심, 근육통, 설사) • 임산부: 유산, 사산 • 면역력 저하자: 수막염, 패혈증	×
	병원성 대장균	장출혈성 (EHEC)	12~72시간	• 출혈성: 수양성 설사(자주 혈변), 복통(가끔 심함), 구토 • 발열은 거의 없음. 심하면 출혈성 대장염, 용혈성 요독증, 혈전성 혈소판 감소증	×
		장독소성 (ETEC)	6~48시간	• 위장염형: 점액성 설사, 복통, 오심, 간혹 구토나 발열	×
		장병원성 (EPEC)	일정치 않음	• 위장염형: 수양성 설사(자주 혈변), 복통, 발열, 구토	×
		장침입성 (EIEC)	일정치 않음	• 이질형: 수양성 설사(자주 혈변), 발열, 복통, 구토	×
	여시니아 엔테로콜리티카		1~10일 (2~5일)	• 설사, 복통(가끔 심함), 발열, 기타 다양함(종말회장염, 충수염, 장간막림프절염 등)	×
	캄필로박터		2~7일	• 설사(가끔 혈변), 복통, 구토, 발열, 두통, 근육통	×
독소형	황색포도상구균		1~6시간 (3시간)	• 심한 구토, 설사, 복통, 오심	×
	클로스트리듐 보툴리눔		12~36시간	• 구토, 복부 경련, 설사, 근무력증, 복시, 언어장애, 신경장애, 연하곤란, 호흡곤란, 치사율 높음	×
	바실루스 세레우스 (구토형)		1~6시간	• 메스꺼움, 구토, 일부 설사, 간혹 발열	×
중간형	클로스트리듐 퍼프린젠스		8~24시간 (12시간)	• 설사, 심한 복통, 간혹 구토와 열 • 보통 가벼운 증상 후 회복됨	×
	바실루스 세레우스 (설사형)		6~24시간	• 설사, 복통, 일부 구토, 간혹 발열	×

출처: 식품의약품안전처 식품안전나라.

표 1-10 주요 바이러스성 식중독의 병원체, 잠복기와 증상

병원체	잠복기	증상			전파기전	2차 감염
		구토	열	기타		
아스트로 바이러스	1~4일	가끔	가끔	설사	식품, 물, 대변 – 구강 전파	○
장관 아데노 바이러스	7~8일	통상적	통상적	유아 설사, 기도 염증	물, 대변 – 구강 전파	○
노로바이러스	24~48시간	통상적	드물거나 미약	오심, 설사, 복통, 두통, 탈수	식품, 물, 접촉감염, 대변 – 구강 전파	○
로타바이러스 A군	1~3일	통상적	통상적	영유아 설사, 기침, 탈수	물, 비말감염, 병원 감염, 대변 – 구강 전파	○

출처: 식품의약품안전처 식품안전나라.

표 1-11 세균성 식중독과 바이러스성 식중독의 차이

구분	세균성 식중독	바이러스성 식중독
특성	균에 의한 것 또는 균이 생산하는 독소에 의하여 식중독 발병	크기가 작은 DNA 또는 RNA가 단백질 외피에 둘러싸여 있음
증식	온도, 습도, 영양 성분 등이 적정하면 자체 증식 가능	자체 증식이 불가능하며 반드시 숙주가 존재하여야 함
발병량	일정량(수백~수백만) 이상의 균이 존재하여야 발병 가능	미량(10~100)의 개체로도 발병 가능함
증상	설사, 구토, 복통, 메스꺼움, 발열, 두통 등	메스꺼움, 구토, 설사, 두통, 발열 등
치료	항생제 등을 사용하여 치료 가능하며 일부 균은 백신이 개발되었음	일반적 치료법이나 백신이 없음
2차 감염	2차 감염되는 경우는 거의 없음	대부분 2차 감염됨

출처: 식품의약품안전처 식품안전나라.

자연독 식중독의 증상은 단순한 위장염, 신경증상 등을 비롯하여 원인 물질에 따라 다양하게 나타나며 이를 예방하려면 독성 식재료에 대한 충분한 지식을 습득하고 올바른 감별법을 터득해야 한다. 곰팡이독소의 경구적 섭취로 발생하는 곰팡이중독은

발암성 외에 간경변, 간세포 괴사, 급·만성 신장질환 등 간과 신장에 우선 장애를 유발하며, 독소에 따라 중추신경장애, 조혈 기능 장애, 폐질환, 피부염 등도 초래할 수 있다(표 1-12). 곰팡이는 탄수화물이 풍부한 곡류와 두류에 잘 증식하며, 세균에 비해 낮은 온도와 수분활성 조건에서도 생육 가능하므로 식품에 오염될 기회가 많다. 또한, 곰팡이독소는 비교적 열에 안정하여 열처리나 가공 과정에서 분해되지 않고 잔류하며, 만성 독성과 발암성이 매우 강한 종류도 있어 식품위생상 문제가 되고 있다. 특히 우리나라는 여름철 기온이 고온다습하여 곰팡이가 번식하기 적합하며, 곡류를 주식으로 하고 있어 곰팡이중독증 발생 위험이 크므로 각별한 주의가 요구된다.

화학적 식중독의 원인이 되는 독성 화학물질은 체내 흡수 속도가 빨라 단기간에 구토, 복통, 설사, 경련 등의 급성 증상을 일으키며, 치사량을 초과하면 사망할 수도 있다. 또한, 인체에 흡수되면 쉽게 분해·배설되지 않고 축적되므로 소량의 독성물질이라도 체내에 흡수되어 연속적으로 축적되거나 장기간 반복적으로 섭취하면 만성 중독을 일으킨다. 화학적 식중독은 계절과 관계없이 발생할 수 있고, 종류와 생성·유입 경로가 매우 다양하므로 주의해야 한다.

표 1-12 주요 곰팡이중독의 종류와 증상

구분	독소 종류	주요 생산 곰팡이	중독 증상	원인 식품
간장독	아플라톡신	*Aspergillus flavus*, *Asp. parasiticus*	간경변, 간암	쌀, 보리, 수수, 땅콩, 면실, 옥수수
	사이클로클로로틴, 루테오스키린	*Penicillium islandicum*	간장장애(간출혈, 간경변, 간암)	이집트 황변미
	오크라톡신	*Asp. ochraceus*, *P. verrucosum*	간장·신장장애, 간암, 신장암	쌀, 보리, 밀, 옥수수, 두류, 향신료
	루브라톡신	*P. rubrum*	간장애, 출혈	옥수수
	스테리그마토시스틴	*Asp. versicolor*, *Asp. nidulans*	간장애, 간암	곡류

구분	독소 종류	주요 생산 곰팡이	중독 증상	원인 식품
신장독	시트리닌	*P. citrinum*	급·만성 신장염, 신장장애	태국 황변미, 밀, 보리, 옥수수, 땅콩
신경독	시트레오비리딘	*P. citreoviride*	중추신경장애 (경련, 호흡장애, 상행성 마비)	대만 황변미
신경독	파튤린	*P. patulum*, *P. expansum*	중추신경계 출혈, 출혈성 폐부종, 운동신경 마비	맥아 사료, 과일 주스
푸사리움 독소군	푸모니신	*Fusarium moniliforme*, *F. proliferatum*	폐수종, 신장독성, 간암(동물), 인체발암가능물질 (간암, 식도암)	옥수수
푸사리움 독소군	푸사리오제닌, 스포로푸사리오제닌, 에피클라도스포린산	*F. poe*, *F. sporotrichoides*, *Cladosporium epiphyllus*	식중독성 무백혈구증(조혈조직 장애), 위장장애, 호흡곤란, 경련, 심부전	수수, 보리, 밀
푸사리움 독소군	제랄레논	*F. graminearum*	가축의 이상발정증후군 (유산, 과에스트로겐증, 생식기능 저하, 불임)	옥수수, 쌀, 보리, 귀리, 밀, 사탕수수
푸사리움 독소군	트리코테센	*F. tricinctum*, *F. nivale*, *F. roseum*, *F. solani*	피부장애, 호흡기장애, 소화기장애	곡류
피부염 물질	4,5′,8-트리메틸소랄렌, 8-메톡시소랄렌	*Sclerotinia sclerotiorum*	광과민성 피부염	셀러리
피부염 물질	스포리데스민	*Pithomyces chartarum*	가축의 안면일광 피부염, 반추동물의 간장애, 황달	목초

제4절 식품 위해 안전성 평가

식품의 위생상태를 파악하고 식품에 함유된 위해 요소를 확인하며 식품이 인체에 미치는 영향을 검토함으로써 식품의 안전성 확보와 안전한 섭취량을 결정할 수 있다.

1) 안전성 평가방법

(1) 식품위생검사

식품으로 인한 위해를 방지하고 안전성을 확보하기 위하여 식품, 식품첨가물, 기구, 용기 · 포장, 조리종사자를 대상으로 위생상태를 확인하고, 식중독이나 감염병 발생 시 원인 물질을 규명하기 위한 목적으로 식품위생검사를 실시한다. 식품위생검사는 검사 재료가 되는 검체에 따라 물리적 · 화학적 · 생물학적 검사를 실시하며, 때로는 독성시험이 필요한 경우도 있다(표 1-13).

표 1-13 식품위생검사의 종류와 검사 항목

종류		검사 항목
물리적 검사	일반 검사	융점, 빙점, 비중, 점도, pH 등
	관능 검사	감각기관을 이용한 색, 향, 맛, 질감 등
	함량 검사	부피, 무게 등
화학적 검사	일반 검사	일반 성분 검사(수분, 질소 화합물, 당질, 지질, 회분 등)
	유기물의 분리, 정제, 구조 결정 검사	식품첨가물 시험, 잔류 농약 측정
	무기물의 분리, 확인 검사	유해 금속 측정
생물학적 검사	세균, 진균, 바이러스 검사	세균수(총균수, 생균수) 검사
		병원성 미생물(세균성 식중독균, 감염병원균) 검사
		대장균군, 장구균 검사
		곰팡이독소(mycotoxin) 검사
독성 시험	일반독성검사	급성, 아만성, 만성
	특수독성검사	발암성, 번식시험, 최기형성, 변이원성

(2) 식품독성시험

식품 산업이 발달함에 따라 식품의 제조 · 가공 · 조리 과정에서 색, 향, 맛 등 관능 만족, 변질 · 변패 방지, 품질 개량, 영양 강화 등을 목적으로 식품첨가물의 사용이 늘어나고 있다. 식품첨가물에 대한 안전성을 확보하고 인체에 무해한 사용량을 결정하기 위하여 실험동물을 이용한 일반독성시험과 특수독성시험을 실시한다(표 1-14).

표 1-14 식품 독성시험의 종류와 목적, 방법

종류		목적	방법
일반 독성 시험	급성	반수치사량(LD_{50}) 측정	실험동물에 시험물질을 저농도부터 고농도까지 일정 간격으로 1회만 투여하여 단기간의 중독 증상(치사율, 치사기간)을 관찰하고, 독성 정도 분류(무독성, 저독성, 보통 독성, 고독성, 극독성, 맹독성)
	아만성	만성 독성시험의 투여량(최대내량, MTD) 결정	실험동물에 시험물질을 1개월~1년 정도(보통 90일) 투여하여 발암성을 제외한 만성 독성 정보 관찰
	만성	최대무작용량(MNEL) 설정	실험동물에 시험물질을 최대내량과 그 이하로 1년 이상 투여하여 체중 감소, 수명, 사망률, 독성 증후 관찰
특수 독성 시험	발암성	발암성 유무 판정	실험동물에 시험물질을 일생 동안 매일 투여하면서 종양 생성 관찰
	번식시험	번식, 성장에 미치는 영향 판정	시험물질이 실험동물의 생식선 기능, 발정 주기, 임신, 출산 등에 미치는 영향 관찰
	최기형성	후손의 영향 평가	실험동물 어미에게 시험물질 투여 후 새끼에 미치는 영향(사망, 기형, 발육지연 등) 검사
	변이원성	돌연변이 유발 판정	동물 대신 세균을 이용한 돌연변이 유발시험(Ames test)을 통해 시험물질의 유전적 돌연변이, 염색체 이상, DNA 손상 검사

TIP 반수치사량(LD_{50}, lethal dose for 50 percent kill)

일정한 조건하에서 시험동물의 50%를 사망에 이르게 하는 물질의 양을 말하며, 독성의 정도를 나타내는 지표로 널리 사용된다. 시험동물로는 마우스, 개가 널리 사용되고 때에 따라서 원숭이나 토끼 등이 쓰이기도 한다. 투여 경로는 일반적으로 사람에게 노출되는 경로가 우선되지만 경구(oral), 피하(subcutaneous), 복강(intraperitoneal), 정맥(intravenous), 피부 도포(administration onto skin), 흡입(inhalation) 등에 의해 투여된다.

2) 식품의 섭취허용량 결정

독성시험의 대상은 주로 식품첨가물이며, 독성시험을 통해 안전성이 확보되면 사용한계량을 결정한다.

(1) 최대내량

최대내량(MTD, maximum tolerated dose)은 아만성 독성시험의 결과로 얻을 수 있는 값으로, 실험동물에서 대조군과 비교하여 10% 이상의 체중 감소를 초래하지 않으며, 그 동물의 수명을 단축시킨다고 기대되는 사망률, 독성의 증후, 기타 병변 등이 나타나지 않는 최대 용량을 말한다.

(2) 최대무작용량

최대무작용량(MNEL, maximum no effect level; NOEL, no observed effect level)은 실험동물에 평생 계속 투여하여도 어떠한 영향을 주지 않는 최대 투여량이다. 보통 실험동물에 대해 장기간(2년) 만성 독성시험을 실시하여 최고 섭취량을 최대무작용량으로 정하고, mg/kg/day로 표시한다.

(3) 일일섭취허용량

일일섭취허용량(ADI, acceptable daily intake)은 사람이 평생 섭취하여도 아무런 영향이 나타나지 않으리라고 예상되는 양으로, 체중 kg당 mg수로 표시한다. 이는 실험동물의 만성 독성시험에서 얻어지는 최대무작용량을 국제연합 식량농업기구(UN FAO)와 WHO에서 인정하는 각 식품첨가물에 대한 안전계수(100~200)로 나누어 구한다. 안전계수는 실험동물과 사람과의 감수성 차이를 1:10으로 하고, 사람 간의 개인차를 1:10으로 고려하여 보통 100분의 1을 사용한다.

제5절 식품안전관리 체계

1) 행정 기구

우리나라는 식품위생 관련 법령을 근거로 보건복지부, 식품의약품안전처, 농림축산식품부, 해양수산부 등의 행정기구와 각 지방자치단체가 주체가 되어 식품의 생산에서 제조, 수입, 유통, 소비에 이르는 전 단계에 걸쳐 식품의 안전성 확보를 위한 업무를 공동으로 수행하고 있다(표 1-15).

| 표 1-15 | 국가 식품안전관리체계

	생산	제조	수입	유통	소비
안전 관리 대상	• 농산물, 축산물, 수산물(생산자 1,266천 가구)	• 가공식품, 식품첨가물, 건강기능식품, 기구·용기(식품제조업체 35천 개소)	• 농축수산물, 가공식품, 식품첨가물, 건강기능식품, 기구·용기(수입업체 31천 개소)	• 농축수산물, 가공식품, 식품첨가물, 건강기능식품, 기구·용기(수입업체 31천 개소)	• 외식, 급식 등 조리식품(음식점, 급식소 등 817천 개소)
안전 관리 수단	• 농산물 농약검사 • 축수산물 항생물질 검사 • 농산물: GAP • 축수산물: HACCP (양식장, 사육장) • 농축수산물: 농약, 항생물질 등 기준 규격 설정	• 지도 점검 • 검사 명령 • 회수 명령 및 공표 • 행정처분 및 공개 • HACCP • GMP • 가공식품의 기준, 규격, 첨가물 사용 기준 등 설정	• 해외제조업체 사전 등록 • 해외제조업체 현지 실사 • 수입통관 단계 검사 • 우수 수입업소 등록 • 검사 명령, 교육 명령	• 수거 검사(인터넷 등 포함) • 지도 점검 • 위해식품판매차단 시스템 • 식품이력추적관리 제도 • 어린이식품안전보호 구역	• 조리식품 검사 • 지도 점검 • 모범음식점 • 어린이급식관리 지원센터 • 식중독 조기 경보 시스템 • 식품 표시(영양 표시)
안전 관리 주체	• 식품의약품안전처 총괄 • 농림축산식품부, 해양수산부 위탁	• 식품의약품안전처 총괄 • 지방자치단체 집행	• 식품의약품안전처	• 식품의약품안전처 총괄 • 지방자치단체 집행	• 식품의약품안전처 총괄 • 지방자치단체 집행

출처: 식품의약품안전처 식품안전나라.

(1) 중앙 기구

① 보건복지부

보건복지부는 '국민의 삶의 질을 높이고 모두를 포용하는 사회복지를 통해 삶을 책임지는 국가 건립'이라는 비전 아래 보건의료, 사회복지, 인구정책, 건강보험, 건강정책, 보건산업, 장애인정책, 연금정책, 사회보장 등 국민 보건과 사회복지 증진에 관한 사무를 관장하는 중앙행정기관이다. 소속기관으로 질병관리본부, 국립정신건강센터, 국립지방병원(나주, 부곡, 춘천, 공주, 소록도, 마산, 목포), 국립재활원, 오송생명과학단지지원센터, 국립망향의동산관리원, 건강보험분쟁조정위원회 사무국 등 13개 기관과 국민건강보험공단, 국민연금공단, 건강보험심사평가원, 한국보건산업진흥원, 국립암센터, 대한적십자사, 국립중앙의료원 등 23개의 산하기관을 두고 있다.

② 식품의약품안전처

식품의약품안전처는 1998년 보건복지부 외청인 식품의약품안전청으로 설립되었다가 2013년 국무총리 산하 식품의약품안전처로 승격되었으며, 처 본부 외에 식품의약품안전평가원과 6개 지방청(서울, 부산, 경인, 대구, 광주, 대전)을 두고 있다. 식품의약품안전처는 식품안전의 컨트롤타워(control tower) 로서 네 가지 핵심 전략인 먹거리 안전 국가책임제 구현, 생활 속 불안 요인의 예방, 의약품 등의 공공성 강화, 맞춤형 규제로 혁신 성장 선도를 통해 식품 · 의약품의 안전관리체계를 구축 · 운영하여 국민이 안전하고 건강한 삶을 영위할 수 있도록 하고 있다.

③ 농림축산식품부

농림축산식품부는 농림부(1948년)로 출범하여 농수산부(1973년), 농림수산부(1986년), 농림부(1996년)로 명칭이 변경되었다가 농림수산식품부 신설(2008년)을 거쳐 2013년에 농림축산식품부로 개편되었다. 식량의 안정적 공급과 농산물에 대한 품질 관리, 농업인의 소득 및 경영 안정과 복지 증진, 농업의 경쟁력 향상과 관련 산업의 육성, 농촌지역 개발 및 국제 농업 통상 협력 등에 관한 사항, 식품 산업의 진흥 및 농산물의 유통과 가격 안정에 관한 사항 등 농산 · 축산, 식량 · 농지 · 수리, 식품 산업

진흥, 농촌개발 및 농산물 유통과 관련된 사무를 관장한다.

④ 해양수산부

해양수산부는 종합적이고 체계적인 해양 행정체제를 구축하고 해양 잠재력을 개발하기 위하여 1996년 여러 부처에 분산된 해양 관련 업무를 통합하여 발족하였고, 2008년 국토해양부 신설로 폐지되었다가 2013년에 다시 설치되었다. 주요 업무는 해양자원 개발 및 해양 과학기술 진흥, 해운업 육성 및 항만의 건설 · 운영, 해양 환경보전 및 연안 관리, 수산 자원 관리와 수산업 진흥 및 어촌 개발, 선박 · 선원의 관리 및 해양안전 등이다. 소속기관으로는 국립수산물품질관리원, 국립해양조사원, 어업관리단, 국립해사고등학교, 해양수산인재개발원, 국립해양측위정보원, 11개의 지방 해양항만청, 해양안전심판원, 국립수산과학원이 있다.

⑤ 질병관리청

국립방역연구소, 국립화학연구소, 보건요원양성소, 국립생약시험소의 통합으로 1963년 국립보건원이 발족한 이래 몇 차례 직제 개정을 통하여 2004년 질병관리본부로 확대 개편되었다가 2020년 질병관리청으로 승격되었다. 질병관리청은 국가 감염병 연구 및 관리와 생명과학연구를 수행하는 중추 기관으로서, 감염병으로부터 안전한 사회 구현, 만성 질환 · 희귀질환에 대한 예방관리대책의 마련과 추진, 질병 극복, 문제해결을 위한 보건의료 R&D 강화, 질병관리청의 독립성과 전문성 강화 및 지역별 감염병 대응체계 구축을 통해 질병 없는 건강한 사회 구현을 추구하고 있다. 승격 이후 직제 개편에 의해 국립보건연구원, 질병대응센터, 국립결핵병원, 국립감염병연구소, 국립검역소, 질병대응센터 제주출장소, 11개의 국립검역소 지소를 소속기관으로 두고 있다.

(2) 지방 기구

식품위생 행정을 담당하는 지방 기구는 각 지방자치단체의 지역 보건의료기관과 보건환경연구원이 있다.

지역 보건의료기관은 지역 주민의 건강을 증진하고 질병을 예방·관리하기 위하여 설치·운영하는 보건소, 보건의료원, 보건지소 및 건강생활지원센터를 말한다. 보건소는 「지역보건법」에 따라 시·군·구에 설치할 수 있으며, 건강 친화적인 지역사회 여건의 조성, 지역 보건의료정책의 기획·조사·연구·평가, 보건의료인 및 보건의료기관 등에 대한 지도·관리·육성과 국민 보건 향상을 위한 지도·관리, 보건의료 관련 기관·단체·학교·직장 등과의 협력체계 구축, 지역 주민의 건강 증진 및 질병 예방·관리를 위한 지역 보건의료서비스 제공 등의 업무를 수행한다. 또한, 보건소의 업무 중 지역 주민의 만성 질환 예방 및 건강한 생활습관 형성을 지원하기 위하여 건강생활지원센터를 설치할 수 있다.

보건환경연구원은 보건·환경에 관한 검사 및 연구 업무를 합리적으로 운영함으로써 국민 보건의 증진과 환경보전에 이바지함을 목적으로 「보건환경연구원법」에 따라 특별시·광역시·도 및 특별자치도에 설치한다. 보건환경연구원의 업무는 감염병과 후천성면역결핍증, 기생충 및 그 밖의 감염성 질환과 집단질병 발생 등에 대한 진단·검사·시험·조사·연구, 의약품·의약외품·화장품·의료기기·마약류와 「식품위생법」에 따른 식품·첨가물·기구·용기·포장, 농산물의 농약 잔류량, 식육, 음용수·세척제와 위생용품 및 장난감, 온천수 등에 대한 검사·시험·조사·연구, 대기·악취·수질·토양·소음·진동·오수·폐기물·방류수·해양오염과 유해 화학물질 등에 대한 검사·시험·조사·연구, 관할 구역 안의 보건·환경 관련 기관의 검사 업무에 대한 기술 지도·점검과 검사요원에 대한 훈련 등이다.

2) 법규

식품위생과 관련된 법규는 「식품안전기본법」, 「식품위생법」, 「축산물 위생관리법」, 「건강기능식품에 관한 법률」, 「수입식품안전관리 특별법」, 「어린이 식생활안전관리 특별법」, 「식품·의약품분야 시험·검사 등에 관한 법률」, 「보건 범죄 단속에 관한 특별조치법」 등이 있으며, 법령의 적용 대상 식품과 적용 단계는 그림 1-12와 같다.

구분	생산	수입	제조·가공	유통	소비
공통	식품안전기본법, 식품·의약품분야 시험·검사 등에 관한 법률				식품위생법 건강기능식품에 관한 법률 어린이 식생활안전관리 특별법 보건범죄 단속에 관한 특별조치법
농산물	농약관리법 양곡관리법 친환경농어업 육성 및 유기식품 등의 관리지원에 관한 법률			농수산물의 원산지 표시에 관한 법률	
축산물	축산물 위생관리법				
	가축 및 축산물 이력관리에 관한 법률 낙농진흥법			가축 및 축산물 이력관리에 관한 법률	
수산물		식품위생법			
	수산업법 농수산물 품질관리법 소금산업 진흥법			농수산물의 원산지 표시에 관한 법률	
가공식품	축산물 위생관리법				
	건강기능식품에 관한 법률				
	먹는물관리법		어린이 식생활안전관리 특별법		

출처: 식품의약품안전처 식품안전나라.

그림 1-12 식품안전 관련 법령

(1) 식품안전기본법

「식품안전기본법」(2008)은 식품의 안전에 관한 국민의 권리 · 의무와 국가 및 지방자치단체의 책임을 명확히 하고, 식품안전정책의 수립 · 조정 등에 관한 기본적인 사항을 규정함으로써 국민이 건강하고 안전하게 식생활을 영위하게 함을 목적으로 제정되었다. 이 법률은 식품안전정책의 수립 · 조정 등에 관한 기본적인 사항을 규정하고 있으며, 식품안전에 관련된 모든 다른 법률의 근간이 되는 기본법 성격을 지닌다.

(2) 식품위생법

「식품위생법」(1962)은 식품으로 인하여 생기는 위생상의 위해를 방지하고 식품영양의 질적 향상을 도모하며 식품에 관한 올바른 정보를 제공하여 국민 보건의 증진에 이바지함을 목적으로 제정되었다. 식품(축산물, 건강기능식품 제외)의 위생과 영양 관리를 위한 특별법 성격의 법률이며, 총 13장 102조의 법령과 「식품위생법 시행령」, 「식품위생법 시행규칙」으로 구성되어 있다.

(3) 축산물 위생관리법

「축산물가공처리법」(1962)이 제정된 후 「축산물위생처리법」(1985)으로 변경되었다가 「축산물가공처리법」(1998), 「축산물 위생관리법」(2010)으로 명칭이 변경되었다. 「축산물 위생관리법」은 축산물의 위생적인 관리와 그 품질의 향상을 도모하기 위하여 가축의 사육 · 도살 · 처리와 축산물의 가공 · 유통 및 검사에 필요한 사항을 정함으로써 축산업의 건전한 발전과 공중위생의 향상에 이바지함을 목적으로 한다.

(4) 건강기능식품에 관한 법률(건강기능식품법)

「건강기능식품에 관한 법률」(2002)은 건강기능식품의 안전성 확보 및 품질 향상과 건전한 유통 · 판매를 도모함으로써 국민의 건강 증진과 소비자 보호에 이바지하기 위하여 제정되었다.

(5) 수입식품 안전관리특별법

「수입식품 안전관리특별법」(2018)은 수입식품의 비중 확대에 따른 식품 사고의 빈발로 수입식품 등의 안전성을 확보하고 품질의 향상을 도모하며 올바른 정보를 제공함으로써 건전한 거래 질서 및 국민의 건강 증진에 이바지하는 것을 목적으로 제정되었다.

(6) 어린이 식생활안전관리 특별법(어린이식생활법)

「어린이 식생활안전관리 특별법」(2008)은 어린이들이 올바른 식생활 습관을 갖도록 하기 위하여 안전하고 영양을 고루 갖춘 식품을 제공하는 데 필요한 사항을 규정함으로써 어린이 건강 증진에 이바지함을 목적으로 제정되었다. 어린이 식품안전보호구역 지정 관리, 어린이 기호식품 관리, 올바른 식생활 정보 제공, 어린이 급식관리 지원센터, 식생활 안전관리체계 구축 등에 관한 사항을 정하고 있다.

3) 제도

(1) 식품안전관리인증기준제도

식품안전관리인증기준(HACCP, hazard analysis critical control point, 해썹)은 위해요소분석(HA, hazard analysis)과 중요관리점(CCP, critical control point)의 영문 약자이다. 위해요소분석이란 발생 가능한 생물학적 · 화학적 · 물리적 위해 요소를 분석하는 것이며, 중요관리점은 주요 공정이나 단계를 중점 관리하여 위해 요소를 예방 · 제거하거나 허용 수준 이하로 감소시키는 것을 말한다. 1993년 국제식품규격위원회(CAC)에서 'HACCP 적용을 위한 가이드라인'을 제시함에 따라, 우리나라에서도 1995년 「식품위생법」에 '위해요소중점관리기준' 규정을 신설하고 1996년 '식품위해요소중점관리기준'을 제정하여 HACCP 제도를 본격적으로 도입 · 운영하게 되었다. 한국식품안전관리인증원은 2017년 2월 13일부로 축산물과 식품으로 이원화되어 운영하던 HACCP기관을 하나로 통합하여 설립한 식품의약품안전처 산하 공공기관으로서, 식품 · 축산물 안전관리인증기준 적용 사업장 등의 인증(연장) 사업, HACCP 인증을 위한 기술 지원 등의 업무를 담당하고 있다. HACCP은 전 세계적으로 가장 효과적인 예방적 식품안전관리체계이며 식품의 원재료부터 제조 · 가공 · 보존 · 유통 · 조리 단계를 거쳐 최종 소비자가 섭취하기 전까지 각 단계에서 발생할 우려가 있는 위해 요소를 규명하고, 이를 중점적으로 관리하기 위한 중요관리점을 결정하여 자율적이며 체계적이고 효율적인 관리로 식품의 안전성을 확보하기 위한 위생 관리 체계이다.

HACCP의 적용 대상은 식품의 경우 식품 및 즉석판매 제조 · 가공업, 건강기능식품 및 식품첨가물 제조업, 식품 소분업, 집단급식소 및 기타 식품 판매업, 식품 접객업 및 집단급식소 등 식품의 제조 · 가공 · 유통 · 외식 · 급식의 모든 분야이며, 2003년 어묵류 등 6개 식품 유형에 식품안전관리 의무화 규정을 신설한 이래 2006년 배추김치, 2014년 과자 · 캔디류 등 8개 품목 및 100억 원 매출업체, 2016년 순대 · 떡볶이 떡(떡류)에 대해 식품안전관리인증을 의무적으로 적용하고, 연 매출과 종업원의 수에 따라 2020년까지 단계별 의무적용 대상으로 관리한다. 축산물의 경우는 사료 제조업, 가축사육업, 도축업, 집유업, 식육 포장처리업, 축산물 가공업, 축산물 보관 · 운반 · 판매업까지 모든 축산물 생산 · 가공 · 유통 분야에 적용되는데, 우리나라는 현재 도축장, 집유장에 HACCP을 의무적으로 적용하고 있으며, 유가공장은 2018년도까지 단계별 의무적용 대상으로 관리되고 있다.

HACCP을 통하여 업체 측면에서는 체계적인 위생 관리 시스템의 구축, 위생적이고 안전한 식품의 제조, 위생 관리의 효율성, 집중적인 위생 관리, 회사의 이미지 제고와 신뢰성 향상을 도모할 수 있으며, 소비자 측면에서는 안전한 식품을 제공받을 수 있고 안전한 식품을 선택할 기회를 얻는다.

(2) 식품이력추적관리제도

① 농수산물이력추적관리제도

「농수산물품질관리법」 제2조 제1항 제7호에 따르면, '이력추적관리(traceability system)'란 농수산물(축산물은 제외)의 안전성 등에 문제가 발생할 경우 해당 농수산물을 추적하여 원인을 규명하고 필요한 조치를 할 수 있도록 농수산물의 생산부터 판매까지 단계별로 정보를 기록 · 관리하는 것을 말한다. 이력추적관리의 도입 목적은 신속한 원인 규명과 신속 · 정확한 제품 회수, 표시의 신뢰성 확보에 의한 공정한 거래나 위험관리에 기여, 품질관리 · 안전관리와 재고관리의 효율화이다.

② 축산물이력제도

'축산물이력제도'는 가축의 출생 · 수입 등 사육과 축산물의 생산 · 수입부터 판매에 이르기까지 각 단계 정보를 기록 · 관리함으로써 가축과 축산물의 이동 경로를 관리하는 것이다. '이력관리대상축산물'이란 개체식별번호가 부여된 이력관리 대상 가축이나 농장식별번호가 부여된 가축사육시설에서 사육한 돼지를 도축 처리하여 얻은 축산물로서 식용으로 제공되는 것과 이력번호가 부여된 수입 쇠고기나 돼지고기로서 식용으로 제공되는 것을 말한다. 대상 가축은 소와 돼지인데, 출생에서부터 도축 · 포장 처리, 판매에 이르기까지 거래 단계별 정보를 기록 · 관리함으로써 위생 · 안전에 문제가 발생할 경우 그 이력을 추적하여 신속하게 대처할 수 있고, 원산지 허위표시나 둔갑 판매 등의 방지로 유통의 투명성과 거래의 공정성을 높일 수 있으며, 판매되는 육류에 관한 정보를 미리 알 수 있어 소비자가 안심하고 구매할 수 있다.

(3) 농산물우수관리인증제도

농산물 안전성에 대한 국민적 우려가 높아지고 학교 급식 사건 등으로 국내 농산물에 대한 안전성 강화의 필요성이 대두됨과 동시에 국제적으로도 안전농산물 공급의 필요성을 인식하고 지속 가능한 농업 추진 및 안전성 강화를 위하여 CAC, UN FAO 등 국제기구에서 각각 1997년, 2003년 농산물우수관리인증(GAP, good agricultural practices) 기준을 마련하여 제시하였다. 우리나라도 농산물 안전성 강화를 위하여 GAP 제도를 2006년부터 본격적으로 시행하였다.

「농수산물품질관리법」에 따르면, '농산물우수관리'란 농산물(축산물은 제외)의 안전성을 확보하고 농업 환경을 보전하기 위하여 농산물의 생산, 수확 후 관리(농산물의 저장, 세척, 건조, 선별, 박피, 절단, 조제, 포장 등 포함) 및 유통의 각 단계에서 작물이 재배되는 농경지 및 농업용수 등의 농업 환경과 농산물에 잔류할 수 있는 농약, 중금속, 잔류성 유기오염물질 또는 유해 생물 등의 위해 요소를 적절하게 관리하는 것을 말한다.

(4) 음식점위생등급제

외식이 증가하면서 음식점에서의 식중독 발생사고도 늘어나고 있는데, 외식에 대한 안전 체감도는 여전히 낮은 상황이다. 음식점위생등급제는 음식점의 위생 등급 평가 결과 총 취득점수가 80점 이상인 경우 좋음. 85점 이상 우수, 90점 이상 매우우수의 3등급을 지정하고 이를 공개하는 제도로, 2017년 5월부터 시작되었다. 평가 업무는 한국식품안전관리인증원에 위탁하고 있으며, 2021년 5월 기준 수도권 11,525개소, 동남권 3,964개소, 충청권 2,789개소 등 전국적으로 출 24,365개 업소가 지정되어 있다. 이 제도를 통해 소비자들은 안전하고 위생적인 음식점을 선택할 권리를 보장받는 한편 위생등급제 표지판을 게시한 음식점은 홍보 수단이 되어 매출 상승을 가져올 수 있다. 또한, 음식점의 위생상태가 향상되어 식중독 발생이 감소하며 이로 인한 사회적 · 경제적 손실 비용을 절감하는 효과까지 기대할 수 있다.

CHAPTER 02

식품과 미생물

제1절 미생물의 분류 및 특성

생명공학의 급속한 발전에 따라 다양한 미생물에 대한 기초 연구와 산업화 연구가 활발하게 진행되고 있으며 식품, 의학, 농학, 환경 등 여러 분야에서 활용되고 있다. 또한, 최근 들어 기후 변화 등의 환경적 요인, 국가 간 교역 증대, 새로운 병원체 출현 등으로 사람의 건강상에 위해를 주는 미생물에 대한 중요성이 더욱더 커지고 있다.

미생물은 눈에 보이지 않고 현미경을 통해서 확인이 가능한 생명체를 의미하며, 1675년경 레벤후크(Leeuwenhoek)가 발명한 현미경으로 미생물을 검경하여 존재를 증명하였다. 그 후 전자현미경의 개발을 통해 미생물뿐만 아니라 미생물 내의 구성성분까지 확인할 수 있게 되었다(그림 2-1).

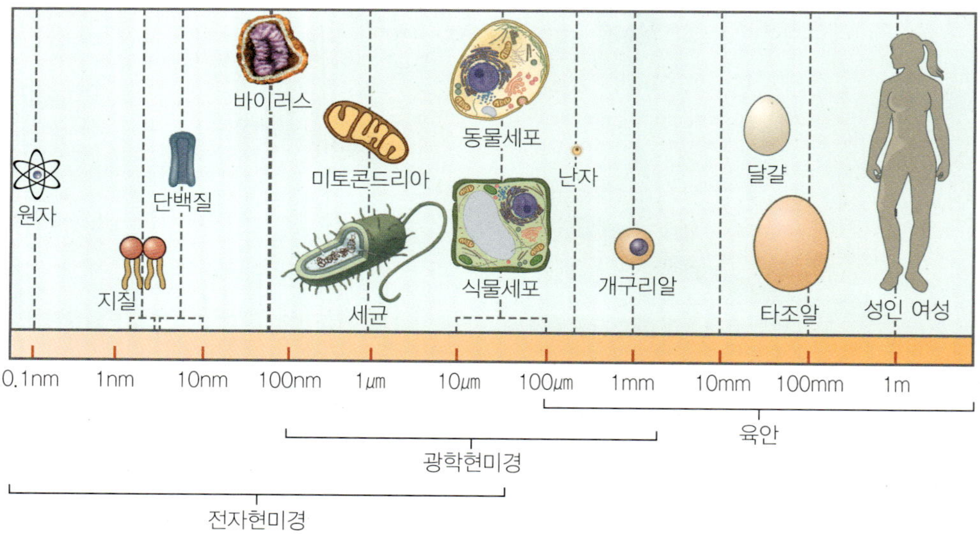

그림 2-1 미생물의 크기

미생물은 지구 생태계(ecosystem)에서 매우 중요한 역할을 한다. 실제 과학으로 확인된 것은 지구상에 존재하는 전체 미생물의 1~5% 정도로 매우 적으며, 아직 확인되지 않은 미지의 미생물이 식품이나 환경에 오염될 경우 사람에게 병원체로 작용할 수 있고, 산업적 · 의학적으로 활용도가 우수한 미생물이 존재할 수 있다.

미생물은 세포의 종류에 따라 세포성과 비세포성으로 나누는데, 세포성은 원핵세포(prokaryotic cell)로 구성된 원핵생물(prokaryote)과 진핵세포(eukaryotic cell)로 구성된 진핵생물(eukaryote)이 있으며, 비세포성은 바이러스(virus)가 있다(그림 2-2).

미생물의 분류는 미생물의 특성을 이해하는 데 매우 중요하며, 이를 통해 미생물에 관한 연구와 응용에 활용된다. 미생물의 계통학적 분류는 미생물이 갖는 형태학적 특성, 생화학적 특성, 생리 특성과 DNA, RNA, 단백질 등의 분자생물학적 특성에 따라 더욱 세분화된다.

또한, 식품학적 관점으로는 기능성과 안전성의 측면에서 살펴볼 수 있다.

첫째, 기능성 측면에서 보면, 미생물은 장류, 김치류, 맥주, 탁주 등의 식품을 발효하는 종균 역할을 하며, 최근 사람의 건강에 유익한 기능을 하는 것으로 알려진 프로바이오틱스(probiotics)나 조류, 효모는 균체 자체를 기능성 식품으로 활용하고 있다.

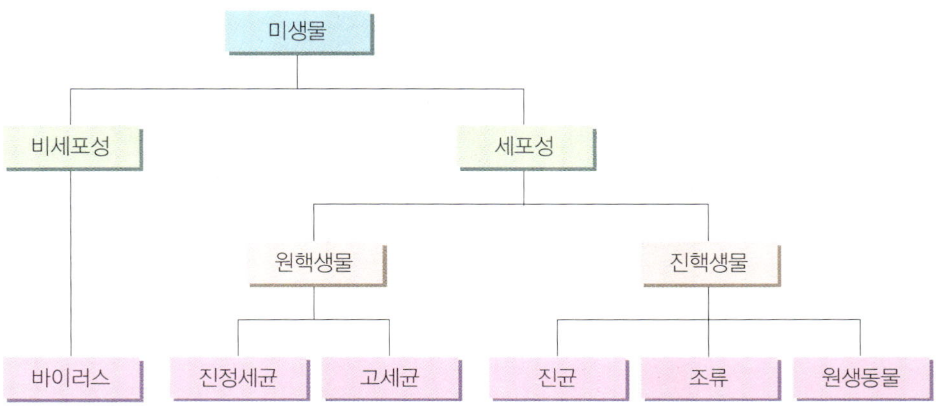

그림 2-2 미생물의 분류

둘째, 안전성 측면에서는 미생물이 식품에 존재하면서 식품 매개 질환을 유발하여 사람에게 위해를 가하거나, 식품의 부패를 유발하여 식품의 품질을 저하시키거나, 독소 등을 생산하여 건강상 위해를 끼치기도 한다.

식품에서 미생물은 안전성과 기능성 부분에서 매우 중요하므로 식품과 관련된 미생물의 종류와 특성에 관한 이해가 필요하다.

1) 세균

세균은 핵막이 없는 상태로 세포질과 핵의 구분이 없는 원핵세포이며, 식품을 포함한 자연계와 생물체에 널리 존재하는 것으로 알려져 있고, 이분법에 의한 분열을 통해 빠르게 생육한다. 세균은 일반적으로 크기가 약 0.2~10μm 수준이며, 형태학적 특성에 따라 대표적으로 구형, 막대형, 나선형, 부정형 등으로 나타난다(그림 2-3).

세균의 구성 요소로 세포질 내부에는 핵양체(nucleoid)와 단백질 합성 기관인 리보솜(ribosome)이 존재하며, 세포질 바깥쪽은 세포막(cell membrane), 세포벽(cell wall), 캡슐(capsule), 편모(flagella), 선모(pilus)로 이루어져 있다(그림 2-4).

그림 2-3 세균의 형태학적 특성

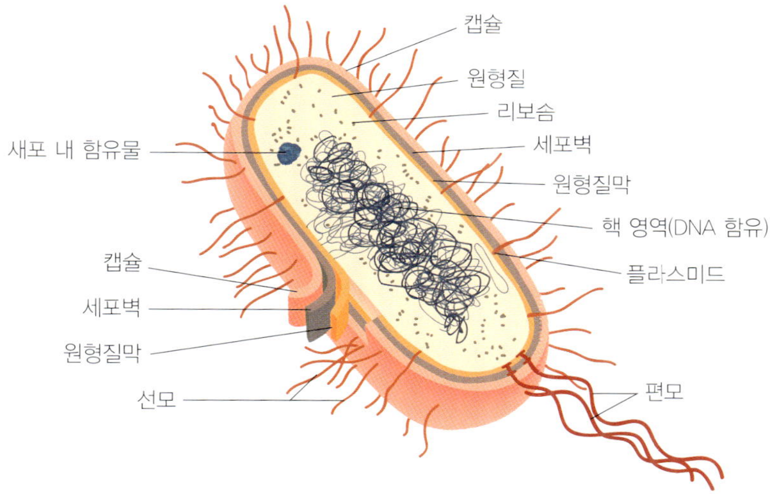

그림 2-4 세균의 구조

특히, 세균은 세포벽 구성성분인 펩티도글리칸(peptidoglycan)의 차이에 따라 그람양성세균과 그람음성세균으로 나눈다.

그람양성세균은 세포벽의 펩티도글리칸이 다층구조로 이루어져 있으며, 테이코산(teichoic acid)이 세포막에 결합된 리포테이코산(lipoteichoic acid), 펩티도글리칸에 결합한 벽 테이코산(wall teichoic acid)이 존재하고, 아랫부분에 세포막이 있다.

그람음성세균의 경우는 세포외막과 세포내막 사이의 주변세포질(periplasm)에 펩티도글리칸이 단층구조로 되어 있으며, 세포외막에는 세균의 대표적인 내독소로 알려진 지질다당류(LPS, lipopolysaccharide)가 존재하고, 포린(porin)은 물질 수송의 기능을 하는 것으로 알려져 있다. 이러한 특성 차이는 그람염색법을 통해 확인할 수 있다(그림 2-5, 그림 2-6).

또한, 구성성분인 지질단백질과 테이코산은 병원성 인자로 숙주에 작용하기도 한다. 이러한 세포벽의 구성 차이에 의해 일반적으로 그람음성세균이 그람양성세균보다 항생제에 대한 저항성이 높은 것으로 알려져 있다.

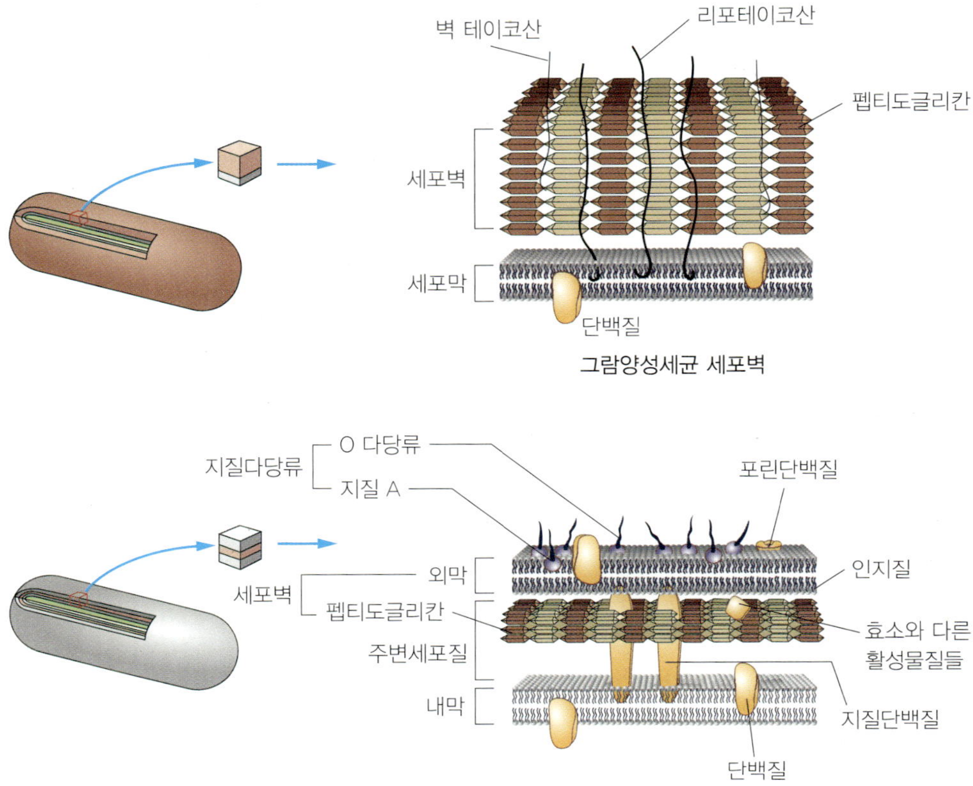

그림 2-5 세포벽의 구성

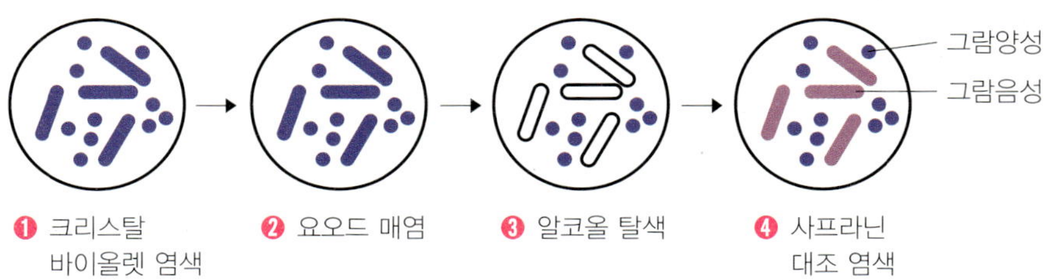

그림 2-6 그람염색법

세균의 경우 항생제를 포함하여 열, 영양 부족, pH 등의 외부 환경 조건에 따라 생육이 제한적이나, 다수의 세균은 내생포자, 생물막, VBNC(viable but non-culturable cell)를 형성하면서 자신을 스스로 보호하는 것으로 보고된다.

내생포자(endospore)는 세균이 휴면상태로 진입하면서 생육이 어려운 외부 환경 변화에 오랜 기간 생존할 수 있게 하며, 다시 생육이 가능한 조건으로 변화되면 영양세포로 전환된다. 식품과 관련된 대표적인 내생포자 형성 세균은 바실루스(*Bacillus*)속과 클로스트리듐(*Clostridium*)속이 있으며, 식품의 안전성 측면과 산업적 측면에서 매우 중요한 세균으로 알려져 있다(그림 2-7).

생물막(biofilm)은 미생물이 생물학적 또는 비생물학적 표면에 부착하여 자라면서 형성한 3차원적 구조를 의미하며, 미생물과 미생물이 분비한 세포 외 다당체(extracellular polymeric substance), 외부에서 부착된 물질을 통칭한다. 생물막을 형성한 미생물은 세포 외 다당체를 분비하여 미생물을 보호하고, 그 결과 열, 낮은 pH, 낮은 수분 활성도(Aw, water activity), 산화제 등의 환경 스트레스 요인에 대하여 현저하게 증가된 저항성을 갖게 된다.

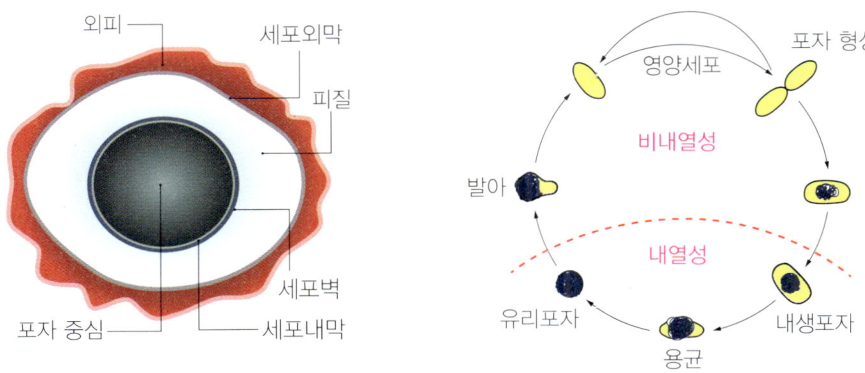

그림 2-7 포자의 구성 및 형성 과정

VBNC(viable but non-culturable cell)는 살아 있으나 배양되지 않은 상태의 세포를 의미한다. 외부 환경이 생육하기 어려운 상태가 되면 다수의 세균은 VBNC 상태로 변화된다. 현재까지 보고된 VBNC 상태로 진입 가능한 세균은 캄필로박터(*Campylobacter*)속, 리스테리아(*Listeria*)속, 이콜라이(*E. coli*), 비브리오(*Vibrio*)속, 살모넬라(*Salmonella*)속, 시겔라(*Shigella*)속, 엔테로코커스(*Enterococcus*)속, 헬리코박터(*Helicobacter*)속 등이 있다. VBNC 상태의 세균은 다수의 동물실험을 통해 독성을 보이는 연구결과가 보고되어 위해 가능성이 있다고 할 수 있다. 특히 이러한 상태는 현재의 배양 기술로는 배양할 수 없기 때문에 검출이 매우 어려워 이들의 제어가 매우 까다롭다고 알려져 있다.

세균은 내생포자, 생물막, VBNC 등을 형성하면서 외부 환경 스트레스에 저항하며 생존이 가능하므로, VBNC를 제어하기 위한 열처리나 건조 등의 물리적·화학적 처리에 대해서 높은 내성을 나타낸다. 이것이 식품안전을 위협하고 품질 저하를 가져오는 주요한 원인이 되기도 한다.

따라서 더 안전한 식품을 생산하기 위하여 이들을 제어하는 열처리나 건조 등의 물리적 처리나 화학적 처리와 같은 기존의 미생물 제어방법에 다변화가 필요할 것이다.

2) 곰팡이

곰팡이는 대표적인 진핵생물이다. 효모와 같은 진균류로, 광합성을 하지 못하는 절대호기성 미생물이며, 유기물을 산화하고 에너지를 획득하는 종속영양생물이다. 곰팡이는 식품학적 측면에서 매우 중요한 미생물이다. 우리나라에서는 다양한 장류, 주류 발효에 중요한 종균으로 활용되고 있으며, 이들이 생산하는 효소는 산업적으로 매우 유용하게 이용되고, 의약품으로 활용되는 등 그 분야가 넓어지고 있다. 다른 한편으로는 곰팡이가 생산하는 마이코톡신(mycotoxin)에 의해 오염된 식품을 섭취한 사람과 동물 등에 다양한 질환을 유발하거나 사망에 이르게 한다. 또한, 곰팡이는 일반적으로 매우 낮은 수분활성도와 비교적 광범위한 pH 조건에서 생육할 수 있으며, 절임식품, 건조식품, 산성식품에 부패를 유발할 수 있다.

곰팡이는 실 모양의 균사(hyphae)나 포자 형태로 생육하는 특성이 있다. 곰팡이의 균사는 관상 구조인 가지 친 형태로 생육하며, 균사가 모여 균사체(mycelium)를 형성한다. 균사체의 끝부분은 외생포자로 구성된 자실체(fruiting body) 구조이며, 자실체와 균사체를 포함하여 군집을 이루는 균총(colony)으로 되어 있다(그림 2-8).

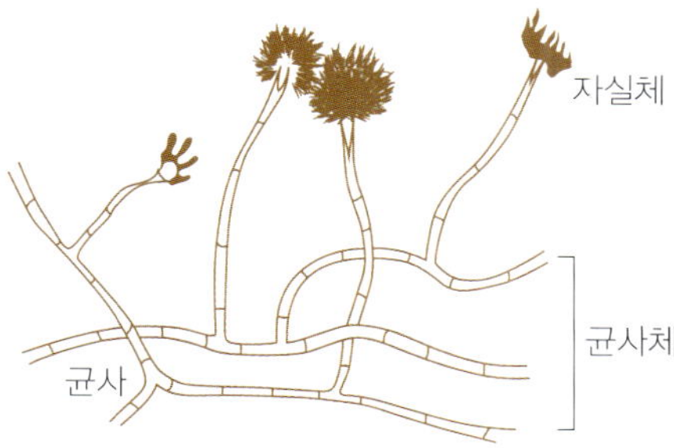

그림 2-8 곰팡이 형태

곰팡이의 증식은 포자를 형성하는 방법에 따라 유성생식과 무성생식으로 구분되고, 균사와 포자, 균총의 형태는 곰팡이를 분류하는 매우 중요한 기준이다.

접합균류는 균사에 격벽(septum)이 없으며 무성생식에 의해 포자낭포자를, 유성생식에 의해 접합포자를 형성한다. 대표적으로 *Mucor* 속, *Rhizopus* 속 등은 주류, 치즈, 유기산 등의 발효와 식품의 변패 등과 밀접한 관계가 있다.

자낭균류는 균사에 격벽이 있으며 무성생식에 의해 분생포자를, 유성생식에 의해 자낭에 자낭포자를 형성한다. *Aspergillus* 속, *Penicillium* 속, *Monascus* 속 등이 있으며, 식품학적으로 매우 중요한 곰팡이다.

담자균류는 균사에 격벽이 있고 유성생식에 의해 담자포자를 형성하는 균류로 버섯 대부분이 여기에 속한다. 그리고 불완전균류는 균사에 격벽이 있고 유성생식이 관찰되지 않은 균류를 총칭한다(표 2-1).

표 2-1 곰팡이의 분류

종류	중요한 속	균사	무성포자	유성포자
접합균류	• *Mucor* • *Rhizopus*	• 격벽 없음 • 다핵체	• 포자낭포자	• 접합포자
자낭균류	• *Eurotinum* • *Monascus* • *Neurospora*	• 격벽 있음	• 분생포자 • 절포자 • 후막포자	• 자낭포자
담자균류	• *Agaricus* • *Pleorotus*	• 격벽 없음 • 이차균사 • clamp connection	• 아포자 • 분생포자 • 절포자	• 담자포자
불완전균류	• *Aspergillus* • *Penicillium* • *Fusarium*	• 격벽 있음	• 자낭균류 혹은 담자균류와 같음	• 없음

3) 효모

효모(yeast)는 곰팡이와 마찬가지로 진균에 속하는 미생물이다. 상대적으로 세균과 곰팡이보다 식중독에 대한 위해 가능성이 작고, 많은 식품 산업에서 활용되고 있다. 곰팡이와 달리 단세포 구조를 이루며, 크기는 약 5~10μm로 세균보다는 훨씬 크고 형태학적으로 구형, 난형 또는 막대 형태이다. 효모는 주로 세포 표면에 작은 돌기가 생겨 점차 커지고 핵이 이동하면 원래 세포와의 사이에 경계가 생겨 새로운 세포를 형성하는 출아법(budding)에 의해 증식하는 것으로 알려져 있다(그림 2-9).

효모는 과일의 과즙 또는 과피, 식물체, 토양, 바닷물 등에서 서식하며, 알코올 발효 능력이 우수하여 주류 발효, 제빵 등에서 활용된다. 또한, 식품이나 사료에 균체가 단세포단백질(SCP, single cell protein)로 사용되거나 핵산 관련 물질의 생산을 통해 조미료와 비타민 생산에도 응용되고 있다. 일반적으로 효모는 세균보다는 낮은 수분활성도와 pH에서 생육하면서 식품의 부패에 영향을 미친다.

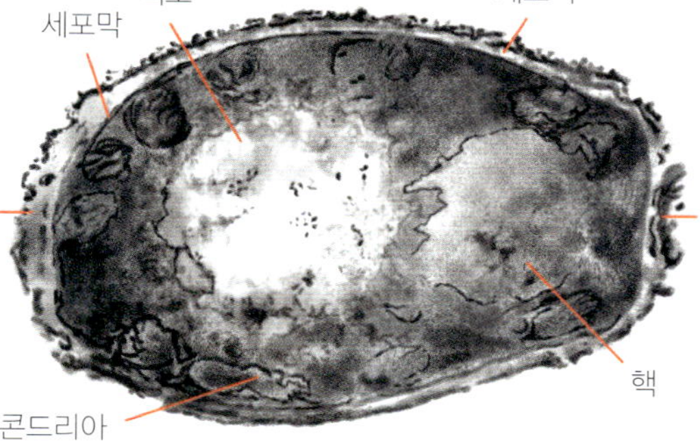

그림 2-9 효모의 구조

출아법으로 증식하는 효모는 사카로미세스 세레비시아에(*Saccharomyces cerevisiae*)가 대표적이며, 진핵세포의 모델로 널리 연구되었다. 포도주와 빵의 발효에 주된 역할을 하며, 사료, 조미료, 영양강화제 등으로 사용되고 있다. 분열법에 의해 증식하는 효모인 시조사카로미세스 폼베(*Schizosaccharomyces pombe*)는 맥주와 포도주 생산을 위한 말로락트발효(malolactic fermentation)에 이용된다.

한편, 효모 중에는 병원성을 유발하는 캔디다 알비칸스(*Candida albicans*), 지질 생산과 관련된 리포마이세스 스타케이(*Lipomyces starkeyi*) 등이 있다.

4) 바이러스

바이러스(virus)는 비세포성 미생물로 크기가 20~250nm 정도로 매우 작아 전자현미경을 통해 형태학적인 특성을 확인할 수 있으며, 구조가 간단하다. 바이러스는 숙주가 있어야만 증식이 가능한 기생생물이라는 특성 때문에 최근에서야 생명체의 범주로 편입되었다. 그리고 원핵생물과 진핵생물보다 계통학적 특성에 관한 연구가 상대적으로 미흡하고 현재까지 진행 중이다. 형태학적 특성에 따른 분류, 숙주에 따른 분류, 핵산 또는 가닥과 복제 형태에 따른 분류로 이루어져 있다(그림 2-10).

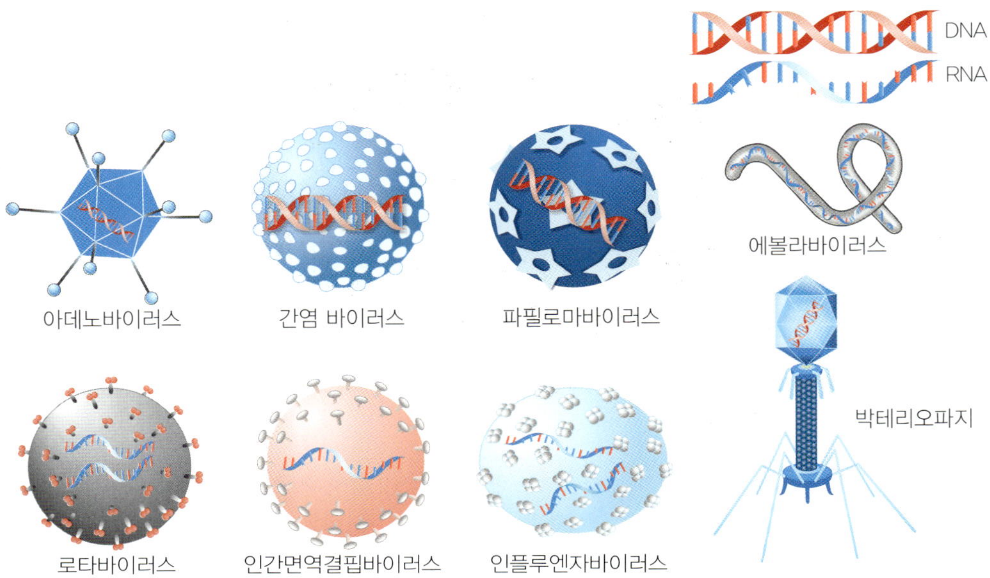

그림 2-10 바이러스의 구조

바이러스는 유전 정보 물질인 DNA 또는 RNA를 보유하고 있고, 기본적으로 이를 보호하는 단백질인 캡시드(capsid)로 구성된 매우 단순한 형태이다. 일부 바이러스에는 외막이 있으며, 외막에 당단백질이 존재하는 숙주 특이성이 매우 높다.

숙주에 따라 동물 바이러스, 식물 바이러스와 세균을 숙주로 하는 박테리오파지로 나뉜다. 사람을 포함한 동물을 숙주로 하는 바이러스는 대체로 병원체로 간주한다. 식품과 관련된 대표적인 바이러스는 노로바이러스, 로타바이러스, 아데노바이러스 등이며, 노로바이러스가 가장 높은 식중독 사고의 원인체로 보고되고 있다. 이러한 식품 관련 바이러스에 오염된 식품을 섭취할 경우 구토, 복통, 설사 등의 식중독 증상이 나타난다. 오염원은 지하수, 샐러드, 과일 등으로 알려져 있으나, 원인 불명인 경우가 대다수를 차지한다.

특히 국내에서 발생되는 식중독 사고 중 상당수는 원인 불명으로, 다수의 식중독 사고가 바이러스에 의한 것으로 예측되며(그림 2-11), 이에 따라 식품 중에 오염된 바이러스에 대한 물리적 · 화학적인 제어방법에 관한 연구가 활발하게 진행되고 있다.

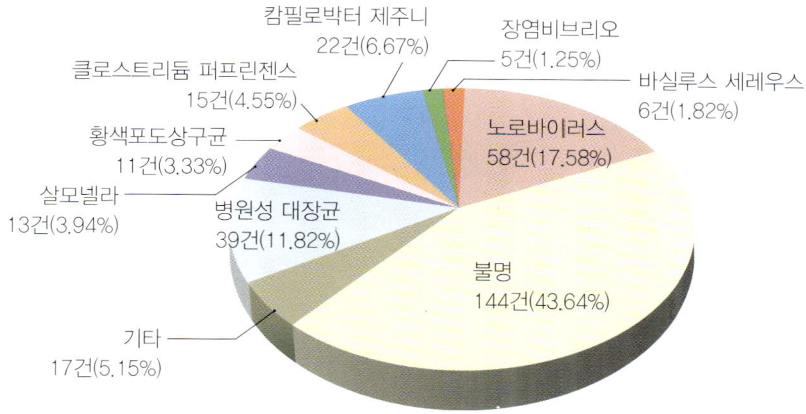

출처: 식품의약품안전처. 2015년 국내 원인균별 식중독 발생 현황.

그림 2-11 원인균별 식중독 발생 현황

박테리오파지(bacteriophage) 또는 파지(phage)는 세균을 특이적으로 감염시키는 바이러스로 20세기 초반에 분리되어 감염성 질환의 치료제로서 관련 연구가 진행되다가 부작용과 항생제의 개발 등으로 인해 연구가 주춤하였다. 그러나 박테리오파지에 관한 기초 연구는 꾸준하게 진행되고 있으며, 최근 항생제 내성 세균에 대한 치료제와 식품 및 축산식품 등에 대한 위생처리제뿐만 아니라 다양한 분야에서 응용 가능성이 확인되면서 다시 주목받고 있다.

박테리오파지의 대표적인 응용 분야는 병원성 미생물의 치료제로, 주로 항생제 내성 세균의 치료에 사용되는 파지치료(phage therapy), 박테리오파지 유전자를 이용한 용균 효소인 유용 효소의 생산, 병원성 세균의 검출, 특정 단백질(protein) 또는 항체(antibody)를 만드는 파지 디스플레이(phage display), 병원성 미생물의 분류, 백신(vaccine) 관련 연구, 유제품에 있어서 유산균 파지 내성 균주(phage resistant bacteria) 개발, 환경오염 지표, 파지 유전자의 전이 연구 등 매우 광범위하게 이용 및 연구되고 있다(그림 2-12).

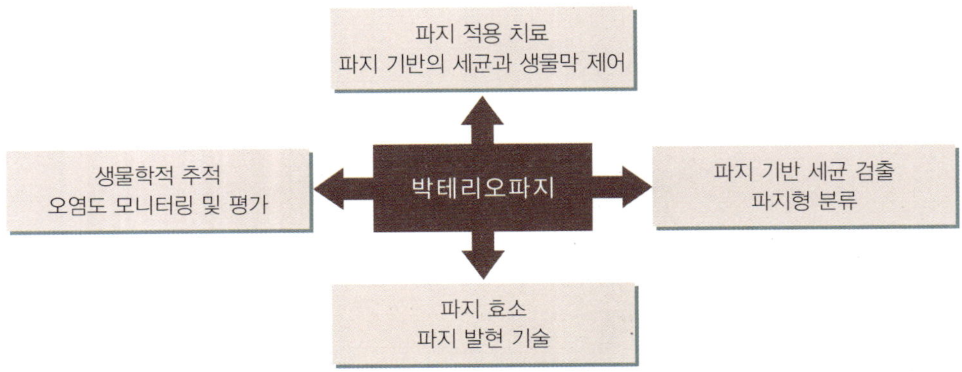

그림 2-12 박테리오파지의 응용 분야

바이러스는 일반적으로 병원체라는 인식이 매우 강하며, 실제 병원체로 사람과 동식물에 위해를 준다. 하지만, 바이러스는 지구 생태계 측면에서 본다면 다양한 생명체의 진화와 밀접한 연관이 있으며, 지구상에 생명체의 균형을 맞추는 조절자 역할을 한다고 알려진 매우 중요한 미생물이다.

제2절 미생물 성장에 영향을 미치는 인자

1) 온도

미생물은 대체로 낮은 온도에서는 효소 활성이 떨어지고 세포막을 구성하는 지질 성분에 의한 유동성 등이 낮아져 생육속도가 상대적으로 늦어지며, 온도가 높아짐에 따라 생육속도가 증가하다가 최적 생육온도를 넘어 고온이 되면 효소가 변성되어 활성을 잃게 되고, 원형질막의 붕괴 등으로 인해 생육속도가 급격하게 감소한다. 미생물은 생육온도에 따라 저온성균, 중온성균, 고온성균, 초고온성균으로 분류된다.

저온성균은 일반적으로 0℃에서 자라며 최적 온도는 약 15℃ 이하로 냉장 온도에서도 생육이 가능한 슈도모나스(*Pseudomonas*)속이 대표적이다. 중온성균은 최적 온도가 약 25~40℃로 대부분의 미생물이 여기에 속하며 이콜라이(*E. coli*), 스타필로코커스(*Staphylococcus*)속, 살모넬라(*Salmonella*)속, 시겔라(*Shigella*)속 등이 있다. 고온성균은 최저 생육온도가 45℃이며 최적 온도가 55~65℃이고 대표적으로 바실루스 써모필러스(*Bacillus thermophilus*) 등이 보고된다. 초고온성균은 최적 생육온도가 90~100℃이며 최저 생육온도는 약 65~70℃로, 해당 온도 이하에서는 생육하지 못한다(그림 2-13).

온도는 미생물의 매우 중요한 생육 인자로 온도 관리를 통해 식품에 존재하는 미생물들을 제어할 수 있다. 가열처리를 통해 식품에 존재하는 미생물을 제어하려면 가열 온도와 시간, 식품의 종류, 오염 미생물의 종류 및 오염도 등을 고려하며, 가열에 따른 영양소의 파괴를 최소화하는 조건으로 수행한다.

또한, 냉장고를 사용함으로써 식품의 저장성을 높일 수는 있으나, 미생물의 경우 냉장 온도에서도 생육이 가능하므로 부패할 수 있다. 특히, 리스테리아 모노사이토제네스(*Listeria monocytogenes*) 등은 냉장 온도에서도 증식이 가능하기 때문에 무조건적인 냉장고 저장은 위험하다.

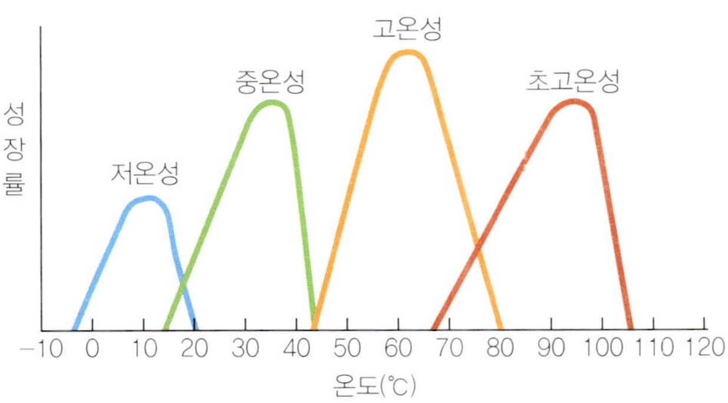

그림 2-13 온도에 따른 미생물의 생육

특히 수분 함량이 높고 단백질 함량이 높은 식품을 잠재적 위해식품(PHF; potentially hazardous food)이라 부르며, 이들 식품의 보관에 있어서 위험온도대(danger-zone)는 4.4℃~60℃(40°F~140°F)이다.

2) pH

온도와 마찬가지로 pH도 생육에 중요한 역할을 한다. 생육 가능한 pH 범위에 따라 산성미생물(pH 0~5.5), 중성미생물(pH 5.5~8.0), 알칼리미생물(pH 8.5~10)로 분류된다. 일반적으로 pH 범위에 상관없이 미생물의 pH는 대체로 중성이며, 세포 내 pH를 조절하기 위한 다양한 기작이 작동된다(그림 2-14).

통·병조림 식품에서 pH 4.6을 초과하는 저산성식품(low acid food)은 멸균공정을 해야하고 pH 4.6이하인 산성식품은 가열 등의 방법으로 살균처리할 수 있다.

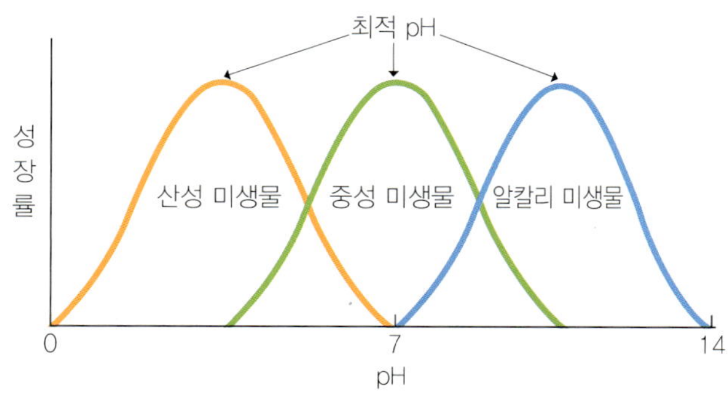

그림 2-14 pH에 따른 미생물의 생육

3) 산소

산소가 필요한 생명체는 에너지 생성을 위하여 해당작용과 TCA 회로(tricarboxylic acid cycle)를 거친 후 전자전달계에서 산소가 최종 전자수용체 역할을 하며, 생체 에너지인 ATP(adenosine triphosphate)를 다수 만든다. 하지만, 산소가 없는 조건에서만 생육이 가능한 일부 미생물의 경우에는 산소가 유해하게 작용하여 생육이 억제되거나 사멸될 수도 있다.

산소 요구성에 따라 살펴보면, 산소가 반드시 있어야 생육하는 절대호기성은 아세토박터(*Acetobacter*)속, 산소가 존재하면 생육이 불가한 절대혐기성(obligately anaerobic)은 비피도박테리움(*Bifidobacterium*)속과 클로스트리듐속이 있다. 산소가 필수이지는 않지만 산소가 있으면 생육을 잘하는 통성혐기성 균, 산소를 이용하지 않으나 산소가 있어도 생육이 가능한 내기성혐기성 균이 있다. 약 5~15%의 산소 조건에서 생육 가능한 미호기성은 캄필로박터속이 대표적이다.

4) 수분활성도

물은 자유수와 결합수 형태로 식품 내에 존재하며, 다양한 용매작용과 화학반응 및 pH 조절 등의 역할을 한다. 자유수는 식품에서 미생물이 이용할 수 있지만, 결합수는 미생물이 사용하지 못한다. 결합수는 화학반응에 참여하지 못하고 용매로 작용이 불가하고 증발과 동결이 어려운 특성이 있다(그림 2-15).

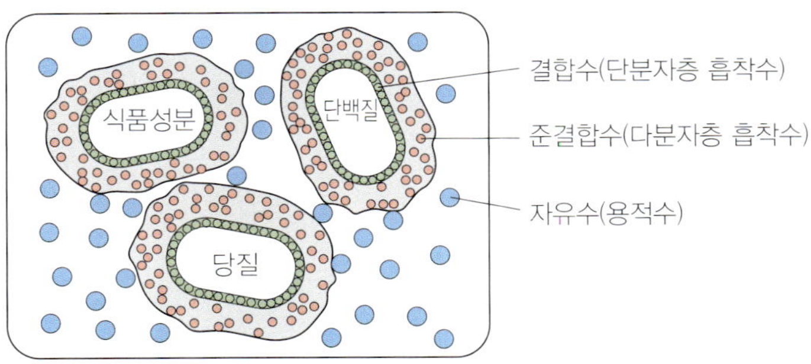

그림 2-15 자유수와 결합수

수분활성도란 자유수로 미생물이 사용 가능한 물의 비율을 뜻한다. 임의의 온도에서 식품 중의 수증기압이 P, 최대수증기압이 P_0이면 수분활성도 = P/P_0이다. 미생물이 생육하는 데는 최소의 수분활성도가 필요하며, 미생물마다 적정 수분활성도가 있다.

미생물의 생육을 조절하는 방법 중 하나로 수분활성도를 이용하는데, 주로 가염이나 가당을 통해 식품에 있는 수분이 용질인 염과 당이 결합하면서 수분활성도 떨어지게 만들어 미생물의 생육을 억제한다. 일반적으로 세균 > 효모 > 곰팡이 > 호염균 > 내건성곰팡이 > 호삼투압성 효모 순으로 수분활성도가 높게 나타난다(그림 2-16).

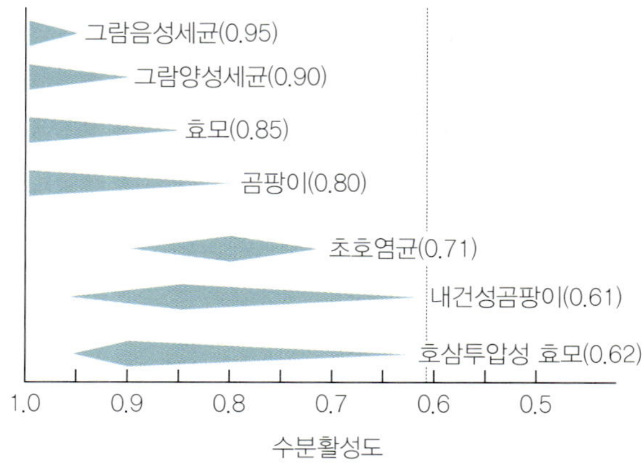

그림 2-16 미생물의 생육과 수분활성도

5) 영양 성분

미생물은 살아 있는 생명체로, 다양한 영양원을 이용해 에너지를 생성하고 세포 내 구성성분을 형성한다. 미생물의 생육에 필요한 영양 성분은 C, H, O, N, P, S, K, Mg, Fe과 같은 대량원소와 Mn, Zn, Co 등의 미량원소로 이루어져 있다. 대량원소를 공급하는 탄소원과 질소원은 대량영양소, 무기염류와 비타민 등은 미량영양소라고 한다.

탄소원은 주로 미생물이 에너지원과 세포 구성성분을 합성하는 데 사용한다. 탄소원으로는 다양한 포도당(glucose), 과당(fructose), 맥아당(maltose) 등 당류가 대표적이다. 질소원은 단백질과 핵산을 생성하기 위한 미생물 생육의 필수 요소이다. 미생물에 따라 다양한 방법으로 질소원을 이용한다. 무기염류는 주로 효소의 활성에 관여하거나 2차 대사산물의 생산에 사용된다. 비타민류는 효소의 조효소로 작용하거나 전구물질로 사용된다.

식품은 미생물 생육에 필요한 다양한 대량영양소와 미량영양소를 포함하고 있으며, 식품의 성분 조성에 따라 성장 가능한 미생물의 종류와 증식속도, 생성물의 종류가 결정된다. 따라서 불건전한 식품의 제조나 유통으로 인해 미생물의 성장 가능성이 커지면 식품이 부패하거나 식중독균이 증식할 수 있으므로, 식품의 성분에 따라 적절한 미생물 제어방법을 도입한다.

6) 자외선과 방사선

자외선(ultraviolet)의 파장은 약 10~400nm이며, 미생물에 대한 살균 효과가 있고, 특히 가장 우수한 살균력은 약 260nm로 알려져 있다. 자외선을 미생물에 조사하면 미생물의 DNA가 손상되어 생존하지 못하게 되지만, 침투력이 매우 약해서 주로 표면 살균에 국한되며 미생물을 제어하는 데 사용된다.

방사선(radiation)은 자외선보다 파장이 짧으며, 그중 높은 에너지를 가진 X-선, γ-선은 투과력이 매우 강하다. 주로 미생물의 DNA 또는 RNA에 돌연변이나 손상을 유도하여 세포의 사멸을 유발하거나, 생체 내의 수분을 전리시켜 자유라디칼(radical)이나 이온을 생성하여 세포 내에서 치사작용을 한다. 방사선 조사를 통한 미생물의 제어는 미생물의 반응 정도와 방사선 감수성, 외부 환경 등에 영향을 받는다.

현재 식품에 조사할 수 있는 방사선은 코발트60(^{60}Co)과 세슘137(^{137}Cs)로 알려져 있다. 방사선 조사는 비열처리 살균법으로 각광받고 있으며, 이외에 발아 억제나 해충 방제, 숙성 조절 등에도 활용되고 있다. 일반적으로 식품 조사량은 1~10kGy 수준으로 0.05~1.0kGy 수준의 조사는 발아 억제와 해충 제어, 숙성 지연에 사용되며, 1~10kGy 조사는 신선도 증진, 식품 소재 살균, 물성 개선에 사용된다.

방사선 조사는 식품의 성분 변화나 영양 성분의 손실을 발생시키지 않으므로 인체에 유전적 변화나 건강상 위해를 초래하지 않는 안전한 식품 처리방법이다.

TIP Gy(그레이, grey)

방사선 흡수량을 나타내는 국제단위(SI, système international d'unités)로 1Gy는 1kg의 물질에 1J의 방사선 에너지가 흡수되는 것을 의미한다. 구 단위로는 라드(rad)를 사용하였다(1Gy = 100rad). 그리고 Sv(시버트, sievert)는 방사선 조사량을 나타내는 국제단위로, 방사선의 흡수량과 생물학적 효과를 포함한다.

7) 화학적 처리

살균제, 보존제와 같은 화학제제도 미생물의 생육에 영향을 미친다. 현재까지 식품첨가물로 사용이 허가된 살균제는 염소 화합물, 요오드 화합물, 산화제, 계면활성제 등이 있으며, 주로 미생물의 단백질 변성, 산화작용, 세포 단백질과의 결합을 통한 살균제로 사용되고 있다. 보존제는 주로 미생물의 생육 억제와 신선도 유지를 위하여 사용되며 소르브산(sorbic acid), 벤조산(benzoic acid) 등이 있다. 이러한 화학제제들은 일반적으로 미생물의 양, 식품의 종류, 처리 농도와 시간, 잔존 여부 등에 따라 생육 억제 효과 면에서 차이가 나기 때문에 처리 조건의 설정이 매우 중요하다.

최근 화학물질에 의한 사고가 빈번하게 발생하면서 화학적 제제에 대한 거부감이 높아지고 있다. 이에 따라 다양한 천연물 소재의 생육 억제제가 화학제제의 대체재로 사용된다. 식품 산업에서 사용하는 대표적인 식물 유래 억제제는 에센셜오일, 황 화합물, 아이소프레노이드(isoprenoid) 등이며, 동물 유래 억제제는 락토페린(lactoferrin), 라이소자임(lysozyme), 키토산(chitosan) 등이 있다. 또한, 미생물 유래 억제제는 유산균이 생산하는 박테리오신(bacteriocin)이 있다.

TIP 허들 테크놀로지(Hurdle technology)

미생물들을 사멸시키거나 제어할 수 있는 다양한 요소(온도, pH, 수분활성도 등)를 조합처리하여(최소한 2개 이상의 인자를 적용) 식품의 안전성과 품질을 확보하는 기술이다. Combined method 또는 Barrier technology라고도 불린다.

제3절 식품위생지표 미생물

1) 일반세균수

일반세균수는 총균수라고 불리며, 식품위생에 있어서 기초적인 지표미생물 수로 활용되고 있다. 일반세균수는 식품의 건전성과 안전성을 알 수 있는 지표로서 식품의 부패 여부 등을 확인할 수 있다. 그러나 발효 식품은 일반세균수의 측정으로 부패를 확인하기 어렵다. 보통 표준한천배지(plate count agar)를 사용하여 측정하며, 약 10^5~10^6CFU/g(mL) 수준의 오염도를 나타내면 부패가 시작하는 단계로 볼 수 있다.

2) 대장균군

대장균군(coliform)은 35~37℃에서 생육하면서 48시간이내 유당을 분해하여 가스와 산을 생성하는 그람음성(gram negative)의 무아포성 간균이다. 대장균군에는 분변성균 이외에 비 분변성균이 있으므로 이들의 검출이 반드시 분변오염이나 잠재적 병원균의 오염과 직결되지는 않는다. 대표적으로 *Escherichia*속, *Klebsiella*속, *Citrobacter*속, *Enterobacter*속 등이 속한다. 분변성 대장균군(fecal colifrom)은 대장균군보다 대장균과 더 유사한 특성을 지닌 군집으로 44℃에서 유당을 분해하여 산과 가스를 생성하는 무아포성 간균들을 나타낸다. 분변성 대장균군은 주로 동물이나 사람의 분변에 많이 존재하기 때문에, 대장균군에 오염되었다는 것은 분변과 직·간접적인 접촉을 통한 오염 가능성이 있고, 식품 제조 및 유통 단계에서 비위생적이었음을 의미한다.

3) 대장균

대장균군의 한 종류인 대장균(*Escherichia coli*)은 온혈동물의 장관 내에 상재하며 서식하는 미생물이지만, 다른 대장균군인 크렙시엘라(*Klebsiella*)속이나 시트로박터

(*Citrobacter*)속 등은 토양이나 식물인 자연계에서 오랜 기간 생육할 수 있어서 분변 유래인 대장균 검사를 통해 분변의 오염 여부를 더욱 명확히 확인하는 식품위생지표 미생물로 사용되고 있다. 대장균은 비병원성과 병원성 대장균으로 나누어진다. 모든 대장균이 사람에게 병원성을 유발하지는 않기 때문에, 대장균 분석은 식품을 제조할 때 위생 상태를 확인하는 지표로 활용된다. 또한, 사람에게 식중독 등의 질환을 유발하는 병원성 대장균에 오염될 가능성에 대해서는 추가로 실험하여 확인한다(그림 2-17).

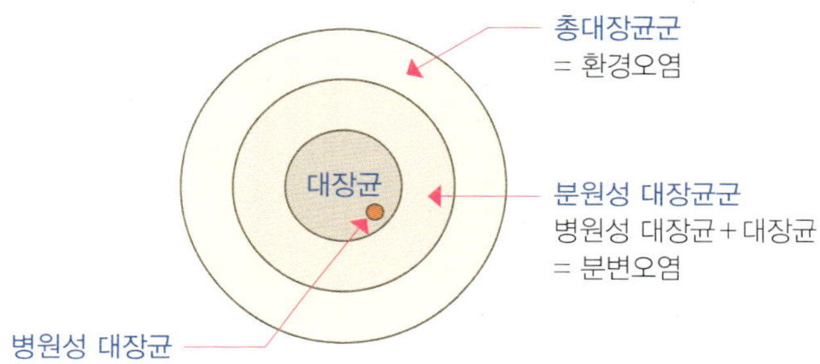

그림 2-17 대장균군과 대장균의 범위

4) 장구균

장구균(Enterococci)은 대부분의 포유동물의 장내 정상 세균총으로, 동물과 사람의 분변에 존재하는 그람양성세균이며, 주로 엔테로코커스 페칼리스(*Enterococcus faecalis*)와 엔테로코커스 페시움(*E. faecium*)이 가장 많이 확인되고 있다. 대장균군이나 대장균은 가열이나 동결 등에 내성이 낮기 때문에 식품위생지표 미생물로는 다소 미흡한 부분이 있다. 하지만, 장구균은 상대적으로 다른 식품위생지표 세균에 비해 열처리, 건조 등의 물리적 처리나 화학제 처리에도 장기간 생육이 가능하여 건조식품이나 가열 조리 식품 등에서 분변오염에 대한 지표 미생물로 유용하게 사용될 수 있다.

제4절 미생물에 의한 식품의 부패

식품 부패란 식품에 일어나는 생화학적 변화 중 소비하기 바람직하지 못한 방향으로 변화되는 것을 의미한다. 식품 부패와 유사한 의미르 변패가 사용되고 있으나, 사전적으로 부패는 식품 내에 단백질 등 질소를 포함하는 성분들이 분해되면서 악취, 이미, 유독 물질 등이 생성되는 것을 의미하고, 변패는 주로 탄수화물이나 지질이 분해되어 바람직하지 못한 물질을 만들게 되는 것을 말한다.

식품 부패는 자연 부패와 미생물에 의한 부패가 있다. 자연 부패는 주로 세포 호흡이나 기화 등의 수분 손실과 산화, 갈변, 숙성 등의 효소적 작용에 의해 발생한다. 미생물학적 부패의 경우는 다양한 미생물이 식품에 오염되면서 식품 제조 또는 유통 과정에서 부패를 유발하며, 독소를 생산하여 사람에게 위해가 되기도 한다. 또한, 오염된 식품의 상태, 오염된 미생물의 종류와 양, 보관 및 유통기한 등 다양한 요인에 의해 발생하며 미생물의 종류에 따라 다른 과정을 통해 부패를 유발한다.

식품 부패는 식품의 품질을 저하시켜 식품 소비를 제한하고, 섭취 시 식중독을 유발하여 문제가 된다. 최근에 전 세계적으로 환경 변화 등으로 인해 부패되어 버려지는 식품이 생산되는 식품의 약 3분의 1 수준으로, 이에 따른 경제적 손실이 매우 높은 것으로 보고되었다. 이것은 기아 문제를 어느 정도 해결할 수 있는 양이라고 한다. 따라서 식품 부패를 방지하기 위하여 더욱더 철저하게 식품을 관리해야 한다(그림 2-18).

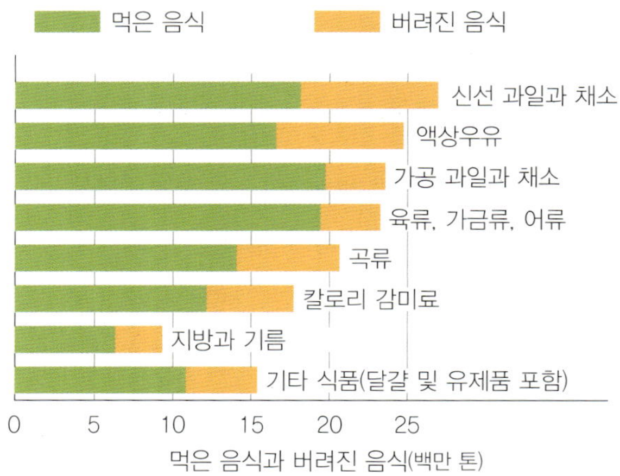

출처: McBeath(2011).

그림 2-18 식품 부패에 의한 식품 폐기

제5절 미생물의 제어방법

식품의 보존성을 증진하기 위하여 식품에 존재하는 다양한 미생물을 제어하는 방법으로서 가열처리, 농축, 건조 등의 물리적 방법, 당이나 염의 첨가, 식품첨가물 처리 등의 화학적 방법, 유산균 등을 이용한 생물학적 방법이 전통적으로 활용되었다.

미생물을 가장 확실하고 안전하게 제어하는 방법으로는 가열처리가 가장 일반적이다. 식품에 가열처리를 하면 미생물을 사멸하는 효과 외에도 효소의 불활성화, 관능적 특성의 향상, 소화율 증대, 가열 조건 조작의 용이 등의 효과를 얻을 수 있다. 가열처리는 미생물의 종류와 상태, 식품 물성, 식품 조성, 열전달 속도 등에 영향을 받으므로, 이를 반드시 고려한다.

1) 가열처리 방법

가열처리 방법으로 첫째, 저온살균(pasteurization)은 100℃ 이하의 온도에서 병원성 세균 및 비내열성 세균을 살균하는 방법이다. 우유 등의 액상 식품에 많이 사용된다. 약 63~65℃에 30분간 살균하는 저온장시간살균(low temperature short time pasteurization), 약 72~75℃에 15~20초간 살균하는 고온단시간살균(high temperature short time pasteurization), 88℃에 1초, 94℃에서 0.1초, 100℃에 0.01초간 살균하는 순간살균(flash pasteurization)이 있다. 둘째, 고온살균법(high temperature sterilization)은 100~130℃에 살균하는 방법으로 장기간 상온 유통이 가능하며, 통조림이나 레토르트식품 등에 많이 적용한다. 셋째, 초고온살균(ultra high-temperature sterilization)은 130℃ 이상에 1~4초가량 살균하는 방법으로, 액상이나 반액상식품에 미생물을 살균처리한 후 무균 용기에 포장한다.

그 밖의 가열처리 방법으로는 마이크로파와 저항 열처리 등이 있다.

마이크로파(microwave)는 300MHz~30GHz의 짧은 영역의 전자파를 사용하여 식품 내부에 존재하는 물분자들이 내부진동을 하면서 식품재료 자체에서 발열을 통해 살균하는 방법이다. 열전도도가 낮은 식품에 효과적이고 열효율이 매우 높아 단시간에 살균할 수 있다. 하지만, 균일하게 열처리되지 않은 단점이 있어 최근에는 이를 보완하는 방법이 제안되고 있다.

저항 열처리(옴가열, ohmic heating)는 전기적으로 가열처리하는 방법으로, 전도체를 통해서 식품내로 교차 전류가 흐르도록하여 식품의 전기 저항효과를 이용해서 외부 가열 매체의 사용 없이 식품 내부에서 열을 발생시키는 방법이다. 마이크로파보다 빠르고 균일한 가열처리가 가능하며, 열에 의한 미생물 제어 효과가 가장 크다. 저항 열처리는 미생물 제어에 있어서 열에 의한 효과가 주된 요인이지만, 이외에도 저항 열처리를 통해 전기 천공으로 인한 세포막 손상으로 인해서 막 투과성 변화와 내부 물질에 유출을 통해 미생물을 사멸시키기도 한다. 그러나 적용 가능한 식품이 전도성이 우수한 식품으로 제한되는 단점이 있다.

가열처리는 미생물 제어에 매우 효율적이지만, 가열처리할 때 발생되는 식품의 색과 조직 변화에 따른 물성의 변화, 영양 성분 파괴 등 품질 저하를 일으키기도 한다. 결과적으로, 가열처리는 식품의 영양학적 · 관능적 가치를 하락시키는 것으로 알려져 있다.

2) 비가열처리 방법

최근에는 가열처리의 단점을 보완한 비가열처리 방법인 펄스자기장(PEF, pulsed electric fields), 광펄스(intense light pulse), 저에너지 전자선(low energy electrons), 초고압처리(HPP, high pressure processing), 초음파(ultrasound), 초임계 이산화탄소(supercritical carbon dioxide), 플라스마(plasma), 방사선 조사(irradiation) 등이 미생물을 제어하는 데 적용되고 있다.

펄스자기장에 의한 식품 처리방법은 강한 1~100kV/cm 사이의 전압을 마이크로초(μs, microsecond) 단위의 펄스 형태로 식품이나 식품원료에 처리하는 기술이다. 펄스자기장 처리를 통해 미생물의 세포막에 가역적 · 비가역적 파괴를 유발하여 미생물을 사멸시킬 수 있으며, 동식물 조직의 특성 변화, 세포막 붕괴를 통한 추출 활용, 건조 등의 효과가 있는 것으로 알려져 있고, 주로 액체식품에 사용한다

광펄스에 의한 살균은 자외선부터 근적외선(near infrared) 부분까지 폭넓은 범위의 빛을 짧은 시간에 강하게 조사하여 식품의 표면에 존재하는 미생물을 사멸시키는 기술이다. 광펄스는 기존의 자외선 살균과 마찬가지로 빛을 쪼여 세포의 DNA 구조를 파괴함으로써 미생물을 사멸한다. 가열 살균이 어려운 채소나 과일, 생선 등에 광펄스 기술을 적용하여 식품의 표면에 존재하는 유해 미생물을 감소시켜 유통기한을 연장하고 품질을 높인다.

초고압처리는 가열처리를 대체하기 위한 방법으로 오랫동안 연구가 이루어졌으며, 주로 액체나 고체 식품에 적용되고 있다. 일반적으로 약 100~800MPa의 압력을 가하며 약 0~100℃의 온도로 수초에서 수분 동안 처리한다. 식품에 압력이 가해지면 보

통 단백질의 변성, 효소의 불활성, 효소와 기질 결합 부위의 변화, 탄수화물과 지질의 성질 변화, 세포막의 형태 변화, 유전자 전사 및 번역 저해 등에 효과가 있다고 알려져 있다.

초음파란 약 20Hz 이상의 파장 음파가 발생하였을 때 높은 온도와 압력의 공동현상(cavitation) 효과에 의해 발생되며, 세포조직의 파괴를 통해 세포 용해를 유발한다. 이러한 초음파는 초음파 파장, 미생물 종류, 식품 성분과 양 등에 영향을 받게 된다. 보통 단독으로 처리할 때는 상대적으로 효과가 낮기 때문에 살균제 또는 보존제 등의 화학제제 등과 병용하여 처리하는 것이 일반적이다.

이처럼 가열처리와 비가열처리 기술은 현재 식품 산업에서 미생물 제어하는 데 사용하는 대표적인 방법이다. 그 밖에 천연 항균물질, 항균미생물, 박테리오파지 등 생물학적 제어제에 관한 연구와 응용이 매우 활발하게 진행되고 있다.

FOOD HYGIENE

CHAPTER 03

미생물에 의한 유해

제1절 식중독의 분류

최근 들어 단체급식의 확대와 다양한 가정편의식 제품의 인기, 신선식품에 대한 수요의 증가로 인해 조리가공식품의 판매가 늘어나면서 식중독에 대한 주의가 더욱 필요해졌다.

단체급식의 경우 동일한 음식을 많은 인원이 섭취하므로 조금만 주의를 소홀히 하면 대규모 식중독 사태가 발생하며, 실제로 하나의 식품으로 수천 명의 인원이 식중독에 걸리는 일이 벌어지기도 하였다. 더욱이 온난화 현상으로 평균 기온이 높아지면서 점차 식중독 위험은 증가하고, 이에 따른 경제적 손실도 커질 것으로 추측된다.

식중독은 일반적으로 크게 세균이 원인이 되는 세균성 식중독, 화학물질에 의한 화학적 식중독, 동식물 자체가 가진 유해 물질에 의한 자연독 식중독으로 나눌 수 있다.

표 3-1 식중독의 원인별 분류

분류	종류	원인
세균성 식중독	감염형 (세균에 의한 것)	살모넬라, 장염비브리오, 병원성 대장균, 리스테리아, 캄필로박터 등
	독소형 (세균의 독소에 의한 것)	황색포도상구균, 보툴리누스, 세레우스(설사형) 등
	생체 내 독소형 (감염형과 독소형의 중간형)	웰치균, 독소원성 대장균, 에어로모나스, 세레우스(구토형), 비브리오 콜레라
	알레르기성 식중독 (부패 아민에 의한 것)	프로테우스 등에 의한 부패생성물
자연독 식중독	동물성	복어, 어패류, 독어류 등
	식물성	독버섯, 감자, 유독식물 등
	곰팡이독 중독 (곰팡이의 유독 대사생성물에 의한 것)	곰팡이독(아플라톡신, 시트리닌, 파툴린 등), 생산 곰팡이류
화학적 식중독	유독·유해 화학물질에 의한 것	메탄올, 유기염소화합물, 유기불소화합물 등, 수은, 비소 등의 유해 금속류

제2절 세균에 의한 식중독

세균에 의한 세균성 식중독(bacterial food poisoning)은 세균에 의해 오염 또는 세균이 생산한 유독 물질을 함유하는 식품을 섭취함으로써 일어나는 건강상의 장애를 말하며, 구토, 복통, 발열 등의 공통적인 증상을 보이고, 원인 물질에 따라서 잠복기와 증상의 정도가 다르다. 세균성 식중독을 예방하기 위해서는 신선한 식품재료를 사용하고, 식품 제조 및 조리자의 청결 유지, 식품 제조 및 조리 시 사용되는 기구에 의한 교차오염 등에 대해 주의해야 한다.

1) 감염형 식중독

감염형 식중독(infection food poisoning)은 식품 중에 식중독균이 증식하여 식중독균이 대량으로 포함된 식품을 섭취함으로써 발생하는 것으로, 주된 원인균으로는 살모넬라, 장염비브리오, 병원성 대장균, 리스테리아 등이 있다. 다른 식중독에 비해 섭취 후에도 체내에서 추가적인 증식에 의해 일정 농도 이상의 균이 존재해야 증상이 나타나므로 잠복기가 길다.

(1) 살모넬라 식중독

살모넬라(*Salmonella*)는 동물에게 식중독을 일으키는 주요 원인균으로서, 살모넬라 티피무륨(*Salmonella* Typhimurium, 쥐티프스균), 살모넬라 엔테리티디스(*Salmonella* Enteritidis, 장염균)가 주 원인균이며, 이외에도 살모넬라 콜레라에수이스(*S.* Choleraesuis), 살모넬라 톰슨(*S.* Thompson), 살모넬라 인판티스(*S.* Infantis), 살모넬라 더비(*S.* Derby) 등이 살모넬라 식중독(salmonellosis)의 원인균으로 알려져 있다.

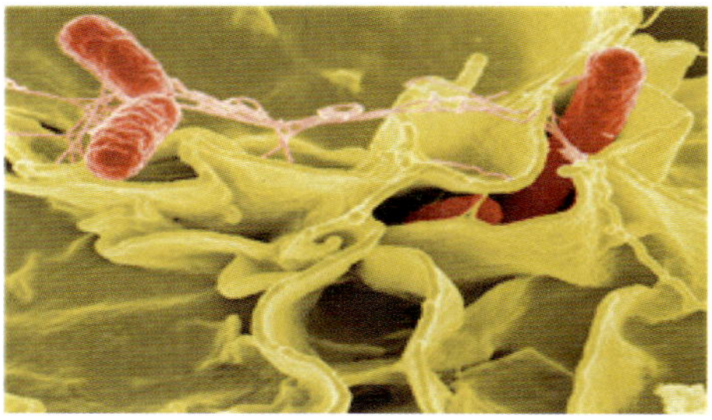

살모넬라 티피무륨

출처: https://en.wikipedia.org/wiki/Salmonella.

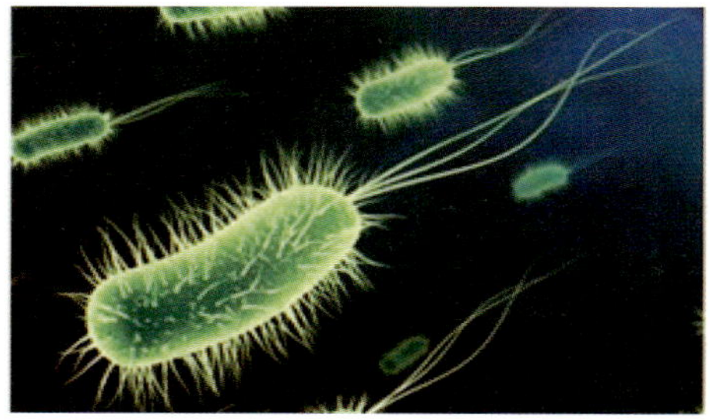

살모넬라 엔테리티디스

출처: https://www.foodnavigator.com/Article/2014/08/18/Salmonella-illnesses-from-single-source-yet-to-be-identified.

그림 3-1 살모넬라 티피무륨과 살모넬라 엔테리티디스

살모넬라 식중독균은 그람음성균으로서 긴 막대기 형태의 간균이고, 크기는 약 0.5~1.0×1~5μm이고 주편모를 가지고 있어 운동성이 있으며, 포자를 형성하지 않고, 통성혐기성의 균이다.

최적 생육온도는 37℃이지만, 10~43℃의 온도 범위에서도 증식할 수 있으며, 62℃(145°F)에서 20분 가열하게 되면 대부분 사멸한다. 포도당을 발효하여 가스와 산을 생성하고, 영양배지(nutrient agar), 맥콩키한천배지(MacConkey's agar), 디옥시콜산시트르산 한천배지(DCA medium, desoxycholatecitrate agar medium)에서 자랄 수 있으며, 약 2,000~2,500여 종의 균 형이 존재한다. 잠복기는 약 12~24시간이며, 주요 증상은 설사, 복통, 구토와 함께 발열이 있으며, 혈변을 동반하고, 4~7일까지 증상이 지속되기도 한다.

살모넬라 식중독은 연중 발생하나 주로 6~9월에 가장 많이 발생하는 것으로 보고되며, 주요 원인 식품으로는 달걀, 식육, 가금류, 유제품, 수산물 등 다양하며, 과일이나 채소가 운반매개체가 되기도 한다.

감염원은 사람, 가축, 가금류, 곤충, 쥐, 개, 고양이, 하수, 하천 등 광범위하게 분포하며, 식육, 달걀과 같은 식품이 감염원에 의해 직접 오염되거나, 감염된 동물이나 감염자의 배설물에 의해 식품이 오염되어 나타나기도 한다. 살모넬라 식중독의 감염원으로 가장 많이 언급되는 달걀의 경우 수란관을 통하여 항문으로 나오는 경로에서 오염되는데, 달걀을 날것으로 섭취하거나 오염된 달걀을 가공하여 샐러드, 마요네즈 등을 제조할 때 문제가 된다.

살모넬라 식중독을 예방하려면 생고기나 익히지 않은 식육, 가금류, 달걀 등의 섭취를 피하고, 살균처리되지 않은 유제품도 피하는 것이 좋다. 또한, 가정에서 직접 생달걀을 가공하여 마요네즈, 아이스크림, 샐러드 등을 만들 때 달걀의 위생에 주의하며, 과일과 채소는 흐르는 물에 잘 씻어서 섭취하는 것이 좋다.

(2) 장염비브리오 식중독

장염비브리오(*Vibrio*) 식중독은 수산물, 특히 생선회나 어패류 등의 섭취가 증가하면서 발병률이 증가하는 식중독으로 보고되고 있다. 원인균은 비브리오 파라헤몰리티쿠스(*Vibrio parahemolyticus*)로, 1950년 일본 오사카 남부에서 멸치포를 먹은 후 식중독 증상을 보인 20여 명이 사망한 사건을 통해 처음 알려졌다.

비브리오 파라헤몰리티쿠스는 그람음성, 통성혐기성의 무포자, 간균으로서 액체에서는 극단모성 편모만을 갖고, 고체에서는 극단모성 편모와 주모성 편모를 함께 갖는다. 크기는 0.5~0.8×1.4~2.6μm이며, 직선 또는 구부러진 형태를 나타낸다.

이 균은 식염농도 0.5~10%에서 증식하지만 3~5%가 최적 농도이다. 최적 생육온도는 37℃(30~37℃)이며, 저온 및 고온에 약해 10℃ 이하나 45℃ 이상에서는 거의 생육하지 못하고, 60℃에서 10분간 가열하면 대부분 사멸한다. 최적 pH는 7.5~8.5이다. 염분이 없는 수돗물 또는 증류수에서 쉽게 사멸하기도 한다. 산성 조건에서는 잘 증식하지 않으며, pH 4.5 이하에서 급속하게 사멸하는 특징을 보인다. 그러나 다른 세균보다 증식속도가 빨라 최적 조건에서는 10분마다 분열하여 온도가 높은 여름철에 특히 주의해야 한다. 장염비브리오의 주요 병원성 인자는 내열성 용혈독(TDH, thermostable direct hemolysin)과 내열성 용혈독 관련 용혈독(TRH, TDH related hemolysis) 등이 있으며, 병원성인 것은 혈액한천배지에서 군락 주변에 혈액을 녹여 용혈환을 형성(가나가와 현상, KP, kanagawa phenomenon)한다.

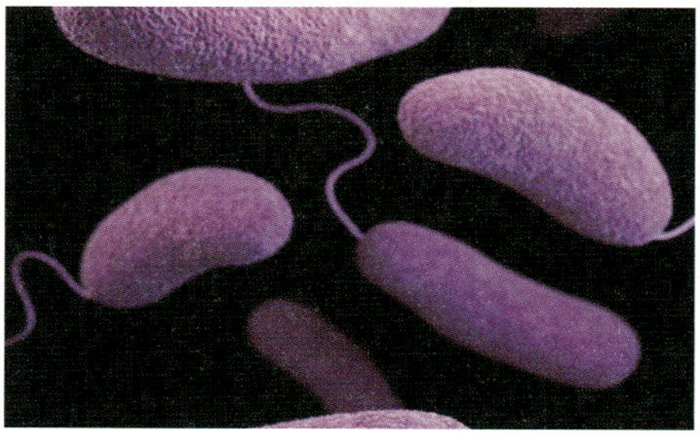

출처: https://stopfoodborneillness.org/pathogen/vibrio.

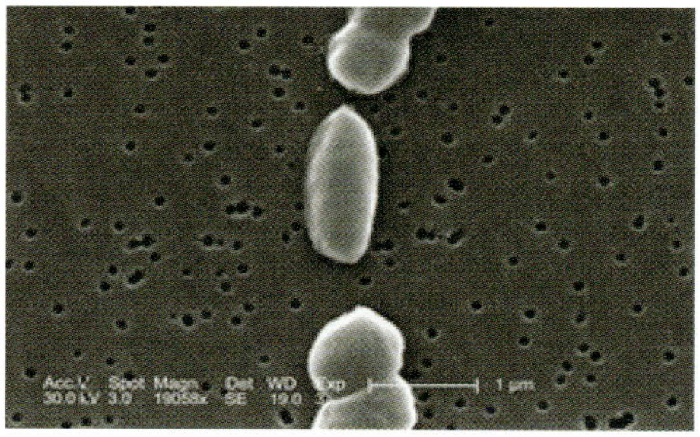

출처: https://en.wikipedia.org/wiki/Vibrio_parahaemolyticus.

| 그림 3-2 | 비브리오 파라헤몰리티쿠스

비브리오 식중독의 잠복기는 4~48시간, 일상적으로는 12~24시간이며, 주요 증상은 복통, 심한 설사(수양성 설사, 심한 경우 1일 10회 이상), 때에 따라서 출혈성 설사가 나타나고, 37~39℃의 발열이 있기도 하나 고열을 나타내는 경우는 많지 않다. 장염비브리오 식중독은 5~11월에 걸쳐 발병하며 7~8월에서 집중적으로 발생하나, 최근 들어 여름이 길어지면서 집중 발생 시기가 길어질 가능성이 있다.

감염원은 연안의 해수나 흙, 플랑크톤 등에 널리 분포되어 있다. 오염경로는 오염된 해수에 서식하는 어패류, 오염된 어패류를 사용한 초밥, 오염된 어패류를 다룬 손이나 조리기구를 통한 다른 식품으로의 전이 등이 있다. 또한, 환자나 보균자의 분변이 원인이 되기도 한다.

장염비브리오 식중독을 예방하려면 어패류는 반드시 냉장하여 유통 · 보관하며, 발병하기 쉬운 여름철에는 가능하면 어패류의 생식을 피하고 익혀서 먹는다.

(3) 비브리오패혈증

비브리오패혈증은 비브리오 불니피쿠스(*Vibrio vulnificus*)에 의해 발병되며, 심각하고 치명적인 감염을 일으킬 수 있는 호염성(halophilic) 균으로 운동성이 있는 그람음성 간균이다. 열대와 아열대 기후에서 잘 증식하고, 수온이 9~31℃ 사이의 해안가 또는 강물과 바닷물이 만나는 하구에서 발견되고, 수온이 18℃ 이상인 시기에 증식하며, 10℃ 이하의 수온에서는 잘 증식하지 못한다.

패혈증 비브리오균의 세 가지 유전자형(biotype)이 사람에게 질병을 일으키는 것으로 알려져 있으며, 유전자형 1은 전 세계적으로 염도가 있는 바닷물에서 발견되고 가장 흔한 병원체이다. 유전자형 2는 극동지방과 서유럽의 뱀장어 양식을 하는 곳에서 발견되며, 주로 뱀장어에 심각한 질병을 일으키는 병원체인데 드물게 사람에게 창상감염을 일으킨다. 유전자형 3은 이스라엘의 민물고기를 양식하는 곳에서 확인된 균으로, 주로 유전자형 1과 2의 혼합형이며, 주로 인간에게 창상감염을 일으킨다.

패혈증 비브리오균이 일으키는 질병은 위장염(gastrcenteritis), 패혈증(sepsis), 피부 및 연부조직 창상감염이다. 특히, 피부 및 연부조직 감염증을 동반한 패혈증이 발현되면 50% 이상의 사망률을 보이며, 이 병원체에 의한 감염의 가장 흔한 증상이다.

주요 증상으로는 복통, 설사, 구토, 심하면 혈변이 나타나며, 잠복기간은 8~20시간으로, 만성 간질환이 있는 40~50대 남자의 경우 치명률이 높다.

환자의 격리나 환경 소독, 검역은 필요 없으며, 치료에는 페니실린, 암피실린 등 감수성 있는 항생물질을 투여하고, 상황에 따라 절제, 배농, 절개 등 외과적 처치를 시행한다.

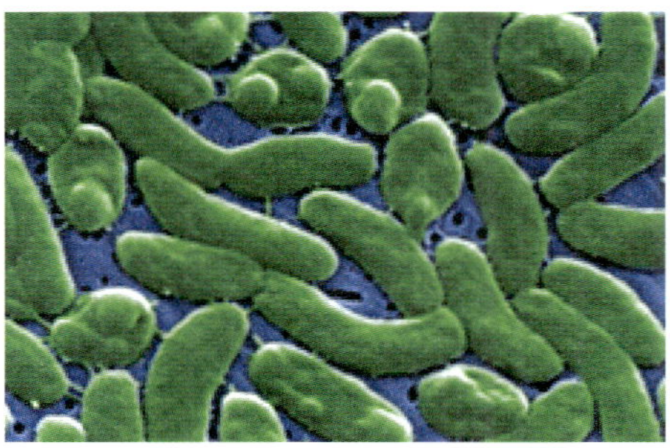

출처: https://en.wikipedia.org/wiki/Vibrio_vulnificus.

그림 3-3 패혈증 비브리오균

(4) 병원성 대장균 식중독

대장균은 사람이나 동물의 장내에 분포하는 정상적인 미생물군을 형성하는 균으로서 자연계에 널리 퍼져 있고 병원성도 없다. 그러나 병원성 대장균(pathogenic *Escherichia coli*, *Esherichia coli* O157)에 의한 식중독이 1982년 미국의 오리건주와 미시간주에서 같은 쇠고기를 먹고 처음 발생한 것이 보고된 이후, 전 세계적으로 매년 광범위하게 보고되고 있다. 병원성 대장균은 독소의 종류나 임상 증상 등에 따라 성인에게 급성 위장염을 일으키는 장관병원성 대장균, 대장 점막과 상피세포에 침입하여 조직 내 감염을 일으키는 장관조직침입성 대장균, 장독소를 생성하는 장관독소원성 대장균, 베로독소를 생성하는 장관출혈성 대장균 등이 있다.

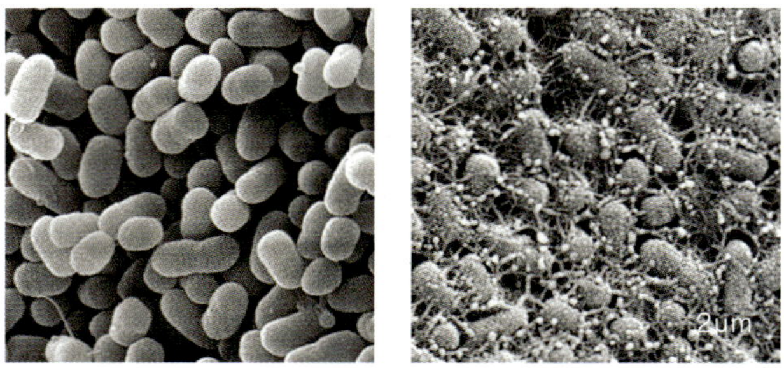

출처: https://en.wikipedia.org/wiki/Escherichia_coli_O157:H7.

| 그림 3-4 | 병원성 대장균

① 장관병원성 대장균

장관병원성 대장균(EPEC, enteropathogenic *E. coli*)은 수양성 설사, 발열, 구토를 수반하는 복통 증상을 보이며, 대장 점막에 침입하지 않는 비침입성 균주로서 발병 기작은 불분명하고 잠복기는 대략 12~14시간이다. O 혈청형 26, 55, 86, 111, 114, 119, 125, 126, 127, 128, 142, 158, 159 등이 알려져 있다.

성인보다는 어린아이에게 빈번하게 발생하고 증상도 더 심하게 나타난다. 원인 식품은 오염된 신생아의 분유와 유아 식품이 있다.

② 장관조직침입성 대장균

장관조직침입성 대장균(EIEC, enteroinvasive *E. coli*)은 대장 점막의 상피세포에 침입하여 손상을 일으켜 세포 괴사 등에 의한 궤양을 발생시키며, 증상은 세균성이질과 비슷한데 주로 발열과 복통이며 10% 정도는 합병증을 일으킨다. 잠복기는 12~72시간이다. 독소원의 발생 원인은 아직 알려지지 않았지만, 적어도 몇 가지 균주는 침입성뿐만 아니라 독소원성도 가지고 있으며, 장관에 부착성을 나타내는 것으로 보고된다. O 혈청형 28ac, 112ac, 124, 136, 143, 144, 152, 164, 167 등이 알려져 있다.

③ 장관독소원성 대장균

장관독소원성 대장균(ETEC, enterotoxigenic *E. coli*)은 모든 연령대의 사람과 동물에게 수양성 설사, 복통, 구토, 산성증, 피로, 탈수 등의 증상을 일으키고 열은 없거나 미열 정도를 나타낸다. 장염과 여행자 설사병의 원인균으로도 알려져 있다. 콜레라와 비슷한 장독소(enterotoxin)를 생성하는데, 60℃에서 가열하면 30분 이내에 활성을 잃어버리는 이열성 독소(heat-labile enterotoxin) LT형과 100℃에서 30분간 가열해도 독성을 잃어버리지 않는 내열성 독소(heat-stable enterotoxin) ST형을 생성한다. 잠복기는 12~24시간이며, 증상은 5일 정도 지속된다. O 혈청형 6, 8, 15, 25, 27, 63, 78, 80, 114, 115, 128, 148, 153, 159, 167 등이 있다.

④ 장관출혈성 대장균

장관출혈성 대장균(EHEC, enterohemorrhagic *E. coli*)은 혈변과 격렬한 복통, 두통 등의 증상을 보이지만 발열은 높지 않다. 감염자의 약 2~7%가 혈전성 혈소판감소증 또는 용혈성 요독증후군과 같은 질병을 일으킨다. 특히 최근 문제가 되는 용혈성 요독증후군은 생명을 위협할 정도의 심각한 상태를 유발하며, 수혈과 신장투석 치료가 필요하기도 하다. 이 균은 베로독소(verotoxin)를 생성하여 병을 일으키며 적은 균량으로도 발병할 수 있다고 보고된다. 잠복기는 불명확하지만 2~8일 정도로 알려져 있다. O 혈청형은 26, 103, 104, 111, 113, 146, 157 등이 있다. 특히 이 중에서도 *E. coli* O157형이 주목받고 있다. 대장균 O157:H7은 1982년 미국에서 햄버거에 의한 식중독 사건으로 처음 발견되어 이후 제대로 익히지 않은 식육, 샌드위치, 원유, 사과 주스 등에 의해서도 감염된 사례가 보고되고 있다.

병원성 대장균은 그람음성의 무포자, 간균으로서, 통성혐기성이고 주편모를 가지며, 유당을 분해해 가스를 형성한다. 병원성 대장균에 의한 식중독은 여름에 조금 더 많이 발생하기는 하지만 연중 계절에 상관없이 발생한다. 원인 식품은 햄, 치즈, 소시지, 크로켓, 채소샐러드, 분유, 도시락 등 매우 광범위하다. 병원성 대장균에 의한 감염을 막으려면 반드시 식품을 익혀 먹고, 조리기구, 칼, 도마 등을 구분하여 사용함으로써 2차 오염을 방지한다. 또한, 감염된 환자를 통한 직 · 간접적 오염을 방지해야 한다. 특히 어린아이 사이에서는 질병이 회복된 후에도 1~2주 정도 분변에 균이 잔존할 수 있으므로 위생 관리를 철저히 해야 감염을 예방할 수 있다.

(5) 캄필로박터 식중독

캄필로박터 제주니(*Campylobacter jejuni*)는 캄필로박터속의 균 중 하나로 사람, 돼지, 가축, 가금, 애완동물, 야생동물, 어패류 및 하천 등 자연에 널리 분포한다. 가축의 보균율은 소가 5~20%, 돼지가 30~70%, 닭이 20~50%로 살모넬라보다 높다. 캄필로박터는 그람음성의 무포자균이며 가느다랗고 나선형으로 구부러진 간균의 형태이다. 크기는 대략 0.2~0.5×0.5~5.0μm이며, 극성의 세포막이 존재한다. 나선 형태의 운동성을 가지며, 단극모 또는 양극모가 있고, 미호기성으로 성장하는 데 3~5%의 이산화탄소(CO_2)가 필요하다. 캄필로박터 제주니는 공기에 노출될 경우 빠르게 나선형에서 원형으로 바뀐다. 최적 생육온도는 42℃이고 25~45℃에서 생육한다.

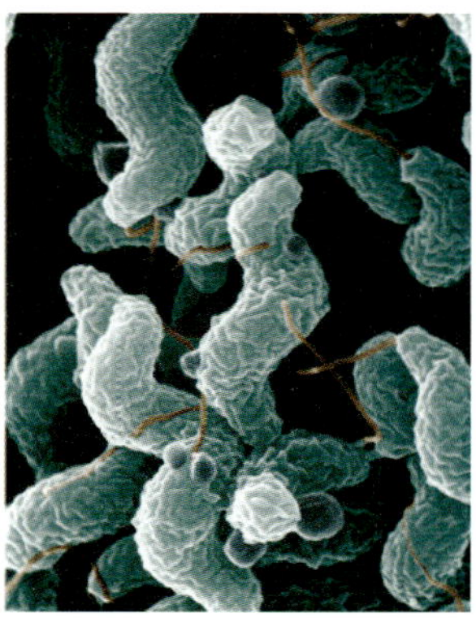

출처: https://en.wikipedia.org/wiki/Campylobacter_jejuni.

| 그림 3-5 | 캄필로박터 제주니

캄필로박터 식중독은 양에 유산을 일으키며, 사람에게 있어서는 면역력이 약한 사람이 감염되기도 하며 신생아에게 뇌수막염을 일으키기도 한다. 일반적인 증상은 하루에 여러 차례 수양성 설사를 하고, 복통, 두통, 약간의 발열(38~39℃)이 나타나기도 한다. 경우에 따라

서는 메스꺼움, 구토, 탈수 증상 등을 수반한다. 5~7월 사이에 많이 발생하며, 잠복기는 3~5일이고, 회복에도 3~5일 정도가 걸린다.

원인 식품은 식육 및 그 가공품, 소독되지 않은 물, 축산식품 등이며, 쥐나 바퀴 등에 의한 식품 오염, 개, 고양이 등 애완동물과의 접촉에 의한 오염 등이 감염경로이다.

캄필로박터 식중독을 예방하려면 식품을 충분히 가열하여 섭취하고, 오염량이 많은 생고기의 경우에는 중심부 온도 75℃에서 1분 이상 가열하여 섭취하는 것이 좋다. 그리고 수원이나 급수 관리에도 유의하여야 한다.

(6) 여시니아 식중독

여시니아 식중독의 원인균은 여시니아 엔테로콜리티카(*Yersinia enterocolitica*)로서 그람음성, 간균의 형태이며, 최적 생육온도는 22~29℃이다. 1~10개의 편모를 가지며 운동성을 띤다. 그러나 사람의 체온에서는 운동성을 보이지 않는다. 세포의 크기는 0.5~0.8×1~3μm이고, 영양배지에서 생육하고 균락은 30℃에서 24~30시간 정도 후에 0.1mm의 크기를 나타낸다. 여시니아속에는 11종의 균이 있는데 그중에서 여시니아 페스티스(*Y. pestis*), 여시니아 슈도튜버쿨로시스(*Y. pseudotuberculosis*), 여시니아 엔테로콜리티카가 병원성을 나타낸다. 특히 여시니아 엔테로콜리티카는 사람과 항온동물에 중요한 독성을 가진다. 잠복기는 불분명하지만, 일반적으로 3~7일 정도이며 10일 이상인 경우도 있다.

여시니아 식중독은 어린이의 위장염과 관련이 있으며, 발열, 수양성 설사, 구토, 심한 통증 등의 증상을 보인다. 충수염, 장간막 림프절염, 관절염 등을 일으키기도 한다. 특별히 많이 발생하는 시기는 따로 없고 연중 발생한다.

원인균과 오염경로는 돼지, 소 등의 식육제품이며, 등물의 분변에 직·간접적으로 오염된 우물물이나 약수 등에 의해서도 식중독이 발생하며, 생우유나 아이스크림 등도 원인 식품이 될 수 있다. 여시니아는 저온에서도 생육할 수 있는 저온성균이기 때문에 냉장 및 냉동육의 관리에 주의하며, 돼지고기나 식육 취급 시 교차오염을 방지하고, 식품 섭취 전 가열처리하는 것이 예방방법이다.

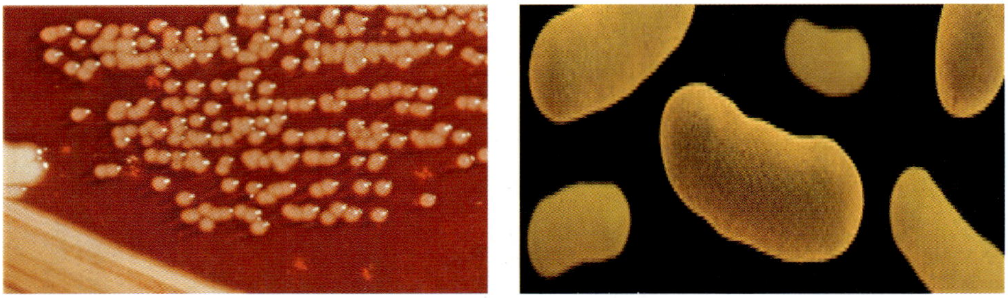

출처: https://en.wikipedia.org/wiki/Yersinia_enterocolitica. 출처: https://www.cdc.gov/yersinia/index.html.

그림 3-6 여시니아 엔테로콜리티카

(7) 리스테리아 식중독

리스테리아 식중독(listeriosis)은 1970~1980년대에 미국과 유럽에서 여러 차례 발생한 이후 전 세계적으로 식품 전반에 걸쳐 문제가 되고 있으며, 미국의 질병예방본부(CDC, centers for disease control and prevention)에 따르면 매년 1,600여 명이 리스테리아에 감염되어 260명이 사망한다고 보고된다. 국내에서는 2018년에 최초로 서울에서 리스테리아 식중독이 발생하기도 하였다.

리스테리아는 자연 및 식품 등에 널리 분포된 균으로서 면역 기능이 정상적인 건강한 성인에게는 감염을 잘 일으키지 않으나, 면역이 저하된 환자에게 패혈증이나 뇌수막염 등의 중증 감염을 일으키고, 임신부에서는 균이 태반을 통과하거나 산도를 통해 신생아에게 감염을 일으켜 유산, 사산, 조산을 일으키기도 한다.

리스테리아는 그람양성, 간균으로 고르고 짧으며(0.5×0.5~2.0μm), 연쇄형 또는 V자형이나 평행으로 배열된 양상을 보이고, 호기성 또는 통성혐기성의 세균이다. 협막과 포자는 없으며, 1~5개의 편모를 가지고, 28℃에서 운동성을 나타낸다. 최적의 성장온도는 30~37℃이지만, 4℃에서도 성장이 가능하고 높은 pH와 높은 염(NaCl) 농도(10%)에서 증식이 가능하여 냉장 온도에서 보관되는 식품에서도 문제가 되어 선진국형 식중독균이라고 한다. 일부의 균종은 카탈레이스 양성, 옥시데이스(oxidase) 음성이며, 포도당(D-glucose)에서 산을 생성한다. 일반적으로 70℃ 이상에서는 빠르게 불활성화되며, pH 4.2 이하에서 불활성화되고, 1~3kGy의 방사능 조사 시에 사멸한다.

리스테리아 속은 7종이 있는데, 그중 리스테리아 모노사이토제네스(*Listeria monocytogenes*)와 리스테리아 이바노비이(*L. invanovii*)가 병원균이며, 리스테리아 모노사이토제네스만 인간에게 감염을 일으키는 것으로 알려져 있다. 그리고 소, 말, 양과 같은 가축이나 닭, 오리와 같은 가금류에 감염을 일으키기도 하지만 사람과 동물 사이의 전파는 흔하지 않다.

리스테리아 식중독의 잠복기는 수일~수주로 불명확하나, 대체로 1~7일(약 48시간)이다. 건강한 사람은 증상이 없거나 가벼운 열, 복통, 구토, 오한 등을 일으키고, 중증이 되면 뇌척수염, 의식장애를 유발할 수 있다. 그러나 면역력이 약한 노약자나 임산부는 패혈증, 뇌수막염 또는 유산의 증상을 나타내는 경우가 많고 사망률도 높은 편이다. 주된 감염원으로는 유제품, 수산물, 채소, 식육 등이다.

리스테리아 식중독을 예방하기 위해서는 육류 등의 음식물은 익히고, 채소류를 깨끗이 씻고, 유제품을 멸균 · 살균 처리하고, 손과 칼, 도마 등 주방용 기구를 깨끗이 하며, 냉장고 내부의 청결에 유의하여야 한다.

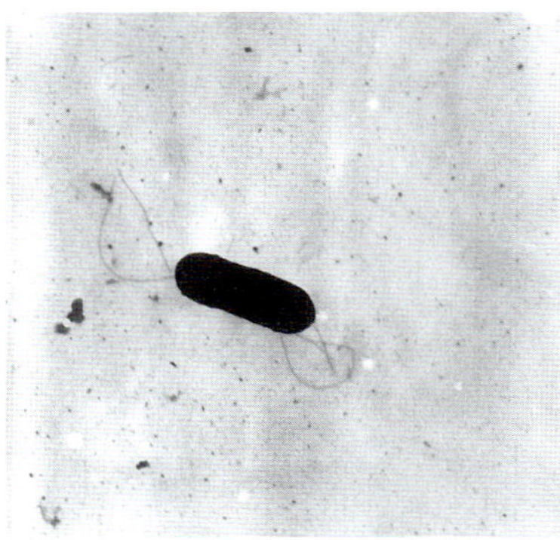

출처 : https://en.wikipedia.org/wiki/Listeria_monocytogenes

그림 3-7 리스테리아 모노사이토제네스

표 3-2 주요 세균성 식중독의 특징

구분	식중독 종류		
	살모넬라 식중독	장염비브리오 식중독	병원성 대장균 식중독
원인균	• 살모넬라 티피무륨 • 살모넬라 엔테리티디스	• 비브리오 파라헤몰리티쿠스	• *Escherichia coli* O157:H7 • 장관병원성 대장균 • 장관조직침입성 대장균 • 장관독소원성 대장균 • 장관출혈성 대장균
원인균 특성	• 그람음성, 무아포성 간균, 통성혐기성, 주편모 • 최적 생육온도 37℃, 증식 가능 온도 범위 10~43℃ • 60℃에서 20분간 가열로 사멸 • 포도당 발효, 사이토크롬산화효소 음성의 장내세균(*Enterobacteriaceae*)	• 그람음성, 무포자, 간균, 통성혐기성, 단극모 • 최적 생육온도 35~37℃, 최적 pH 7.5~8.0, 3~5% 식염농도에서 잘 발육(해수 세균) • 최적 조건에서 신속히 증식(세대시간 10~12분, 2~3시간이면 발증균량에 도달) • 60℃에서 15분 가열로 사멸, 증류수에서 수분 내에 사멸 • 병원성인 것은 혈액한천배지에서 집락 주변에 용혈환 형성(가나가와 현상)	• 그람음성, 무포자, 간균, 통성혐기성, 주편모, 유당을 분해하여 가스를 생성
발생 상황	• 6~9월에 많이 발생(연중 발생)	• 5~11월에 발생(7~9월 집중 발생)	• 계절과 관계없이 발생(여름철에 약간 많음)
잠복기	• 12~24시간	• 10~18시간	• 위장염형(EPEC 및 ETEC): 12~24시간 • 이질형(EIEC): 12~72시간 • 출혈성 대장염형(EHEC): 불명
주요 증상	• 구역질, 구토, 복통, 설사(1일 수회, 수양성), 발열(38~40℃)	• 복통, 설사(수양성, 심하면 1일 10회 이상, 점액이나 혈액을 포함), 발열(37~39℃)	• EPEC 및 ETEC: 설사(수양성), 복통(발열, 구토 수반) • EIEC: 설사(이질과 유사, 심하면 변에 점액이나 혈액을 포함), 복통, 발열, 구토 • EHEC: 혈변 설사, 격렬한 복통, 발열, 두통 • 장관출혈성 대장균 O157: 용혈성 요독증후군(적혈구 파괴, 신장 기능 상실)

구분	식중독 종류		
	살모넬라 식중독	장염비브리오 식중독	병원성 대장균 식중독
원인 식품	• 달걀, 식육 및 그 가공품, 2차 오염된 식품(특정 식품으로 한정하기 어려움)	• 해산 어패류 및 그 가공품(생선회나 초밥 등) • 2차 오염된 도시락, 채소샐러드 등의 복합식품	• 햄, 치즈, 소시지, 크로켓, 채소샐러드, 로스트비프, 분유, 도시락, 두부, 소간, 우유 등 • 원인균이 오염, 증식된 식품은 모두 원인 식품이 될 수 있음
감염원 및 감염 경로	• 사람, 가축, 가금, 곤충, 쥐, 개, 고양이, 거북, 뱀, 하수, 하천 등에 분포 • 식육: 도살 후 처리과정에서 2차적인 오염에 의해 주로 발생 • 달걀: 수란관을 통하여 항문으로 나오는 경로에서 오염(오염된 달걀로 마요네즈, 샐러드, 건조란을 만들 경우에 2차 오염 발생)	• 연안의 해수, 흙, 플랑크톤 등에 널리 분포 • 장염비브리오에 오염된 해수 → 어패류 오염 → 손, 조리기구 → 다른 식품 2차 오염 • 환자, 보균자 분변이 감염원이 되는 경우도 있음	• 가축, 사람, 자연환경 등에 광범위하게 분포(환자, 보균자, 동물의 배설물이 주된 감염원) • EPEC 및 ETEC: 식품을 통하여 감염(신생아, 유아는 사람에게도 감염) • EIEC: 사람이 고유 숙주(사람에게서 사람으로 감염), 때로는 식품을 매개로 광범위하게 발생
방지 대책	• 식육, 달걀 등에 의한 2차 오염 방지 • 조리 후 신속 섭식, 먹기 전 가열처리, 식품 저온 보존, 식육 생식 금지 • 축산물 위생검사 철저, 환자나 보균자의 식품취급 금지, 식품 취급시설의 위생 관리	• 어패류의 냉장 보관 및 유통(cold chain system) • 2차 오염 방지 • 어패류 생식 금지, 가열 후 섭취	• 분변에 의한 직·간접적인 식품 오염 방지, 주변 환경 청결 및 위생 관리 철저 • 식품 및 음료수의 가열 후 섭취

2) 독소형 식중독

독소형 식중독(toxic food poisoning)은 식품 안에서 식중독균이 증식하여 생육하면서 생산한 인체에 해로운 독(toxin)이 포함된 식품을 섭취함으로써 발생한다. 주 원인균은 포도상구균, 클로스트리듐 보툴리눔, 바실루스 세레우스(독소형) 등이 있다. 독소형 식중독은 감염형 식중독보다 잠복기가 짧고 발열 증상이 거의 없으며, 다른 증상은 감염형과 비슷하다.

(1) 포도상구균 식중독

포도상구균 식중독은 황색포도상구균(*Staphylococcus aureus*)이 식품에 증식하여 생산한 대사산물인 장독소가 포함된 식품을 사람이 경구 섭취해서 발생한 독소형 식중독이다. 황색포도상구균은 그람양성, 구형, 통성혐기성, 무포자균이다. 지름은 약 1μm이며, 군락을 이루고 주황색 또는 노란색을 띤다. 운동성은 없으며, 카탈레이스 양성(catalase-positive)이고 대부분 내염성(halotolerant)을 나타낸다.

포도상구균이 생산하는 독소는 분자량 30,000 정도의 단백질로서 A~E형의 다섯 가지 형태인데 A, B, C1 · C2, D, E의 종류가 있다. 식중독은 대부분 A형과 D형에 의해 일어나는 것으로 알려져 있으며, 균이 생육하면서 독을 생산한다. 이 독은 단백질 가수분해효소에 의해 불활성화되지 않고, 100℃에서 30분간 가열하여도 무독화되지 않으며, 210℃에서 30분 정도 가열하여야 완전히 파괴된다. 따라서 식품 중에 독소가 생성되고 나면 일반적인 조리방법으로는 제거할 수 없다.

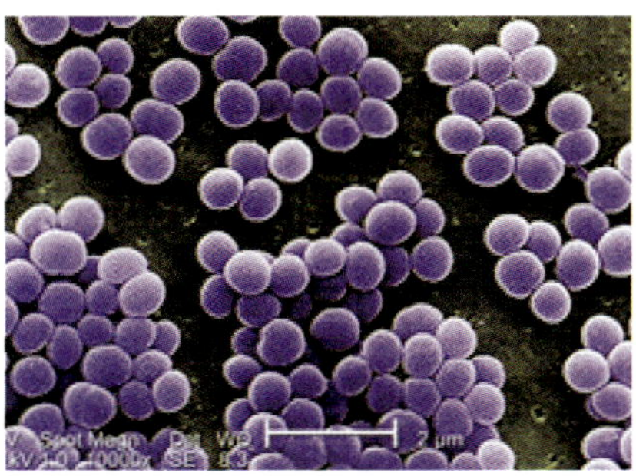

출처: https://articles.extension.org/pages/28432/staphylococcus-aureus.

| 그림 3-8 | 포도상구균

포도상구균 식중독은 잠복기가 1~6시간이며, 증상으로 구역질을 동반한 급성 위장염, 구토, 심한 통증, 탈진, 복통, 수양성 설사 등을 나타내지만 발열 증상은 없다. 증상은 보통 8~12시간 정도 지속된다.

계절에 상관없이 발생하지만 일반적으로 5~9월에 집중

하여 발생하며, 발생 빈도도 높은 편이다. 포도상구균은 자연계에 널리 분포되어 있고 여러 종류의 식품에서 증식이 가능하여 원인 식품이 매우 다양하지만, 미국과 유럽에서는 우유와 그 가공품, 육제품, 난제품 등 단백질 식품이 주된 원인 식품이며, 우리나라에서는 김밥, 도시락, 떡, 빵, 과자류 등 곡류와 그 가공품이 주된 원인 식품이다.

황색포도상구균의 경우 건강한 사람의 30~50% 정도가 보균자일 뿐만 아니라 널리 분포하고 있어 균의 오염을 완벽히 차단하는 것은 어려우나 소량의 균을 섭취하는 것으로는 식중독이 발생하지 않는다. 그러므로 원료의 오염을 방지하고, 음식을 충분히 열처리하여 신속하게 섭취하며, 음식을 조리 후 보관할 경우에는 5℃ 이하의 저온에서 보관하여 균의 증식을 억제하는 것이 좋다. 또한, 사람의 화농성 상처 등에는 포도상구균이 다량 존재하므로 화농성 상처를 가진 사람은 조리에 참여하지 않도록 하고, 조리종사자의 청결과 위생을 철저히 하고 조리 시에는 마스크를 착용한다. 특히 조리자의 개인위생 관리를 철저히 하는 것이 중요하다.

(2) 클로스트리듐 보툴리눔 식중독

클로스트리듐(*Clostridium*)은 포자를 형성하여 내열성이 강하고, 화학적 유기물 친화성 박테리아(chemoorganotrophic)이며, 절대혐기성의 간균으로서 신경독소(neurotoxin)를 생산한다. 균의 크기는 0.3~1.9×2~10μm이며, 대부분 간균이지만 구형, 섬유상 또는 나선 형태인 경우도 있다. 그람양성의 균이지만 일부의 경우 그람음성을 나타내기도 한다. 대부분의 균주는 주편모를 가지고 있어 운동성이 있으나, 일부는 비운동성이기도 하다. 극히 일부를 제외하면 카탈레이스 음성(catalase-negative)이다. 클로스트리듐을 배양할 수 있는 배지로는 혈액배지(blood agar), 가열육배지(cooked meat agar), 난황한천배지(egg yolk agar)가 있다.

클로스트리듐 보툴리눔(*Clostridium botulinum*)의 모든 균주는 포도당을 발효할 수 있으며, 아세트산(acetic acid)과 뷰티르산(butyric acid)을 대사산물로 생산한다. 또한, 젤라틴(gelatin)을 분해할 수 있고 지방분해효소(lipase)를 생산한다. 보툴리눔균은

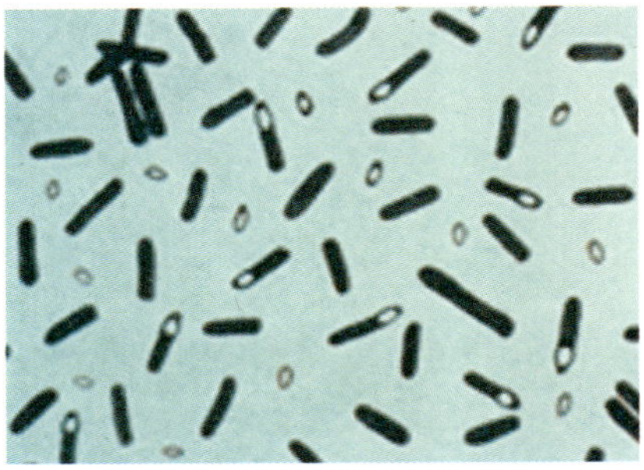

출처: https://en.wikipedia.org/wiki/Clostridium_botulinum.

그림 3-9 클로스트리듐 보툴리눔

A~G(C형은 1, 2형)의 일곱 가지 형태로 구분할 수 있는데 독소의 항원성에 따라 각기 다른 형태의 보툴리눔 독소(botulinum toxin)를 생산하며, 독소의 종류는 신경독소이고 콜린(choline) 작동성의 신경접합부에서 아세틸콜린(acetylcholine)의 유리를 저해하여 신경을 마비시킨다. 최저 생육온도는 10℃이지만 B형과 E형 균주는 3.3℃에서도 생육한다. 최저 생육 pH는 A형과 B형은 4.6, E형은 5.0으로 알려져 있다. 최적 생육온도는 A, B, F형은 37~39℃이며 내열성이 강한 포자를 형성하고, E형은 28~32℃로 내열성이 약한 포자를 형성한다. 일곱 가지 형태의 균주 중 사람에게 보툴리눔 식중독을 유발하는 것은 주로 A, B, E형이며 드물게 F형의 균도 사람에게 식중독을 유발한다. B, C, D형은 동물에 식중독을 일으킨다. 보툴리눔 독소는 분자량 150,000 정도의 단순단백질로서 80℃에서 30분 또는 100℃에서 2~3분간 가열하면 무독화된다.

잠복기는 약 8~24시간이고, 빠르면 2~4시간 내에 신경증상이 나타나며 늦으면 2~3일 후에 발증한다. 식중독 증상은 심한 통증, 설사, 구토 등의 위장장애와 권태감, 현기증 등의 특이한 신경증상이 나타나고, 복시, 시력 저하, 동공 확대, 타액 분비 저하, 연하곤란, 호흡곤란 등 다양한 증상을 보인다. 발열 증상은 없다.

보툴리눔 식중독은 보툴리누스균 포자가 식품에 혼입되어 적절한 온도에서 장기간 식품이 보존될 경우 나타날 수 있으며, A형과 B형은 주로 통조림식품, E형은 어류의 통조림식품에서 나타난다.

보툴리눔 식중독은 가열에 의한 포자의 완전 살균이나 물리적 방법(pH 4.5 이하, 수분활성도 0.94 이하, 온도 3.3℃ 이하)·화학적 방법(아질산나트륨과 같은 항균제 첨가)으로 포자의 발아 및 균의 증식 방지, 식품 중에 생산된 독소의 섭취 전 불활성화(80℃, 20분 또는 100℃, 수분 가열) 등으로 예방할 수 있다.

표 3-3 주요 독소형 식중독의 특징

구분	식중독 종류	
	포도상구균 식중독	보툴리눔 식중독
원인균	• 황색포도상구균	• 클로스트리듐 보툴리눔
원인균 특성	• 그람양성, 통성혐기성, 무포자, 구균, 최적 생육온도 30~37℃, 내염성(NaCl 7.5%에서 증식) • 만니톨 분해, 혈장응고효소(coagulase), 장독소 생산 • 10~40℃, pH 6.8~7.2에서 독소 생산 가능, NaCl 10% 이상에서 독소 생산 억제	• 그람양성, 편성혐기성, 간균, 포자 형성, 주편모, 신경독소 생산 • 독소의 항원성에 따라 A~G형 균으로 분류(A, B, E, F의 4개 형이 식중독 유발) • A, B, F형 균: 최적 생육온도 37~39℃, 최저 생육온도 10℃, 내열성 강한 포자 형성 • E형 균: 최적 생육온도 28~32℃, 최저 생육온도 3.3℃(호냉성), 내열성 약한 포자 형성
독소 특성	• 단순단백질(분자량 약 30,000), A~E의 5형 • 단백질 가수분해효소에 의해 불활성화되지 않음 • 내열성: 100℃에서 30분 가열로도 무독화되지 않음. 210℃에서 30분 가열하여야 완전히 파괴 • 식품 중에 이 독소가 생산되고 나면 보통의 조리 방법으로는 제거 불가능	• 단순단백질(분자량 약 150,000의 유독성 1분자와 분자량이 다른 무독성 1분자의 복합체) • 80℃에서 15분, 100℃에서 2~3분 동안 가열하면 무독화됨 • 콜린 작동성의 신경접합부에서 아세틸콜린의 유리를 저해하여 신경을 마비시킴
발생 상황	• 연중 발생(5~9월에 집중 발생), 발생 빈도가 높음 • 발생 경로: 원인균 오염 → 식품에서 증식 → 장독소 생산 → 섭식 → 발증	• A형과 B형 균: 유럽, 미국에서 주로 발생 • E형 균: 북위 40° 이북의 일본, 캐나다, 러시아, 스칸디나비아 국가 등에서 발생
잠복기	• 1~6시간(평균 3시간)	• 12~36시간(빠르면 2~4시간 만에 신경증상이 나타나고, 늦으면 2~3일 후에 발증)

구분	식중독 종류	
	포도상구균 식중독	보툴리눔 식중독
주요 증상	• 급성 위장염, 타액 분비 증가, 구역질, 구토, 복통, 설사 • 발열 증상 없음	• 구토, 변비 등의 위장장애와 탈력감, 권태감, 현기증 등의 특이한 신경 증상이 나타남 • 복시, 시력 저하, 동공 확대, 안검하수, 타액 분비 저하, 언어장애, 연하곤란, 호흡곤란 등 발생 • 사망률 50%(사람에 대한 경구치사량: 수분활성으로 추정)
원인 식품	• 미국과 유럽: 우유와 그 가공품, 육제품, 난제품 등 단백성 식품 • 한국: 김밥, 도시락, 떡, 빵, 과자류 등 곡류와 그 가공품(가끔 어패류와 그 가공품, 두부)	• 햄, 소시지 등의 식육제품(독일), 조육(鳥肉, 영국), 어류 훈제품이나 식초 절임(러시아, 프랑스) • 가열이 불충분한 채소나 과일의 병·통조림식품류(미국) • 각종 어류의 소금절임식품(일본, E형 중독)
감염원 및 감염 경로	• 사람 및 동물의 인후, 비강, 피부 등에 존재(사람, 동물의 화농성 질환 원인균) • 감염원: 화농소, 손 등 • 감염경로: 손, 조리기구를 통한 2차 오염	• 토양, 바다, 하천, 연못의 바닥 등에 널리 분포(농작물, 어패류, 육류 등이 쉽게 오염) • 병·통조림식품, 소시지 등은 내부가 혐기성이므로 이 균이 쉽게 발아·증식하여 식중독 유발
방지 대책	• 화농성 질환이나 인후염에 걸린 사람의 식품 취급 금지 • 조리종사자의 청결과 위생복과 마스크 착용 • 식품제조시설과 식품제조용 기구의 위생 관리 철저, 식품 저온 보존으로 증식 억제	• 통조림이나 병조림의 완전 살균, 먹기 전 식품의 가열처리 • 식품에서 균의 증식 억제(pH 4.6 이하, 수분활성도 0.94 이하, 냉동 또는 4℃ 이하 냉장, 항균물질 첨가)

3) 감염 독소형 식중독

(1) 클로스트리듐 퍼프린젠스 식중독

클로스트리듐 퍼프린젠스(*Clostridium perfrigens*)는 클로스트리듐 웰치(*Clostridium welchii*)라고 불리며, 이 균에 의한 식중독을 웰치(*Welchii*)균 식중독이라고 한다.

웰치는 단백질과 탄수화물을 분해하고, 젤라틴을 가수분해한다. 포도당, 맥아당, 유당(lactose), 설탕(sucrose)을 발효해서 아세트산과 뷰티르산을 생성한다. 운동성이 없으며, 내열성 포자를 형성하고, 그람양성의 편성혐기성, 간균으로서 혈액배지에서 용혈환을 생성한다.

A~E의 다섯 가지 형의 균이 있으며, A형이 식중독의 원인균으로 장관 내에 증식하여 포자를 형성하면서 균체 내 독소(enterotoxin)를 생산한다. 독소는 pH 4.5~11.0에서 안정하나 열에는 불안정하여 60℃에서 4분간 가열하면 파괴된다. 잠복기는 8~24시간으로 심한 복통, 설사의 증상을 보이고 구토는 심하지 않으며, 발열은 대부분 일어나지 않는다.

웰치균 식중독은 집단급식시설 등에서 다수의 식사를 조리할 경우 발생되기 쉬워 '집단 조리 식중독'이라고 불린다. 동물성 고단백질 식품을 대량으로 가열 조리한 후 용기에 담아 방치할 경우 조리된 식품 내부의 공기가 조리 과정에서 방출되어 공기가 희박해진다. 이는 웰치가 생육하기 좋은 환경이 되어 균이 급속히 증식하여 식중독을 일으킨다.

주 오염원은 가축과 가금류이며, 원인 식품은 동물성 단백질 식품이고 식물성 단백질 식품, 수프, 국, 카레 등도 원인 식품이 될 수 있다. 웰치균 식중독은 발생률이 낮은 수준이고 증상도 가벼운 편이지만, 일단 발생하면 규모가 큰 경우가 많다.

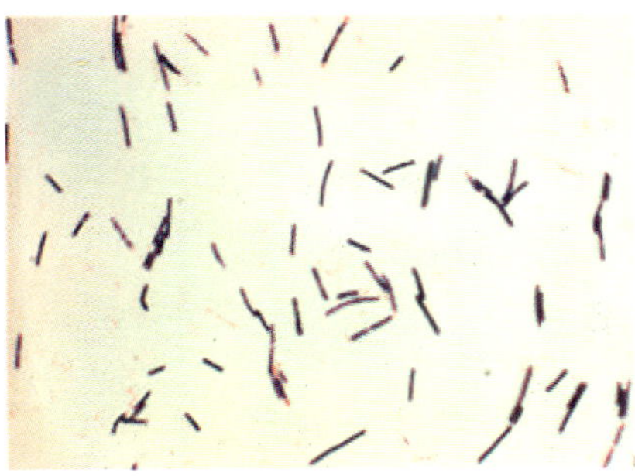

출처: https://en.wikipedia.org/wiki/Clostridium_perfringens.

그림 3-10 클로스트리듐 퍼프린젠스

(2) 세레우스 식중독

바실루스(*Bacillus*)는 그람양성, 절대혐기성 또는 통성혐기성, 카탈레이스 양성, 운동성이 있는 간균 형태의 포자형성균으로서 전부는 아니지만 일부의 균종이 사람과 포유동물에 병원성으로 작용한다. 세포의 크기는 0.5~1.5×2~6μm이고, 경우에 따라 체인(chain) 형태로 자라며, 색소를 형성하기도 한다.

세레우스(*Cereus*) 식중독의 원인균은 바실루스 세레우스(*Bacillus cereus*)이다. 세레우스 식중독은 증상에 따라 설사형과 구토형으로 나눌 수 있다. 설사형은 잠복기가 8~16시간이고, 증상은 설사, 심한 통증을 나타내고 구역질을 하지만 구토는 거의 없다. 설사성 독소가 아데닐산 고리화(adenylate cyclase)를 자극하여 증상이 나타나고 냉장 보관하지 않은 육제품이나 채소 등의 식품이 원인이 된다. 구토형은 잠복기가 1~7시간이고, 증상은 구역질, 구토, 복통 등이며 설사는 거의 없다. 포자를 형성할 때 열에 안정한 구토독소를 생성한다.

세레우스 식중독은 원료 단계에서부터 오염된 것이 많아 오염 자체를 완전히 차단하기는 현실적으로 어렵다. 가열 조리하더라도 내열성 아포균은 생존하여 발육·증식하므로, 조리한 식품은 신속히 섭취하고 일시 보관한 식품은 재가열하여 섭취한다. 어쩔 수 없이 조리된 식품을 보관할 경우에는 식중독균이 증식할 수 없는 저온에 보관한다.

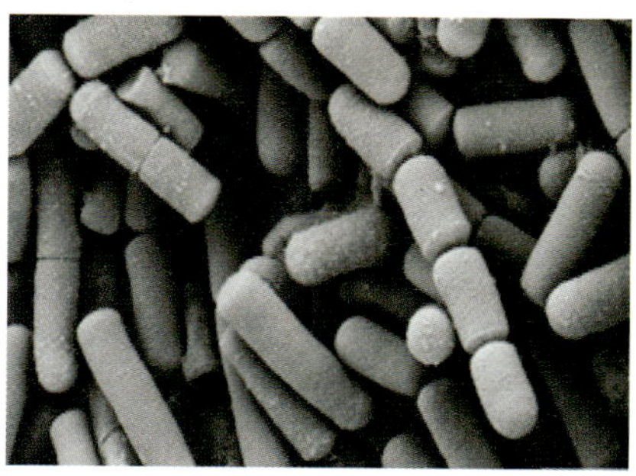

출처: https://en.wikipedia.org/wiki/Bacillus_cereus#/media/File:Bacillus_cereus_SEM-cr.jpg.

그림 3-11 바실루스 세레우스

4) 그 밖의 세균성 식중독

(1) 에어로모나스 식중독

에어로모나스(*Aeromonas*)는 비브리오과에서 분리된 균주로서 그람음성, 통성혐기성이고 끝이 둥근 간균의 형태이지만 일부는 구형을 나타내기도 한다. 균의 크기는 0.3~1.0×1.0~3.5μm이며, 단일 또는 쌍을 이루거나 체인 형태를 나타내기도 한다.

에어로모나스는 크게 비운동성의 저온성균과 운동성의 중온성균으로 나누며, 운동성 중온성균은 극성의 극편모를 가진다. 최적 생육온도는 28℃이며, 최고 38~41℃, 최저 5℃에서 생육할 수 있다.

에어로모나스 식중독의 주 원인균은 에어로모나스 하이드로필라(*A. hydrophila*)이다. 이 균이 생성하는 독은 용혈성 독소와 장독소(enterctoxin)로 발현 증상은 구역질, 구토, 복통, 설사, 급성 위장염, 발열 등이다. 이 균은 하수, 개천, 해산 생물 등에 분포하며, 어패류, 양서류, 파충류, 가축, 사람에게 질병을 일으킨다. 에어로모나스 식중독은 음식의 오염 방지, 균의 증식 억제, 먹기 전 가열처리를 통해 예방할 수 있다.

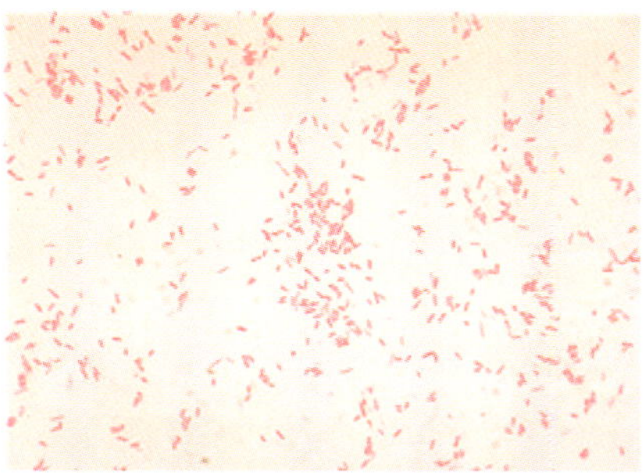

출처: https://en.wikipedia.org/wiki/Aeromonas_hydrophila#/media/File:Aeromonas_hydrophila.jpg.

그림 3-12 에로모나스 하이드로필라

(2) 슈도모나스 식중독

슈도모나스(*Pseudomonas*)는 그람음성, 호기성 균으로서 화학유기영양균(chemoorganotrophic) 또는 화학무기독립영양균(chemolithoautotrophic)이다. 토양과 수생에 널리 존재하며 사람, 동물, 식물 등에 병원체로서 작용한다. 균 대부분은 운동성이 있으며, 한 개 또는 여러 개의 극성 편모를 가진다. 크기는 0.5~1.0×1.5~5.0μm이고 직선형 또는 약간 구부러진 간균의 형태이다.

최적 생육온도는 28~30℃이지만 저온에서도 생육할 수 있으며, pH 4.5 이하에서는 생육하지 못한다. 주된 원인균은 슈도모나스 아에루기노사(*Ps. aeruginosa*)로 토양, 강물 등에 존재하며, 공기, 화상, 상처, 요로 등을 통해 감염되고, 균체의 독소(exotoxin A)를 생성한다.

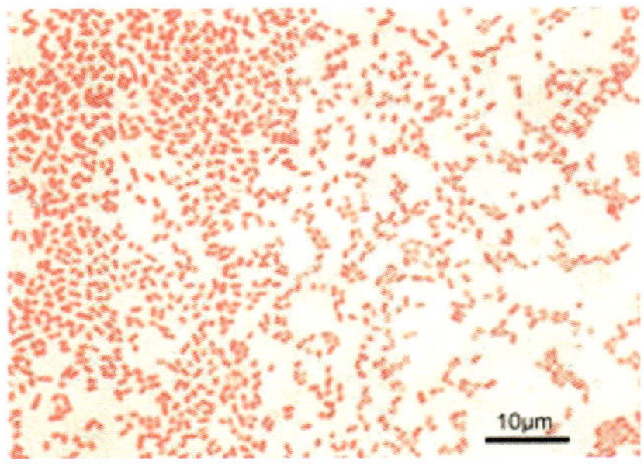

출처: https://en.wikipedia.org/wiki/Pseudomonas_aeruginosa#/media/File:Pseudomonas_aeruginosa_Gram.jpg.

그림 3-13 슈도모나스 아에루기노사

(3) 알레르기성 식중독

알레르기성 식중독은 식품에 부패 세균이 증식할 때 생산되는 히스타민(histamine)과 같은 유해성 아민에 의해 발생하는 것으로 식품에 70~100mg/100g 이상의 히스타민이 생산되면 식중독이 발생한다. 특히 정어리나 고등어 등의 붉은 살 생선을 먹은 후 5분~1시간 정도 안면의 홍조나 두드러기, 발진, 두통 등의 알레르기 증상을 일으킨다. 알레르기성 식중독을 일으키는 대표적인 세균은 과거 프로테우스 모가니(*Proteus morganii*)로 알려진 모르가넬라 모가니(*Morganella morganii*)로 그람음성, 통성혐기성이고 간균이며 편모를 가지고 있다. 식품에 존재하면서 히스티딘탈탄산효소(histidine decarboxylase)를 생성하여 히스티딘으로부터 히스타민을 생성한다.

예방법으로는 붉은 살 생선은 부패가 빠르기 때문에 선도 유지가 중요하며, 말린 것도 고온다습하면 상할 수 있으므로 보관에 유의하여야 한다.

제3절 바이러스에 의한 식중독(Viral Food Poisoning)

1) 노로바이러스

노로바이러스(norovirus)는 1968년 미국 오하이오주 노웍(Norwalk)의 초등학교에서 발생한 급성 위장염 환자의 분변에서 전자현미경으로 발견한 바이러스이다. 노로바이러스는 작고(지름 27nm) 둥근 구조를 가지며 포자가 없는 바이러스로서, 소형 구형 바이러스(SRSV, small round structure virus) 혹은 발견된 지역명을 따라 노워크바이러스로 불린다. 공식 이름은 노로바이러스다.

노로바이러스는 칼시바이러스과(Caliciviridae family) 노로바이러스속(Norovirus genus)에 속하며, 정십이면체의 형태로 입자 표면이 컵 모양의 함몰 구조로 되어 있어 칼시(라틴어로 컵을 의미함)라는 과명을 갖게 되었다. 노르바이러스는 건조한 상태에서 4℃에서는 8주, 20℃에서는 3~4주간 생존하며, 60℃에서 30분 동안 가열해도 감염성이 없어지지 않고, 85℃ 이상에서 1분 이상 가열하여야 감염성을 잃어버린다.

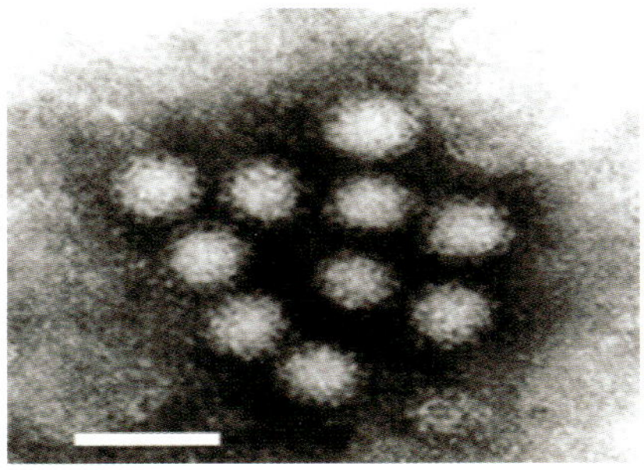

출처: https://en.wikipedia.org/wiki/Norovirus#/media/File:Norwalk.jpg.

그림 3-14 노로바이러스

굴 등의 어패류에 의한 식중독의 원인이 되며, 감염된 사람의 분변이나 구토물에서 발견된다. 모든 연령대의 사람에게 영향을 미치며, 바이러스에 오염된 음식이나 물에 의해 또는 사람 간의 접촉에 의해서 감염된다. 전 세계적으로 매년 노로바이러스와 연관되어 발생하는 환자는 110만 명이고 20만 명 이상 사망하는 것으로 추정된다. 잠복기는

24~48시간이다. 개인에 따라 다르나 노로바이러스에 감염되면 메스꺼움, 구역질, 수양성 설사, 복통, 오한, 38℃ 정도의 발열, 위장 팽만감 등이 있으며, 미각 상실이 나타나기도 한다. 보통 12~60시간 정도면 회복되며 후유증은 없는 것으로 보고된다. 하지만 면역 능력이 저하된 노인이나 유아는 증상이 지속되면 사망하는 경우도 있다.

노로바이러스는 백신이 개발되어 있지 않기 때문에 개인위생 관리와 식음료 관리를 통해 예방해야 한다. 오염이 의심되는 지하수 등은 사용을 자제하고, 사용할 경우 끓여서 사용한다. 가열 조리한 음식물을 맨손으로 만지지 않도록 주의하고, 과일이나 채소는 흐르는 물에 깨끗이 씻어 섭취한다. 오염 지역에서 채취한 어패류 등은 85℃에서 1분 이상 가열하여 섭취하고, 환자의 분변이나 구토물에 접촉하지 않음으로써 2차 감염을 막는다. 칼, 도마, 행주 등은 85℃에서 1분 이상 가열하고, 바닥, 조리대 등은 물과 염소계 소독제를 이용하여 철저히 세척한다.

2) 간염 바이러스

간염은 박테리아, 약물, 독소 및 지나친 알코올 섭취, 바이러스 등에 의해서 발병하는 질병이며, 특히 바이러스에 의한 간염이 문제가 되고 있다. 간염을 일으키는 바이러스는 A~G형의 일곱 가지가 알려져 있으나, 원인이 되는 바이러스들이 계속해서 발견되고 있다. 이 중에서 A형간염은 A형간염 바이러스에 오염된 음식이나 물을 섭취함으로써 감염되며, 대개 개인위생 관리가 좋지 못한 저개발국가에서 많이 발병되지만, 최근에는 위생적인 환경에서 자라 A형간염 항체가 없는 20~30대에서 발병률이 급증하는 양상을 보이고 있다.

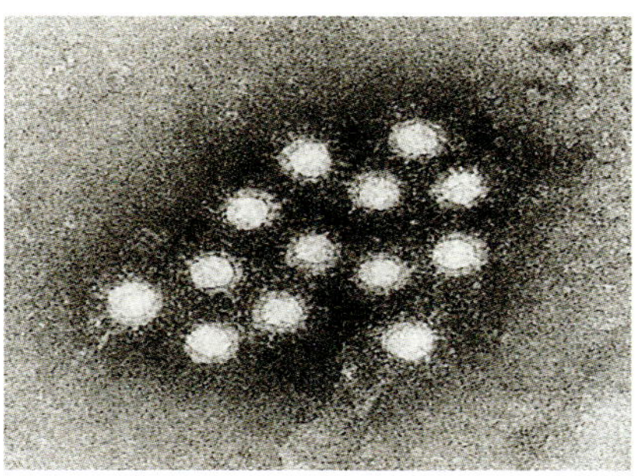

출처: https://en.wikipedia.org/wiki/Hepatitis_A#/media/File:Hepatitis_A_virus_02.jpg.

그림 3-15 A형간염 바이러스

A형간염 바이러스(hepatitis A virus)는 피코르나바이러스(*Picornaviridae*)과 헤파토바이러스(*hepatovirus*)속으로 분류되며, 피막이 없고 정이십면체로서, 크기는 27~32μm이다. RNA 게놈은 7.5kb의 크기이며, 분자량 1.9×10^6의 단일나

선이다. 산(pH 1.0, 2시간), 에테르, 열(60℃, 1시간)에 안정적이며, 건조된 상태에서는 25℃에서 한 달 정도 보관이 가능하고, 습도가 42%이거나 −20℃에서는 수년간 보관이 가능하다. A형간염 바이러스는 멸균(121℃, 20분), 끓는 물에 5분간 가열, 180℃에 1시간 건열 또는 1.1W의 자외선을 1분간 처리하여 불활성화시킬 수 있다.

A형간염은 세계 어느 곳에서나 발생하지만 우리나라를 포함한 극동 지역 및 지중해 해안 지방에서 많이 발생한다. 우리나라에서는 특히 어린아이에게 많이 발병하며, 어렸을 때 무증상 감염으로 지나가는 경우가 많아 20세 이상 성인은 이미 면역이 형성되기도 한다. 국내의 경우 연간 1만 명 이상의 환자가 발생하고 있다.

A형간염의 잠복기는 15~45일이다. 임상 증상은 발열, 식욕 감퇴, 구역질, 구토, 쇠약감, 복통, 설사 등 다른 바이러스 감염과 유사하며, 소아는 거의 증상이 없는 불현성 감염(6세 이하에서 50%가 무증상)을 보이나 나이가 많을수록 증상이 심해진다.

A형간염의 감염경로는 바이러스에 오염된 음식, 환자의 분변, 주사기, 혈액제제를 통한 감염 등이 있다. A형간염 예방을 위하여 손 씻기, 상하수도 정비, 식수원 오염 방지 등 공중보건 위생 관리에 신경 쓰고, 감염 고위험군, 특히 주기적으로 A형간염이 집단으로 발생하는 시설의 경우에는 A형간염 백신을 접종하는 것이 좋다.

3) 로타바이러스

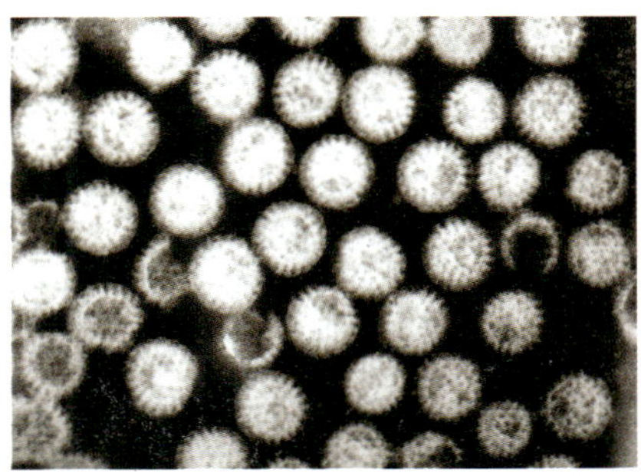

출처: https://en.wikipedia.org/wiki/Rotavirus#/media/File:Multiple_rotavirus_particles.jpg.

그림 3-16 로타바이러스

로타바이러스(rotavirus) 감염증은 전 세계적으로 발병하는 급성 위장관염으로서, 주로 영아와 어린 소아에게 많이 발생한다. 매년 감염성 설사 질환으로 사망하는 유아 환자 중 34%가 로타바이러스 감염에 의한 것으로 알려져 있다. 로타바이러스 감염증은 위생 수준이 좋은 선진국에서도 많이 발생한다는 점이 다른 바이러스와는 차이점이다. 로타바이러스는 분류학적으로 레오바이러스(*Reoviridae*)과의 로타바이러스(*Rotavirus*)속에 속하며, 지름은 65~75nm,

세포외피를 가지지 않는 정십이면체의 입자 형태이고, 11개의 분절로 나뉘는 두 가닥의 RNA와 세 층의 동심성 외피로 구성되어 있다. 표면을 구성하는 항원에 따라 A~H형의 여덟 가지로 분류되며, A~C형은 사람과 동물에서 모두 검출되고, D~G형은 동물에만 검출된다. 이 중에서 사람에게 가장 흔하게 감염되어 장염을 유발하는 것은 A형이다.

로타바이러스 감염은 주로 오염된 물이나 식품, 환자 간의 접촉을 통해 전파되며, 바이러스 입자 100개 미만의 적은 양으로도 사람에게 감염을 일으킬 수 있어 어린이집이나 병원과 같이 집단 생활을 하는 곳에서 환자가 발생하기 쉽다.

4) 장관 아데노바이러스

장관 아데노바이러스(enteric adenovirus)는 호흡기 감염을 일으키는 아데노바이러스와 같이 아데노바이러스(*Adenoviridae*)과에 속하나, 설사증을 야기하며, 혈청형 40형과 41형이 여기에 속한다. 또한, 이중나선의 DNA 바이러스로서 바이러스 입자는 정이십면체이고, 252개의 캡소머(capsomer)를 가지고 있다. 아데노바이러스 입자는 지름이 80nm이고 게놈은 35,000bp로, 8개의 단백질을 암호화하고 있다. 일반적으로 56℃에 30분간 가열처리, 자외선 조사, 0.25% 도데실황산나트륨(SDS, sodium dodecylsulfate), 0.5μg/mL의 클로라민, 포르말린에 의해 불활성화되며, 에테르와 클로로포름에는 내성을 가진다.

장관 아데노바이러스는 주로 3살 미만의 어린아이, 면역 억제 환자, 골수 이식을 받은 환자에게 위장염을 일으킨다. 잠복기는 약 7~8일이며, 전형적으로 감염은 5~12일 동안 지속된다. 주요 증상은 묽은 설사변과 설사 1~2일 후에 나타나는 구토이다. 평균 설사기간은 아데노바이러스 41형의 경우 12.2일, 40형의 경우 8.6일로, 41형의 설사기간이 더 길지만 두 형 사이에 임상적으로 다른 점은 없다. 낮에 2~3일간 지속되는 낮은 발열, 탈수, 호

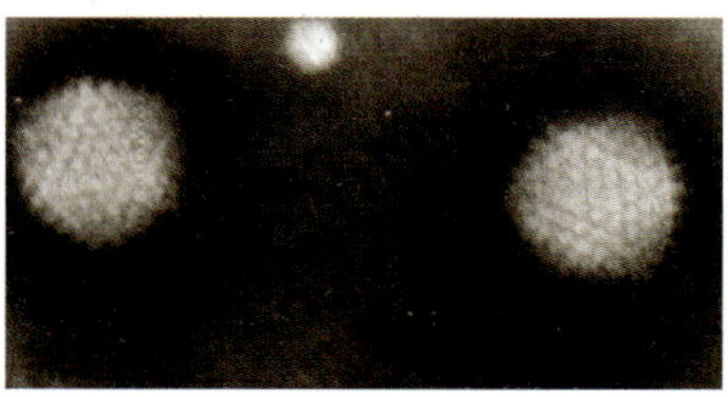

출처: https://en.wikipedia.org/wiki/Adenoviridae#/media/File:Adenovirus_4.jpg

| 그림 3-17 | 아데노바이러스

흡기 증상이 있다. 호흡기 증상은 전체 장관 아데노바이러스 감염 사례 중 약 20% 미만에서 나타난다.

주요 감염경로는 분변에서 구강이며, 연중 발생하고 계절에 따른 변화는 별로 없다.

바이러스 감염이 확인되면 체액의 균형을 유지해 주고, 장갑, 가운 등에 의한 사람 간 전파를 차단해야 하며, 차아염소산나트륨(sodium hypochlorite)과 클로라민 T(chloramine T)와 같은 소독제를 사용한다. 장관 아데노바이러스의 감염이나 위장염을 예방하고 관리하기 위한 특별한 방안은 없으나, 손 세척과 오염원의 제거 및 안전한 처리를 통해 감염을 줄일 수 있다.

제4절 곰팡이독에 의한 위해

곰팡이는 식품에 긍정적인 측면으로는 발효, 부정적인 측면에서는 부패와 곰팡이독소(mycotoxin)를 생산해 사람에게 건강상의 위해를 일으키는 것으로 알려져 있다. 일반적으로 곰팡이는 식품에서 다양한 효소 및 유용 물질을 생산하면서 발효 과정에 중요한 역할을 한다. 그러나 부정적인 측면으로는 곰팡이 오염에 의해 농산물과 식품이 광범위하게 부패되면서 식품 생산과 유통에 문제가 되어 식품 산업에 막대한 손실이 유발된다. 이것은 식량 문제와 직접 연관된다. 또한, 곰팡이독소는 사람과 동식물에 치명적인 영향을 미치기도 한다. WHO와 UN FAO에서는 곰팡이독소가 만성 질환 위해 가능성이 가장 크다고 제시한다(표 3-4).

곰팡이독소는 진균독으로 곰팡이가 생육하면서 생성하는 2차 대사산물이다. 지금까지 400여 종 이상이 알려졌으며, 대표적으로 아플라톡신, 맥각독, 오크라톡신, 파튤린, 제랄레논 등이 있다. 곰팡이독소는 열에 안정하여 조리 · 가공한 후에도 분해되지 않아 식품에 남고, 미량으로도 인체에 영향을 미칠 수 있다.

표 3-4 급성 및 만성 질환의 원인체별 위험 정도

급성 질환	만성 질환
고위험	
미생물	곰팡이독
식물독	인위적 오염물질
곰팡이독	식물독
인위적 오염물질	미생물
식품첨가물	식품첨가물
잔류 살충제	잔류 살충제
저위험	

1) 아플라톡신

아플라톡신(aflatoxin)은 1960년대에 영국에서 아스퍼질러스 플라버스(*Aspergillus flavus)*에 의해 오염된 땅콩 사료를 먹은 칠면조가 집단 폐사한 사건을 통해 위험성이 대두되면서 그에 대한 조사와 연구가 본격적으로 시작되었다. 아플라톡신은 사람과 동물의 간에 직접적인 영향을 미쳐 간암을 유발하므로, 국제암연구기관(IARC)에서는 아플라톡신을 인체발암물질 group 1으로 분류한다. 아플라톡신은 견과류, 곡류, 서류 등의 탄수화물 함량이 높은 농산물에 주로 발생하며, 수확·건조 시 장시간 저장하거나 환기가 불충분하여 고온다습한 조건일 때 잘 생성된다.

아플라톡신을 생성하는 곰팡이는 *A. flavus, A. parasiticus, A. nominus*가 대표적이며, 종류는 아플라톡신 B_1, B_2, G_1, G_2, M_1, M_2 등이 있다. 현재까지 약 20종의 이성체가 알려져 있으며 이들은 무색에서 연노란색의 결정체로 자외선 아래에서 나타나는 형광의 색에 따라 B(blue)군, G(green)군, M(blue-violet)군으로 분류된다. 아플라톡신 중 B_1은 급성과 만성 독성으로 가장 강력하다고 알려졌으며, 강산과 강알칼리에는 대체로 불안정하지만, 가열처리에서는 약 280℃ 이상의 조건에서 파괴되어 일반적인 식품 조리 과정으로는 독성을 제거하기 어렵다.

아플라톡신의 현재 국내 기준 규격은 Codex에서 제안하는 수준으로, 식물성 원료

및 기타 가공식품 중 총 아플라톡신(B_1, B_2, G_1, G_2)을 15μg/kg 이하로 규정하고, B_1은 10μg/kg 이하이며, 영아용 조제식, 성장기용 조제식, 영 · 유아용 이유식을 B_1에 한하여 0.1μg/kg 이하이다. M_1은 원유, 우유류, 산양유에서 0.5μg/kg 이하, 조제유류 영아용 조제식, 영 · 유아용 이유식 등에는 0.025μg/kg 이하로 설정하고 있다. 식품의약품안전처가 곡류, 두류, 견과류와 그 관련 제품, 시리얼류, 장류, 향신료, 과일류 등에 대한 총 아플라톡신을 분석한 결과에 따르면, 10,443건 중 708건에서 총 아플라톡신이 검출되어 약 7.8%로 보고되었다.

스테리그토마시스틴(sterigmatocystin)의 경우 *A. nidulans* 및 *A. versicolor* 등이 생산하는 곰팡이독소로서 아플라톡신 생합성 전 단계에서 만들어진다고 알려져 있다. 아플라톡신에 비해 독성은 약 200분의 1 수준으로 보고된다.

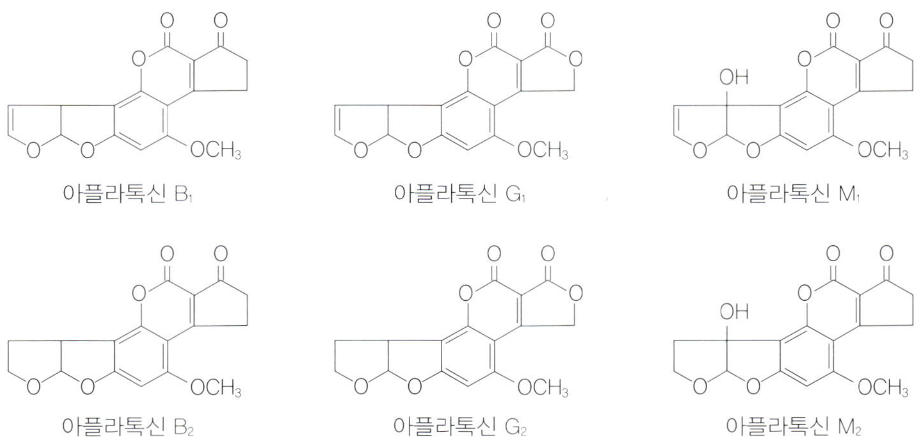

| 그림 3-18 | 아플라톡신의 화학구조

2) 제랄레논

제랄레논(zearalenone)은 *Fusarium graminearum, F. culmorum, F. cerealis* 등이 생산하는 2차 대사체로, 온대 지역에서 주로 발생하며 농산물 중 탄수화물 함량이 많은 옥수수, 보리, 밀 등에 주로 발생된다. 열에 매우 안정하며 150℃ 이상에도 분해되지 않아 저장 ·

가공 · 조리 시에 파괴되지 않고, 산과 중성 용액에 가수분해되지 않는다. IARC에서는 제랄레논을 인체발암성이 낮은 group 3로 분류하고 있으나, 여성 호르몬인 에스트로겐과 유사한 활성을 가지고 있어 유산이나 불임, 난소 위축, 발정증후군 등 생식과 관련된 독성을 유발하는 내분비계 장애물질로서 호르몬계에 이상을 나타낸다고 보고한다.

우리나라는 제랄레논에 대한 기준을 곡류 및 그것을 단순처리한 것(분쇄, 절단 등)은 200μg/kg 이하, 과자는 50μg/kg 이하로 설정하고 있다. 식품 유해 물질로서 곰팡이독소에 대한 기타 영유아식 기준(제랄레논 20μg/kg)을 신설(2011년)하였고, 시리얼류는 50μg/kg으로 신설(2012년)하여 안전관리를 하고 있다. 국내 제랄레논에 대한 오염도를 분석한 보고에 따르면, 약 4,614건의 곡류 및 곡류 가공품, 버섯, 장류 등에서 약 7.7%의 제랄레논이 검출된 것으로 나타났다.

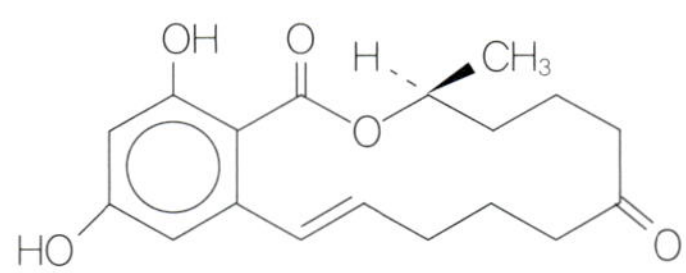

그림 3-19 제랄레논의 화학구조

3) 오크라톡신

오크라톡신(ochratoxin)은 주로 *Penicillium viridicatum, P. palitans, P. verrucosum* 및 *Aspergillus ochraceus, A. melleus, A. sulphureus* 등이 생산하는 곰팡이독 여섯 종류가 알려져 있다. 대표적으로 오크라톡신 A가 가장 강력한 독성을 나타내며, 주로 간의 글리코겐 합성효소를 저해시켜 간과 신장 조직에 치명적인 영향을 미친다. 동물실험에서는 신장 독성, 면역 억제, 암 및 발생기형을 유발한다고 보고하며, IARC에서는 발암가능물질 group 2B로 분류한다. 오크라톡신은 내열성이 아주 높아 약 250℃ 이상에서 분해되기 때문에 일반적인 식품의 조리 · 가공 과정에서는 파괴되지 않는다. 주로 곡물, 콩류, 커피, 와인 등에서 검출되며, 이것을 사료로 섭취한 가축도 오염되는 것이 확인되었다.

오크라톡신의 국내 기준 규격은 영유아용 식품이 약 0.5μg/kg, 인스턴트 커피와 건조 과일 10μg/kg, 메주는 20μg/kg, 곡류, 커피콩, 볶은 커피는 5μg/kg으로 설정되어 있다. 국내에서 생산되는 곡류 와 관련 제품, 옥수수, 과일, 두류 등에서 오크라톡신 A에 대한 오염 분석 결과, 분석된 식품 9,586건 중에서 약 5.9%가 오염된 것으로 보고되었다.

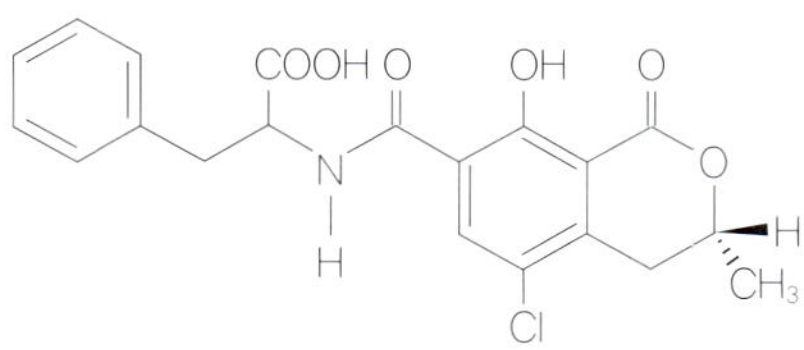

그림 3-20 오크라톡신 A의 화학구조

4) 파튤린

파튤린(patulin)은 대표적으로 *Penicillium patulin*에 의해 생산되며 다른 *Penicillium* 속과 *Aspergillus* 속도 만든다. 파튤린에 의해 모세혈관이 손상되며, 출혈성 폐부종, 중추신경 출혈반이 생기는 것으로 보고된다. 약 100℃에 15분 이상 열처리해도 분해되지 않는다. 파튤린은 주로 과일과 일부 채소와 곡류에 오염될 수 있으며, 대표적으로 사과 또는 사과 주스가 있다. 하지만, 발효를 통해 파튤린의 저감화가 가능하므로 식초나 알코올 발효 음료에서는 파튤린이 검출되지 않는다고 보고된다.

우리나라에서는 파튤린에 대한 기준을 사과 주스 및 농축액 50μg/kg 이하, 영유아용 식품 10μg/kg 이하로 설정되어 있다. 국내에서 파튤린에 대한 오염도를 분석한 결과, 조사한 식품 321건 중 약 3.4%가 오염되었으며, 사과 주스(10건)가 대부분인 것으로 보고된다.

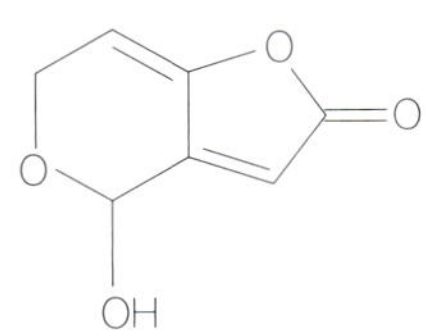

그림 3-21 파튤린의 화학구조

5) 황변미독

황변미독(yellow rice toxin)은 주로 *Penicillium* 속에 의해 생산되는 대표적인 곰팡이 독소로 아플라톡신을 생산하는 *Aspergillus* 속보다 낮은 수분활성도를 나타내는 식품에서 생육할 수 있다. 황변미독은 주로 *Penicillium* 속이 곡류 등을 오염시켜 생장하며 황색 또는 적황색의 색소를 생산한다. 특히, 쌀의 외관과 맛을 변화시켜 황변미를 만든다. 대표적인 황변미는 톡시카리움 황변미, 아일랜디아 황변미, 태국 황변미가 있다.

(1) 톡시카리움 황변미

톡시카리움(toxicarium) 황변미는 주로 *P. citreoviridae*에 의해 생성되고, 곰팡이독소인 시트레오비리딘(citreoviridin)을 생산한다. 시트레오비리딘은 신경독으로 호흡곤란, 혈액순환 이상, 경련 등을 유발하며, 만성 중독의 경우 빈혈을 유발한다.

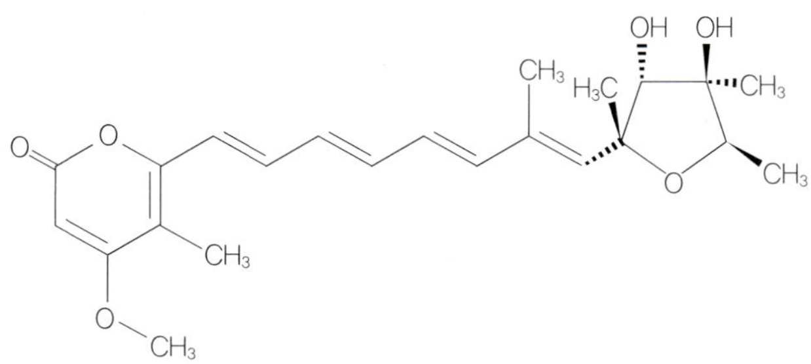

그림 3-22 시트레오비리딘의 화학구조

(2) 아일랜디아 황변미

아일랜디아(islandia) 황변미는 주로 *P. islandicum*에 의해서 발생하며, 이슬란디신(islandicin), 에리트로스카이린(erythroskyrin), 루브로스카이린(rubroskyrin), 이리도스카이린(iridoskyrin) 등을 생산하는데, 간장독으로서 간경화, 간 종양, 간암 등을 유발한다. 아일랜디아 황변미는 주로 쌀에서 발생하지만, 보리, 소맥, 수수 등에서도 발생한다.

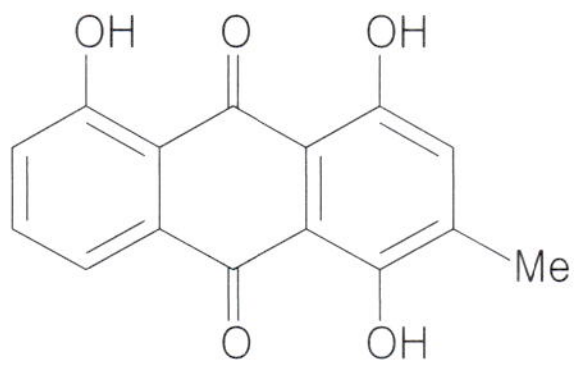

그림 3-23 이슬란디신의 화학구조

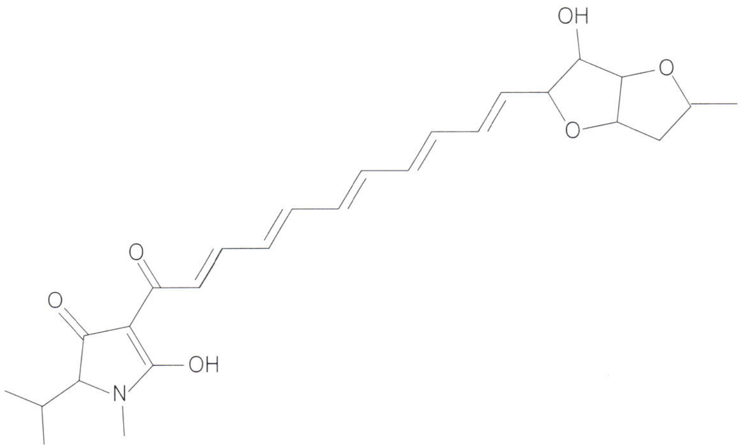

그림 3-24 에리트로스카이린의 화학구조

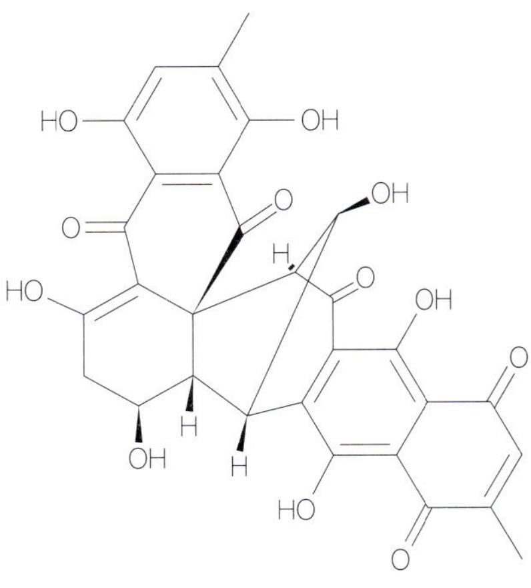

그림 3-25 루브로스카이린의 화학구조

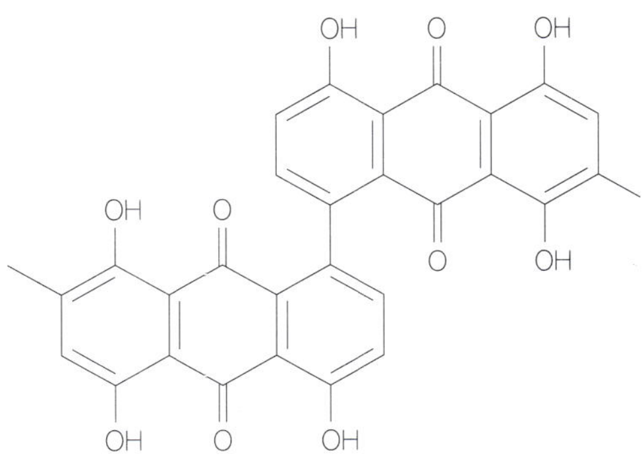

그림 3-26 이리도스카이린의 화학구조

(3) 태국 황변미

*P. citrinum*이 주된 원인균으로, 시트리닌(citrinin)을 생산한다. 시트리닌은 주로 *P. citrinum*이 생산하지만, *Penicillium*속과 *Aspergillus*속을 생성하기도 한다. 시트리닌은 강력한 신장독이며 신장에서 수분의 재흡수를 저해한다.

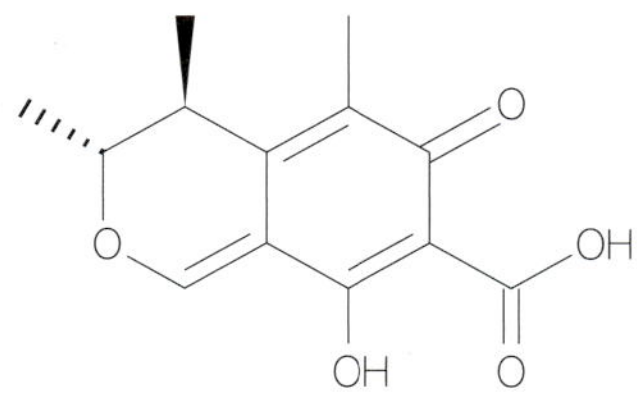

그림 3-27 시트리닌의 화학구조

6) 맥각독

맥각은 맥각균(*Claviceps purpurea*)에 의해 생성되는 알칼로이드(alkaloid) 계통의 독소이다. 보리, 밀 등인 맥류 종자의 상단부에 형성된 균사 덩어리인 흑색 또는 암자색의 단단한 균핵을 의미한다.

맥각독에는 펩타이드알칼로이드(peptide alkaloids) 물질인 에르고톡신(ergotoxine) 계열에 속하는 에르고크리스틴(ergocristine), 에르고코닌(ergocornine), 에르고크립틴(ergocryptine)이 알려져 있으며, 에르고타민(ergotamine) 계열에는 에르고타민(ergotamine), 에르고발린(ergovaline), 에르고신(ergosine)이 있다. 그리고 리세르그산아미드(lysergic acid amide) 계열로는 에르긴(ergine), 에르고노빈(ergonovine), 메테르긴(methergine), 메티세르자이드(methysergide), 리세르그산다이에틸아미드(LSD, D-lysergic acid diethylamide), 리세르그산 α-하이드록시에틸아마이드(LSH, D-lysergic acid α-hydroxyethylamide)가 보고되어 있다. 이러한 맥각독과 에틸아민(ethylamine),

출처: http://www.botany.hawaii.edu/faculty/wong/BOT135/LECT12.HTM.

그림 3-28 호밀에서 맥각의 형성

메틸아민(methylamine) 등의 아민류(amines)는 맥각 중독을 유발한다.

주된 증상은 발작, 구토, 경련, 환각, 혈액순환 불량 등이며, 임산부에게 유산을 일으키기도 한다. 맥각이 약 0.5~1% 수준으로 오염된 곡물을 섭취할 경우 중독되며, 7% 이상은 치사량으로 보고된다.

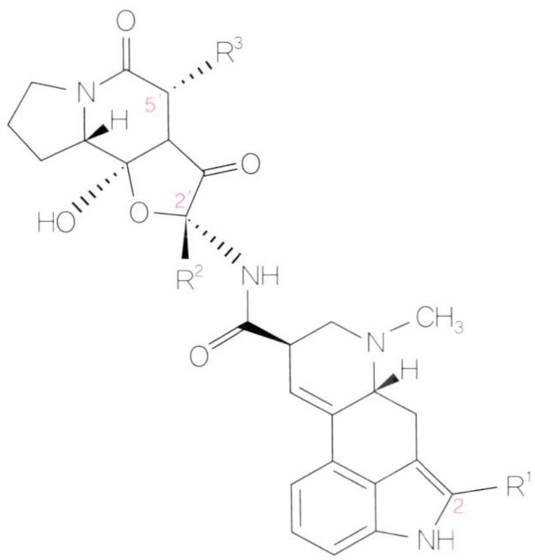

이름	치환기1(R^1)	치환기2(R^2)	치환기3(R^3)	치환기3의 아미노산
에르고크리스틴	–	$CH(CH_3)_2$	벤질	페닐알라닌
에르고코닌	–	$CH(CH_3)_2$	$CH(CH_3)_2$	발린
α–에르고크립틴	–	$CH(CH_3)_2$	$CH2CH(CH_3)_2$	루신
β–에르고크립틴	–	$CH(CH_3)_2$	$CH(CH_3)CH_2CH_3$	아이소루신
에르고타민	–	CH_3	벤질	페닐알라닌
에르고발린	–	CH_3	$CH(CH_3)_2$	발린
α–에르고신	–	CH_3	$CH2CH(CH_3)_2$	루신
β–에르고신	–	CH_3	$CH(CH_3)CH_2CH_3$	아이소루신
브로모크립틴(반합성)	브롬	$CH(CH_3)_2$	$CH2CH(CH_3)_2$	루신

그림 3–29 에르고톡신 계열과 에르고타민 계열의 화학구조

이름	치환기1(R^1)	치환기2(R^2)	치환기3(R^3)
에르긴	H	H	H
에르고노빈	H	$CH(CH_3)CH_2OH$	H
메테르긴	H	$CH(CH_2CH_3)CH_2OH$	H
메티세르자이드	CH_3	$CH(CH_2CH_3)CH_2OH$	H
리세르그산다이에틸아미드	H	CH_2CH_3	CH_2CH_3

| 그림 3-30 | 리세르그산아미드의 화학구조

7) 푸모니신

푸모니신(fumonisin)은 주로 *Fusarium* 속에 의해 생성되는 곰팡이독소로, *F. verticillioides*, *F. proliferatum*, *F. moniliforme* 등이 생산한다. 주로 옥수수와 옥수수 가공품에 발생하며 다른 곡류와 관련 가공품, 사료 등에도 발생한다. 또한, 옥수수를 수확하는 시기나 저장 초기에 발생하나, 저장 기간에는 증가하지 않는 것으로 알려져 있다. 푸모니신은 약 150℃ 이상에서 분해된다.

현재까지 알려진 푸모니신은 A, B, F, P로 식품에서는 주로 푸모니신 B가 많이 검출되고, 푸모니신 B_1의 독성이 가장 강하다. 푸모니신 B_1은 주로 돼지에서 폐수종, 말에서 뇌백질연화증을 유발하며, IARC에서는 인체발암물질 group 2B로 분류한다.

푸모니신의 국내 기준 규격은 푸모니신 B_1과 B_2의 양이 옥수수 및 수수에서는 4,000μg/kg 이하, 팝콘용 옥수수 가공품은 1,000μg/kg 이하로 설정되어 있다.

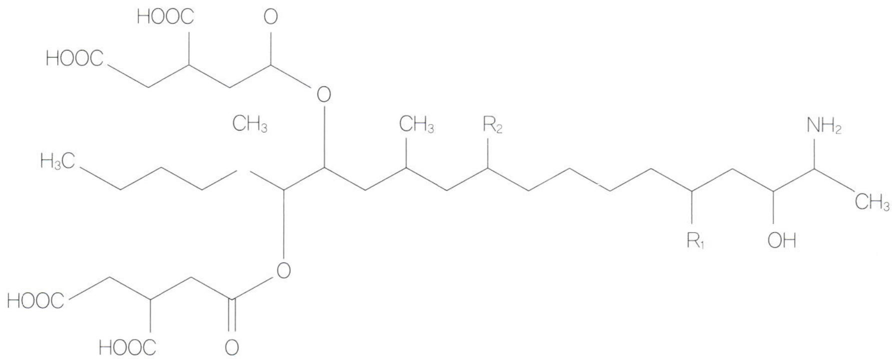

	R_1	R_2	구조식	분자량
푸모니신 B_1	OH	OH	$C_{34}H_{59}NO_{15}$	721.838
푸모니신 B_2	OH	H	$C_{34}H_{59}NO_{14}$	705.839
푸모니신 B_3	H	OH	$C_{34}H_{59}NO_{14}$	705.839
푸모니신 B_4	H	H	$C_{34}H_{59}NO_{13}$	689.840

그림 3-31 푸모니신의 화학구조

8) 트리코테신류

트리코테신(trichothecene) 계통의 곰팡이독소는 주로 *F. tricinctum*, *F. solani* 및 *Trichoderma lignorum* 등이 곡류에서 생산한다. 곰팡이득소 중 가장 다양하고 복잡하다. 니발레놀(nivalenol), 디옥시니발레놀(deoxynivalenol), T-2 독소, HT-2 독소 등이 있으며, 국내에서는 주로 니발레놀, 디옥시니발레놀, T-2 독소가 문제가 된다.

디옥시니발레놀에 대한 국내 기준 규격은 곡류와 곡류 가공품이 1,000μg/kg, 옥수수와 옥수수 가공품 2,000μg/kg, 영유아식품 200μg/kg, 면류 750μg/kg으로 설정되어 있다. 국내 곡류 및 식품 시료의 약 4,338건 중에서 272건이 검출되었으며, 율무>식빵>옥수수 순으로 오염이 확인되었다. 트리코테신 계통의 곰팡이독소는 장관 비대증, 세포핵 붕괴 및 괴사를 유발하고, 설사와 메스꺼움 등 다양한 증상을 나타낸다. 발암성은 아직 명확히 증명되지 않았다.

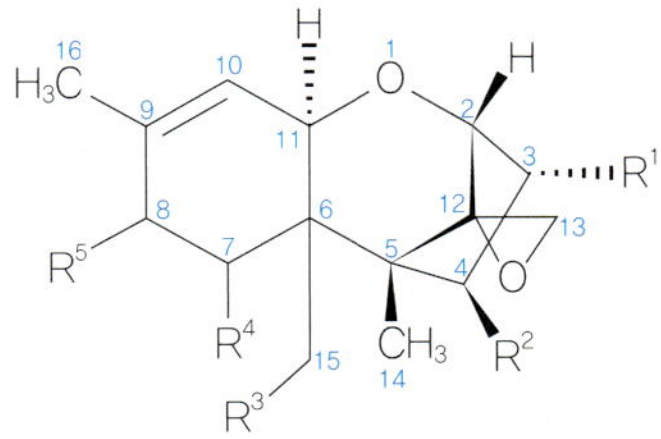

트리코테신		R^1	R^2	R^3	R^4	R^5
A형	네오솔라니올 (NEO, neosolaniol)	OH	OAc	OAc	H	OH
	HT-2 독소 (HT-2)	OH	OH	OAc	H	$OCOCH_2CH(CH_3)_2$
	T-2 독소 (T-2)	OH	OAc	OAc	H	$OCOCH_2CH(CH_3)_2$
	T-2 트리올 (T-2 triol)	OH	OH	OH	H	$OCOCH_2CH(CH_3)_2$
	T-2 테트라올 (T-2 tetraol)	OH	OH	OH	H	OH
	모노아세톡시시르페놀 (MAS, monoacetoxyscirpenol)	OH	OH	OAc	H	H
	다이아세톡시시르페놀 (DAS, diacetoxyscirpenol)	OH	OAc	OAc	H	H
B형	디옥시니발레놀 (DON, deoxynivalenol)	OH	H	OH	OH	=O
	3-아세틸디옥시니발레놀 (3-AcDON, 3-acetyldeoxynivalenol)	OAc	H	OH	OH	=O
	15-아세틸디옥시니발레놀 (15-AcDON, 15-acetyldeoxynivalenol)	OH	H	OAc	OH	=O
	니발레놀 (NIV, nivalenol)	OH	OH	OH	OH	=O
	푸사레논-X (FUS, fusarenon-X)	OH	OAc	OH	OH	=O

그림 3-32 트리코테신의 화학구조

FOOD HYGIENE

CHAPTER 04

화학적 유해 물질

제1절 자연독

1) 동물성 식품에 존재하는 자연독

자연에 존재하는 동물성 독소는 외부 환경으로부터 오염되어 생성된 독소와 특정 부위에 자연적으로 존재하는 경우 및 특정 성분의 과잉 섭취로 인해 증상이 나타나는 경우가 있다.

(1) 복어독

복어독은 테트로도톡신(TTX, tetrodotoxin)으로 불리며, 복어의 간장, 내장, 난소 등에 많이 존재한다. 껍질에는 약하게 함유되어 있고 근육에는 존재하지 않으며, 산란시기에 독소의 농도가 가장 높아진다. 테트로도톡신은 분자량 319로 저분자이고, 비단백성 독소이며, 내열성이다. 또한, 약알칼리성 물질로서 물에는 녹지 않으며 산성 용액에는 잘 녹고 강한 염기성 용액에서는 분해가 이루어진다. 독화 기전은 복어의 독성이 서식 지역과 개체에 따라 큰 차이가 있어 유전이나 자체 합성보다는 먹이사슬에 의해 독이 만들어진다고 추측하고 있다.

복어의 어종별 독성은 맹독(10g 이하 섭취로 치명적인 경우), 강독(10g 이하로는 치명적이지는 않음), 약독(100g 이하로는 치명적이지 않음), 무독(1,000g 이하로는 치명적이지 않음)으로 분류하며, 맹독성 복어의 경우 치사량은 난소가 1g 정도이며, 알이 10g으로 알려져 있다. 독성분으로는 인간에 대한 최소 치사량은 2mg이다. 보통 30분~5시간 이내에 증상이 나타나는데, 입 주변 감각 이상과 함께 신경전도가 억제되어 발성이 어렵고, 팔의 운동장애와 보행장애를 비롯한 마비 증상이 나타나기 시작하고, 경우에 따라서는 구토, 설사, 복통을 일으킨다. 심할 경우에는 전신 마비와 함께 쇼크, 혼수상태를 일으키고 사망에 이르기도 한다.

TIP 복어

과명은 테트로돈(tetron)으로 어원인 테트라(tetra)는 숫자 4, 즉 복어의 이빨이 4개인 것을 의미한다. 복어의 종류 중에서 검복, 매리복, 황복은 독성이 강하다. 난소, 알, 간 등에 독소 함량이 높고, 특히 난소의 무게가 커지는 산란기 직전인 4~6월에 가장 독성이 강하다.

(2) 패류독소

① 마비성 패독

마비성 패독(PSP, paralytic shellfish poisoning)은 유독 플랑크톤인 *Alexandrium* 속, *Pyrodynium* 속 조류가 생산하는 독소로서, 이 조류가 어패류에 섭취되어 체내에 축적되면 유독화된다. 대표적인 독성분은 삭시톡신(STX, saxitoxin), 고니오톡신-1(GTX1, gonyautoxin-1), 고니오톡신-3(GTX3, gonyautoxin-3)가 있다. 신경독이므로 중독되면 마비 증상이 주로 나타난다. 섭취 후 30분부터 입술, 혀, 안면에 마비가 발생하고 경우에 따라서는 구토, 복통이 나타나며, 결국에는 호흡 마비로 사망하게 된다. 우리나라의 잔류허용 기준은 패류와 피낭류(멍게, 미더덕, 오만둥이 등)의 가식부에서 0.8mg/kg 이하이다.

② 설사성 패독

설사성 패독(DSP, diarrhetic shellfish poisoning)은 설사가 주요 증상으로 나타나는데, 주로 유독 플랑크톤인 *Dinophysis* 속으로부터 생산되는 다이노피지스톡신(DTX, dinophysistoxin)이 진주담치에서 분리되었으며, 독성분은 오카다산(okadaic acid)과 유도체로 구성되어 있다. 유독 성분이 가리비에서 분리된 독은 학명인 *Patinopecten yessoensis* 에 따라 펙테노톡신(PTX, pectenotoxin), 예소톡신(YTX, yessotoxin)으로 알려져 있다. 이 성분들은 물에 잘 녹지 않고 유기용매에 녹기 때문에 지용성 패독으로 불리며, 내열성이라서 가열해도 독소가 파괴되지 않는다. 홍합, 모시조개, 가리비 등을 섭취한 후 15분에서 수시간 내에 발병하며 설사, 구토, 복통이 주증상이고 발열과 사망은 거의 없다. 우리나라의 잔류허용기준은 이매패류에서 0.16mg/kg 이하이다.

③ 기억상실성 패독

기억상실성 패독(ASP, amnestic shellfish poisoning)은 망각성 패독으로, 유독플랑크톤인 *Pseudonitzchia* 속에 의해 독소가 패류에 축적되어 사람이 섭취하면 발생하는 식중독이다. 뇌 신경계의 중요 전달물질이고, 신경흥분성 물질인 도모이산(domoic acid)이 주성분이다. 이매패류뿐만 아니라 이것을 섭취한 갑각류, 조류, 해산 동물에 영향을 미칠 수 있고, 섭취한 지 24시간 이내에 구토, 설사, 복통을 일으키며 48시간 이내에 건망증을 유도하고 심하면 단기기억상실 증상 및 치매와 유사한 신경증상이 나타나기도 한다.

④ 베네루핀

베네루핀(venerupin)은 바지락의 학명인 *Venerupis semidecussala* 에서 자주 발생한다고 하여 바지락독으로 불리고, 정확한 화학구조는 아직 밝혀지지 않았다. 굴이나 바지락, 모시조개 등에서 베네루핀 중독이 발생하며, 열에 안정하여 100℃에 1시간 가열하여도 파괴되지 않는다. 독화 과정은 아직 밝혀지지 않았으나, 유독플랑크톤이나 환경으로부터 유입된 오염물질로 인해 조개의 중장선에 유독 물질이 축적되어 나타나는 것으로 여긴다. 잠복기는 12시간부터 1~2일이 대부분이며, 초기에는 전신 권태, 오심, 구토, 두통이 발생하고 배, 다리, 목 부위에 암적색의 피하출혈 반점이 나타나기도 한다.

⑤ 피로페오포르바이드

피로페오포르바이드(pyropheophorbide)는 전복의 내장에 축적된 물질로서 구조가 엽록소와 비슷하여 먹이로 사용되는 해조류로부터 유래된 것으로 추정할 뿐 정확한 유래는 아직 알 수 없다. 섭취하면 피부에 광과민성 알레르기 반응을 일으키는 것으로 알려져 있다.

⑥ 테트라민

테트라민(tetramine)은 심해의 한류성 · 육식성 권패인 소라고둥, 조각매물고둥, 관절매물고둥 등의 고둥류의 타액선(소라살의 끝부분)에 존재하는 독성물질이다. 원인물질은 테트라메틸아민[tetramethylamine, $(CH_3)_4N^+$]으로, 유독성 플랑크톤에 의해 생성된 독소로 알려져 있고, 가을철에 고둥의 테트라민 함량이 높다. 주요 증상은 시각장애, 두통, 평형감각 상실 등이 있다.

TIP 1MU(mouse unit)

패류독소는 주로 쥐를 이용하여 독성의 강도를 분석하는데, 복강 내에 주사하여 15분 이내에 생쥐 한 마리를 죽일 수 있는 독량을 1MU라 한다. 삭시톡신의 경우 1MU는 0.18μg이다.

(3) 시구아테라 독소

아열대나 열대 지방의 산호초 근처에 사는 300여 종의 어류가 함유한 시구아톡신(ciguatoxin)에 의한 중독 증상을 시구아테라(ciguatera)라고 한다. 해조류 표면에 부착하는 유독성 편모조류를 초식어류가 섭취하고, 먹이사슬에 따라 육식성 어류로 이행되면서 나타난다. 유독 성분으로는 수용성의 펠리톡신(palytoxin), 마이토톡신(maitotoxin), 시가테린(ciguaterin), 그래미스틴(grammistin) 등이 있으나 정확한 구조는 밝혀지지 않았으며, 분자량 1,500 정도의 함질소 화합물로 추정되고 가열 조리로 파괴되지 않는다.

독작용은 신경의 콜린에스터레이스(cholinesterase) 작용을 억제함으로써 신경전달물질인 아세틸콜린이 체내에 과도하게 축적되어 나타난다. 증상은 마비성 패독과 유사하며 궁극적으로 신경마비, 호흡곤란으로 사망하게 된다.

TIP 시구아테라(ciguatera)

원래 카리브해의 권패류인 터보피카(turbo pica, 쿠바어로는 cigua)의 섭취로 인해 발생한다는 것에서 기원하였다.

(4) 동물의 간

① 담즙산

담즙산(bile acid)은 간세포에서 콜레스테롤로부터 생성되며 2차성 담즙산인 디옥시콜산(DCA, deoxycholic acid)과 리토콜산(LCA, lithocholic acid)이 독성을 나타내는 것으로 알려졌다.

② 비타민 A

비타민 A는 동물의 생간에 많이 함유되어 있으며 과다하게 섭취하면 중독 증세가 나타난다. 1596년에 북동항로를 탐험하다가 조난한 네덜란드 탐험가 바렌츠와 선원들은 북극곰의 간으로 만든 스튜를 먹고 전멸하다시피 했다고 알려졌다. 심해성 대형 어류의 간도 과도한 섭취를 피해야 한다.

(5) 스콤브로이드 중독

스콤브로이드 중독(scombroid poisoning)은 고등어, 전갱이, 가다랑어 등의 등푸른 생선(*scombroidae*)을 부적절한 온도에 저장한 경우 주로 발생하는데, 이러한 어류는 유리아미노산으로 히스티딘이 풍부하여 히스타민 중독증으로도 불린다.

이와 유사하게 어류 단백질의 유리아미노산이 탈탄산 작용에 의해서 아민류가 형성되면서 발생되기 때문에 바이오제닉아민류(biogenic amine)가 형성되어 식중독 증상을 나타내기도 한다. 바이오제닉아민류 중 가장 널리 알려진 것은 히스타민이다. 어류의 히스티딘이 모르가넬라 모르가니(*Morganella morganii*)를 비롯한 세균이 분비하는 히스티딘탈카복실화효소 작용에 의한 탈탄산 작용으로 히스타민으로 바뀌어서 나타나는 알레르기 증상이다. 히스타민 외에도 바이오제닉아민류에는 카다베린(cadaverine), 푸트레신(putrecine), 티라민(tyramine) 등이 있다.

입안이 따끔거리고 홍조, 발진 등이 나타나고 심하면 전신 발진, 오심, 구토, 설사 증상을 보인다.

바이오제닉아민류 전체에 대한 국제 규격은 설정되어 있지 않지만, 히스타민에 대해서는 미국 식품의약국(FDA)이 가다랑어와 참치통조림에 한해 500mg/kg 이하, Codex는 어류 및 가공 어류에 한해서 100~200mg/kg 이하로 규정하고 있다. 국내에서도 어육살, 필렛 등과 같이 단순 처리(냉동, 염장, 통조림, 건조 · 절단)된 등푸른생선(고등어, 참치, 연어, 꽁치, 청어, 멸치, 삼치, 정어리) 등의 수산물에서 히스타민의 경우에 한해 200mg/kg 이하로 기준을 설정하고 있다.

2) 식물성 식품에 존재하는 자연독

오래전부터 식물은 의약적으로 이용되었지만, 식물에 존재하는 독성성분으로 인한 식품의 위해 역시 많이 발생하고 있다.

(1) 황 화합물

십자과 식물에 속하는 양배추, 브로콜리, 방울양배추, 콜리플라워, 케일, 고추냉이, 겨자씨, 순무 등의 식물은 글루코시놀레이트(glucosinolates)로 알려진 황 화합물을 함유하고 있다. 주로 이 식물의 씨앗에 많이 함유되어 있으며, 동물의 대사 과정에서 잠재적인 갑상샘종 유발물질(goitrogenic compounds)인 티오시안산염(thiocyanate)과 아이소티오시안산염(isothiocyanate)으로 변환될 수 있다.

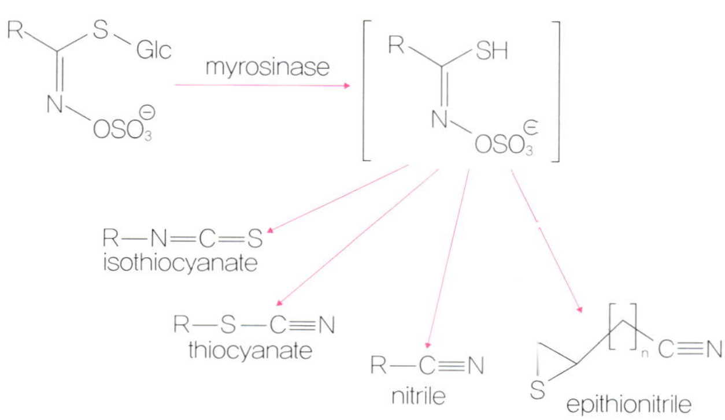

그림 4-1 황 화합물의 분해 산물

갑상샘종 유발 황 화합물은 보통 사람에게는 문제가 없으나, 요오드 섭취가 낮은 지역의 사람에게는 문제가 될 수 있다. 요오드 결핍은 갑상샘의 부어오름과 함께 항진증을 유발하는데, 이때 황 화합물이 요오드 결핍을 악화시킬 수 있다.

(2) 지방

특별한 지방산을 함유한 식물의 지방은 이를 섭취한 동물의 대사 과정을 방해할 수 있다. 평지씨(유채씨), 겨자씨에 함유된 1개의 이중결합을 지닌 C−22의 지방산(cis−13 docosenoic acid, erucic acid)은 심장근육의 지방 침착이나 심근염이 발생시킬 수도 있다. 목화씨는 0.6~1.2% 사이클로프로페인(cyclopropane)을 함유하지만, 면실유는 이보다 훨씬 높은 함량을 지닌다. 가장 널리 알려진 사이클로프로판산(cyclopropane acid)은 스테쿨산(sterculic acid)이다(그림 4−2).

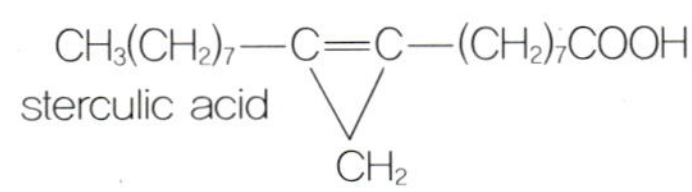

그림 4−2 스테쿨산의 화학구조

이들은 동물의 간에 있는 마이크로좀 내의 효소와 비가역적으로 결합하여 포화지방산이 모노엔산(monoenoic acid)으로 전환되는 것을 방해하는데, 결과적으로 동물 조직의 스테아르산(stearic acid, C18:0)의 함량은 증가하고, 올레산(oleic acid, C18:1) 함량은 감소하게 된다. 면실유 속에 있는 사이클로프로판산은 정제 과정에서 제거되기 때문에 씨앗이나 비정제 기름을 섭취하지 않는 한 건강상 위해는 없다.

(3) 페놀성 화합물

목화씨는 동물 사료로서 높은 단백질 함량을 지녔으나 씨앗에는 고시폴(gossypol)이라는 페놀 물질을 함유하고 있다. 동물 사료인 목화씨의 과도한 식이는 식욕 저하,

체중 감소, 성장 저해를 일으킨다. 고시폴은 체내에서 철분과 결합함으로써 빈혈을 야기하기도 하며, 단백질과 결합하여 소화 과정에서 리이신(lysine)이 흡수되지 않게 할 수도 있다. 고시폴은 목화씨에 0.7~1.5% 정도 들어 있지만, 면실유의 정제 과정에서 제거된다.

(4) 시안화합물

식물 대부분이 시안(청산)배당체(cyanogenic glycosides)를 가지며, 특히 미얀마콩(오색두), 수수, 엘더베리류, 카사바, 아몬드, 사과씨, 복숭아씨, 살구씨, 자두씨, 체리씨 등에 함유되어 있다. 피마자기름, 살구씨기름, 복숭아씨기름 등은 독성이 있어 식품 원료로는 사용이 금지되어 있다. 덜 익은 매실(청매), 복숭아, 살구, 사과, 자두 등의 종자에는 아미그달린(amygdaline)이, 미얀마콩에는 파세오루나틴(phaseolunatin)이라는 시안배당체가 함유되어 있다. 수수류에는 두린(dhurrin)이나 이성체인 치어렌(zieren), 카사바에는 리나마린(linamarin)이라는 시안배당체가 존재한다.

어린이의 경우 살구씨를 과용하면 시안화합물(cyanide) 중독으로 인해 구토, 설사, 현기증 증상을 보인다. 피마자는 구토, 설사를 비롯하여 간장과 신장의 손상, 황달 등을 나타낼 수 있고, 복숭아씨는 설사제로 쓰이나 임신 · 수유기에는 복용을 금지한다.

시안배당체는 가수분해에 의해서 단당류(monosaccharides) 또는 이당류(disaccharides), 알데하이드(aldehyde), 케톤(ketone), 사이안화수소(HCN)를 생성한다.

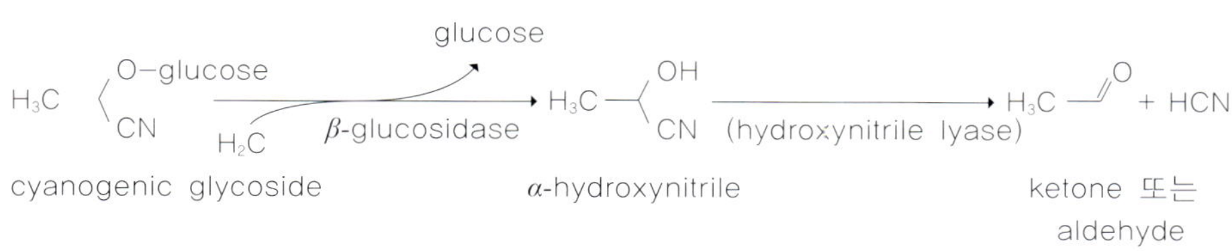

그림 4-3 시안배당체의 가수분해 산물

식물 효소는 β-글루코시데이스(β-glucosidase)를 함유하지만, 동물의 소화효소는 α-글루코시데이스(α-glucosidase)이다. 그러므로 시안화합물이 소화 과정에서는 발생하지 않지만, 일부 세균이 소장에서 시안화합물을 생성할 수는 있다. 시안(청산)은 호기성 생물체의 마지막 호흡 효소인 사이토크롬산화효소(cytochrome oxidase)의 저해제로서 급성에서 만성 독성까지 유발한다. 인체 치사량은 50~250mg/70kg 정도로 알려져 있다.

(5) 옥살산과 피틴산

옥살산(oxalate)과 피틴산(phytates)은 금속과 결합하는 킬레이트제이다. 특히 시금치에 함유된 높은 함량의 옥살산이 칼슘과 결합하면 신체에 미네랄 결핍을 야기할 수도 있으며, 결석을 발생시킬 수도 있다. 현미, 콩, 통곡식 같은 곡물의 껍질에는 피틴산이 다량 함유되어 있는데, 과도하게 섭취할 경우 장에 염증을 일으키고 체내의 칼슘, 아연과 같은 미네랄을 흡착하여 배출할 수 있다.

(6) 감자독

감자는 저장 중 생기는 녹색 부위와 발아한 싹 부위에 0.1% 이상의 솔라닌(solanine)을 함유하는데, 이는 솔라니딘(solanidine)이라는 알칼로이드에 당이 결합된 배당체이다. 이 물질들은 강한 항콜린에스터레이스 작용이 있어서 용혈 및 운동중추 마비를 일으킨다. 따라서 조리 시에 감자의 껍질을 벗겨서 발아 부분과 녹색 부위를 제거한다.

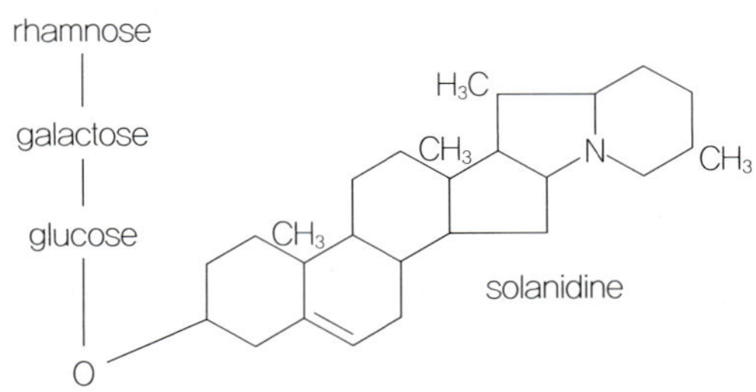

그림 4-4 솔라닌의 화학구조

(7) 독버섯

야생 버섯에 의한 버섯 중독 사고가 계속 발생하고 있다. 독버섯의 종류에 따라 다양한 중독 증상을 나타내며 심한 경우 사망에 이를 수 있어 주의를 요한다. 우리나라에는 1,550여 종의 버섯이 있고, 이 중에서 식용과 약용으로 이용되는 것은 400여 종이며, 독버섯은 160여 종으로 알려져 있다. 대표적인 독버섯의 종류로는 알광대버섯, 흰알광대버섯, 독우산광대버섯, 개나리광대버섯, 미치광이버섯, 삿갓외대버섯, 굽은외대버섯, 화경버섯, 흰땀버섯, 마귀곰보버섯 등이 있다. 주요 독성분에 의한 중독 증상으로는 위장형 중독(구토, 설사, 복통), 콜레라성 중독(경련, 혼수), 뇌증형 중독(동공 확대, 경직성 장애, 일과성 발작)이 있다. 세포용해성 독소로서 아마니타톡신(amanitatoxin)과 무스카린(muscarine)이 가장 대표적이다. 일반인은 독버섯을 감별하기 어렵기 때문에 야생에서 함부로 버섯을 채취해서 먹어서는 안 된다.

(8) 독미나리

식용 미나리와 유사한 모양으로 뿌리에 시쿠톡신(cicutoxin, $C_{17}H_{22}O_2$)이라는 독성분이 함유되어 있으며 소량의 뿌리나 잎에 의하여 위통, 현기증, 구토, 경련을 일으킨다. 옛날에는 이 독이 독화살에 이용되었다.

(9) 고사리독

영국에서 방목한 소가 고사리를 먹은 후 비교기나 장관 출혈이 발생한 사실이 확인되면서 고사리독(braken fern toxin)이라 알려지기 시작했다. 고사리에는 소량의 프타퀼로사이드(ptaquiloside)라는 물질이 존재하는데, 이로 인한 장관의 급성 출혈, 방광암, 식도암 등이 발생한다고 알려져 고사리가 동물 사료로는 이용되지 않는다. 그러나 고사리의 독성물질은 물에 우려내는 과정에서 사라지며 열에 쉽게 파괴되므로 조리 과정에서 분해된다. 고사리는 티아민가수분해효소(thiaminase) 작용을 나타내어 티아민(thiamine) 결핍증을 초래한다.

(10) 피마자씨

피마자유와 박은 독성이 강하나 열에 쉽게 파괴되는 리신(ricin)과 독성이 조금 약한 리시닌(ricinin)을 함유하고 있다. 이 성분들은 피마자뿐만 아니라 콩과를 비롯한 많은 식물의 잎, 뿌리, 구근 등에 존재하며, 혈구 응집성 독소이고 식물성 유해 단백질인 헤마글루티닌(hemagglutinin)의 일종이다. 리신은 피마자유를 용매 추출한 후 정제하는 과정에서 제거된다.

(11) 바꽃

다년생 숙근 초본으로, 건조한 뿌리를 한방에서는 부자라고 부르며 신경통에 진통제로 이용되는데, 아코니틴(aconitine)이라는 유독 알칼로이드 성분은 마비성 중독을 일으키고 복통, 구토, 언어장애, 사지 경련을 야기한다. 산나물로 잘못 채취되어 식용하는 경우 중독되는 일이 발생한다.

(12) 소철

관상용으로 키우는 소철의 줄기와 종자에는 전분이 들어 있는데 이를 식용하는 지역의 사람들이 정제가 덜 된 전분을 이용함으로써 독성분에 의해 중독이 발생한다. 유독 성분은 사이카신(cycasin)이라는 배당체의 일종이며, 동물 장내 세균의 β-글루코시데이스 작용에 의해 메틸아족시메탄올(methyl azoxymethanol)이 생성되고 이들이 실험동물에 종양을 발생시키는 것으로 알려져 있다.

(13) 식물 꽃잎

예로부터 우리는 식물의 꽃잎을 화전, 차, 떡, 술 등에 사용하였다. 진달래 화전도 있고 국화전, 국화차도 있으며 비빔밥, 샐러드, 케이크 등에도 꽃잎이 사용된다. 일반적으로 식용이 가능한 꽃은 진달래꽃, 국화, 아카시아꽃, 동백꽃, 호박꽃, 매화, 복숭아꽃, 살구꽃 등이 있다. 서양의 베고니아, 팬지, 장미, 제라늄, 재스민, 금어초, 한련화 등도 식용이 가능하다.

그러나 식용이라도 꽃가루 등에 의해 알레르기가 생길 수 있으므로 암술, 수술, 꽃받침 등을 제거하고 요리에 사용하여야 한다. 그리고 철쭉꽃에 있는 그레이아노톡신(grayanotoxin)은 혈압을 올려 동공 확대, 환각 증세, 체온 상승, 부정맥, 호흡 마비를 유발하고 심하면 혼수상태에 이르게 하므로 절대 섭취해서는 안 되며, 이외에 은방울꽃, 동의나물꽃, 애기똥풀꽃, 삿갓나물꽃 등에도 독성이 있으므로 먹으면 안 된다.

(14) 옻나무

옻나무는 닭이나 오리를 조리할 때 같이 이용되는 식물인데, 사람에 따라 민감한 반응을 나타내기도 한다. 옻나무의 식품원료로서 사용 기준은 우루시올(urushiol) 성분을 제거한 옻나무 물 추출물 형태로 옻닭이나 옻오리 조리용으로만 사용이 가능하다.

(15) 원추리

봄철 채소로서 이른 봄 올라오는 새싹을 나물로 무쳐 먹기도 하는데, 원추리는 잎이 커 갈수록 콜히친(colchicine)이라는 수용성 독성물질이 강해진다. 그러므로 어린 싹을 먹되 끓는 물에 충분히 데친 후 차가운 물에 담갔다가 섭취해야 설사, 복통, 메스꺼움, 구토 증세의 식중독을 예방할 수 있다.

제2절 화학적 유해 물질

1) 유해 식품첨가물

(1) 식품첨가물 정의

우리나라 「식품위생법」에서는 "식품첨가물은 식품을 제조 · 가공 · 조리 또는 보존하는 과정에서 감미, 착색, 표백 또는 산화방지 등을 목적으로 식품에 사용되는 물질을 말한다. 이 경우 기구 · 용기 · 포장을 살균 · 소독하는 데에 사용되어 간접적으로 식품으로 옮아갈 수 있는 물질을 포함한다"라고 규정되어 있다. Codex에서는 "일반적으로 그 자체를 식품으로 섭취하지 않고, 영양적 가치와 상관없이 식품의 일반성분으로 사용되지 않는 물질을 의미하며, 식품의 제조 · 가공 · 조리 · 처리 · 포장 · 보관 시에 기술적인 목적을 달성하기 위하여 식품에 첨가하여 효과를 나타내거나, 직접 또는 간접적으로 식품에 효과를 나타낼 것으로 기대되거나, 그 부산물이 식품의 구성성분이 되거나, 식품의 특성에 영향을 끼칠 수 있는 물질을 말한다. 다만, 오염물질, 영양적 품질 개선을 목적으로 첨가하는 물질은 제외된다"라고 규정하였다.

미국에서는 "식품의 구성성분이 되거나 식품의 특성에 직접 혹은 간접적으로 영향을 끼치기 위하여 의도적으로 사용되는 물질을 의미하며, 식품의 제조 · 가공 · 처리 · 보존 · 포장 · 수송 등에 사용되는 물질을 말한다. 다만, 잔류 농약, 살충제, 동물용 의약품, 영양강화제 및 식품첨가물 법령이 발효되기 이전인 1958년 이전에 승인된 물질 혹은 축산물가공법에 따라 승인된 물질은 제외한다"라고 되어 있다. 또한, 식품첨가물에서 일반적으로 안전하다고 인정되는 물질을 그라스(GRAS, generally recognized as safe)라고 말하는데, 이는 식품에 자연적으로 이미 존재하는 성분이며, 정상적인 식품 중에 함유된 양으로는 체내에서 쉽게 대사가 이루어진다. 1958년 이전에는 건강 위해나 유해성 없이 식품에 상용되거나 과학적 안정성 증명을 생략하고 사용할 수 있는 것으로, 당시까지 그라스로 분류된 것은 과학적 분석에 의하지 않고 경험적으로 안전하다고 인정한 것이므로 절대 안전하다는 것은 아니다. 1958년 이후 분류된 것은 과학적 분석과 안전성 시험을 통해 재검토하고 사용 여부와 규제를 결정하고 있다.

국내에서는 1962년 「식품위생법」이 제정 · 공포되면서 당시 217개의 식품첨가물 품목이 지정되었고, 지속적으로 그에 대한 기준과 규격이 마련되고 있다. 하지만 안전성에 문제가 발생할 경우 지정되었던 것이 취소된다. 예를 들면, 1966년에 합성감미료인 둘신(dulcin), 1973년에 합성보존료인 살리실산(salicylic acid), 1991년에 훈증제인 에틸렌옥사이드, 2004년에 꼭두서니색소, 2008년에 보존제로서 파라옥시안식향산프로필, 2009년에 파라옥시안식향산뷰틸 · 아이소뷰틸 · 아이소프로필, 색소인 콘색소 · 땅콩색소 · 누리장나무색소, 살균소독제인 이염화아이소시아눌산나트륨은 지정이 취소되었다.

식품첨가물 공전에 명시되지 않은 첨가물을 사용하는 것은 불법이다. 예를 들면, 해외에서는 허용하더라도 국내에서 허용하지 않은 인공감미료인 사이클라메이트가 대표적이며, 수입식품의 경우 이 같은 국내 법규를 따라야 한다. 식용색소 적색2호는 미국에서는 모든 식품에 사용이 금지되었으나 Codex와 일본에서는 허용하고 있으며, 국내에서는 2009년에 어린이용 식품에 한하여 사용을 금지하였다. 또한, 불량 원료의 사용을 감추려는 목적으로 사용한 첨가물도 사용을 금지하고 있는데, 2008년에 다진양념 등 고춧가루 제품에 첨가하였던 파프리카 추출색소, 적무색소와 같은 붉은색 색소가 금지된 사례가 있다.

(2) 일일섭취허용량 및 잔류허용량

식품첨가물 또는 농약 등의 안전성을 평가하기 위하여 급성 독성시험을 시행한다. 먼저, 가장 기본적으로 반수치사량(LD_{50})을 구하며, 다음으로 아만성 독성시험, 만성 독성시험을 거쳐서 최대무작용량을 설정한다. 최대무작용량은 실험동물에서 아무런 장애도 발생하지 않는 최고 용량 mg/kg(체중)을 의미하는데, 이것으로 일일섭취허용량을 산정한다. 사람에 대한 어떤 물질(식품첨가물, 농약, 중금속 등)의 일일섭취허용량은 평생 섭취해도 인체에 아무런 장애가 나타나지 않는 최대량인데 다음 식으로 계산한다.

$$\text{일일섭취허용량(mg/kg, 사람 체중)} = \frac{\text{최대무작용량(mg/kg, 실험동물)}}{\text{안전계수(safety factor)}}$$

안전계수는 동물실험 결과를 사람에게 적용할 때 불확실성을 보정하는 값으로 어떤 물질에 대한 감수성의 차이[예: 사람과 동물 사이의 차이, 사람과 사람 사이의 차이(노약자, 남녀, 임산부 등)]와 시험 대상 수의 차이 등을 고려하여 일반적으로 100~200의 값을 반영한다.

(3) 유해성 감미료

① 나이트로톨루이딘

나이트로톨루이딘(ρ−nitro−*o*−toluidine)은 원래 색소 원료인데 설탕보다 200배의 감미가 있다. 일본에서는 살인당 또는 원폭당으로 불렸으며 위통, 식욕 감퇴, 오심 및 구토, 황달이 나타난다.

② 에틸렌글리콜

에틸렌글리콜(ethylene glycol)은 무색무취의 점조성 액체로 자동차 엔진의 부동액으로 이용되기도 한다. 체내에서는 산화되어 수산(oxalic acid)이 되고, 이는 뇌와 신경에 장애를 유발한다.

③ 페릴라틴

페릴라틴(peryllartine)은 꿀풀과의 일년초인 자소유 성분인 페릴알데하이드(peryll-aldehyde)로부터 제조되는데 설탕의 2,000배의 감미를 가진다. 신장에 염증을 일으키는 것으로 알려져 있다.

④ 둘신

둘신(dulcin)은 초기에는 여러 나라에서 사용되었으나 한국에서는 1966년 11월에 사용이 금지되었다. 찬물에 용해되지 않고 더운물에 용해되며 설탕의 250배 감미도를 가진다. 체내에서 분해되어 생성된 아미노페놀(ρ−aminophenol)은 혈액독으로서, 중추신경계 자극 및 간 종양을 유발하는 것으로 알려져 있다.

⑤ 사이클라메이트

사이클라메이트(cyclamate)는 무색의 결정분말로 물에 잘 녹으며 설탕보다 40~50배의 감미를 지니며, 청량감이 있고 설탕과 비슷한 맛을 내기 때문에 최근까지 많이 사용된 인공감미료이다. 그러나 발암성 논란으로 각국에서 사용을 금지하였고 우리나라는 1970년에 사용이 금지되었다.

(4) 유해 합성착색료

우리나라에서는 2008년「어린이 식생활안전관리 특별법」에 따라 어린이 기호식품에 식용색소 적색2호의 사용이 금지되었다. 중요한 유해 색소의 종류는 다음과 같다.

① 적색계: rhodamine B, sudan Ⅲ, fuchsin, silk scarlet

② 황색계: auramine, butter yellow O, orange Ⅱ, spirit yellow, chrysoidine

③ 녹색계: malachite green

④ 청색계: methylene blue

⑤ 자색계: methyl violet, crystal violet, gentian violet

⑥ 갈색계: bismark brown

(5) 유해 보존료

허가되지 않은 보존료 중 방부효과 및 경제성을 이유로 사용되는 경우가 있었다. 붕산(H_3BO_3), 포름알데하이드(formaldehyde), 불소 화합물[불화수소(HF), 불화나트륨(NaF), 규소불화수소산(H_2SiF_6)], 승홍($HgCl_2$), β−나프톨(β−naphthol), 살리실산 등은 식품 보존 목적으로 사용해서는 안 된다.

(6) 유해 표백제

① 롱가라이트

롱가라이트(rongalite)는 포말린(formalin)에 산성아황산나트륨($NaHSO_3$)을 축합시킨 후 이것을 환원하여 제조한 것이다. 우리나라에서는 물엿의 표백제로 사용된 적이 있었다.

② 삼염화질소

삼염화질소(NCl_3)는 밀가루 표백제로 미국에서 사용하였으나 밀가루에 형성된 메티오닌술폭시이민(methionine sulfoximine)으로 인해 개에서 히스테리 증상이 발생하여 사용 금지되었다.

③ 형광표백제

압맥, 국수, 생선묵 등에 형광표백제(diamino-stilben sulfonic acid 유도체)가 사용되기도 하였다.

(7) 기타

① 메틸알코올

메틸알코올(methyl alcohol)은 용제로 널리 이용되고 있으나 독성이 강하여 두통, 현기증, 복통, 설사 및 시신경에 염증을 발생시킨다. 메틸알코올은 배설이 느리며, 체내에서 산화하여 형성된 개미산(formic acid)은 산증(acidosis)을 일으키고 시신경세포에 영향을 미친다.

② 4-에틸납

4-에틸납[$(C_2H_5)_4Pb$]은 유상의 액체물질로 자동차의 노킹방지제(antiknock agent)로 이용되는데, 이 같은 유기납은 주로 중추신경장애를 야기한다.

2) 동물용 항생물질과 호르몬의 사용

소 · 돼지 · 닭 등 육류, 넙치 · 조피볼락 · 장어 등 양식어류를 키울 때 질병을 예방할 목적으로 첨가한 소량의 동물용 항생제로 인해 항생제 잔류 및 내성균 증가 문제가 발생할 수 있다.

국내에서는 동물용 항생제의 잔류기준을 설정하여 관리하고 있다. 사료 내 동물용 의약품(항생제 포함)은 농축산식품부장관이 고시를 통해서 범위와 허용기준을 정하고, 식품의약품안전처에서는 「식품의 동물용 의약품 잔류허용기준」을 정하여 식품 중 잔류 동물용 의약품의 기준 적용, 동물용 의약품별 잔류허용기준, 식품별 잔류허용기준, 식품 중 사용금지 물질, 잔류허용기준 면제 물질로 구분하고 있다. 식품 중에서 검출되어서는 안 되는 물질은 나이트로퓨란(nitrofurans)제제 및 대사물질, 클로람페니콜(chloramphenicol), 말라카이트그린(malachite green) 및 대사물질, 다이에틸스틸베스트롤(DES, diethylstilbestrol), 다이메트리다졸(dimetridazole), 클렌뷰테롤(clenbuterol), 반코마이신(vancomycin), 클로르프로마진(chlorpromazine), 티오우라실(thiouracil), 콜치신(colchicine), 피리메타민(pyrimethamine), 메드록시프로게스테론아세테이트(MPA, medroxyprogesterone acetate), 카바독스(carbadox), 답손(dapsone), 올라퀸독스(olaquindox), 로니다졸(ronidazole), 메트로니다졸(metronidazole)이다.

동물용 호르몬제는 가축의 성장 촉진과 우유 생산량 증대, 사료의 효율 향상을 목적으로 사용하는 동물용 약제로서 성장호르몬 등이 있다. 미국에서 가장 널리 사용되는 호르몬제는 에스트라디올(estradiol), 프로제스테론(progesterone), 테스토스테론(testosterone), 제라놀(zeranol), 트렌볼론(trenbolone), 멜렌제스트롤(melengestrol) 등이다.

동물용 항생제의 과다 혹은 장기간 투여는 오히려 가축에 해가 될 뿐 아니라 체내에 남아 인체에 해를 미칠 수 있다. 따라서 약물이 체내 대사 과정을 거쳐 잔류허용기준 이하의 안전 수준까지 배설되는 기간을 기준으로 휴약기간을 설정하는데, 약품마다 정해진 휴약기간을 반드시 잘 준수해야 한다.

우리나라는 수산용 항생제에도 잔류물 허용기준을 마련하고 있다. 넙치류에는 겐타마이신(gentamicin) · 클린다마이신(clindamycin) · 티암페니콜(thiamphenicol), 갑각류에는 테트라사이클린(tetracycline)류 · 암피실린(ampicillin) · 에리스로마이신(erythromycin) · 옥소린산(oxolinic acid) 등, 전복에는 옥시테트라사이클린(oxytetracycline) · 클로르테트라사이클린(chlortetracycline) · 테트라사이클린(tetracycline)이 사용되며, 이에 대한 잔류물 허용기준을 준수해야 한다.

3) 기구, 용기, 포장재 관련 유해 물질

(1) 비스페놀 A

비스페놀 A(BPA, bisphenol A)는 캔의 부식을 방지하거나 열에 대한 저항성과 내구성을 높이려고 플라스틱에 첨가하는 물질로서 일본 후생노동성과 세계자연기금(WWF, world wildlife fund)에서는 내분비계 장애물질로 분류하고 있다.

플라스틱은 우리 생활에서 널리 사용되는 식품용기 재료로서 합성수지로 불린다. 이 중에서 내분비계 장애물질인 비스페놀 A가 들어가는 것은 폴리카보네이트(PC, polycarbonate)와 에폭시수지(epoxy resin)이다. 폴리카보네이트는 투명한 물병, 젖병, 캔 내부 코팅제, 일부 밀폐용기에 쓰이는데, 식품용 기구나 용기 · 포장에 대한 용출규격은 0.6ppm 이하로 관리되고 있으며 젖병 제조에는 사용을 금지하고 있다. 캔 음료나 통조림을 직접 가열하는 것은 비스페놀에 노출될 위험이 있으므로 피해야 한다. 비스페놀 A는 여성 호르몬인 에스트로겐과 유사한 구조와 성질을 가지고 있어 체내에 유입되면 여성 호르몬처럼 작용한다.

(2) 프탈레이트

프탈레이트(phthalates)는 염화비닐수지(PVC, polyvinyl chloride) 제품에 유연성과 탄성을 부여하려고 넣은 가소제의 그룹명이다. 염화비닐수지 제품 외에도 화장품

용매, 잉크, 도료 등의 다양한 생활용품에 이용된다. 종류로는 다이뷰틸프탈레이트(DBP), 벤질뷰틸프탈레이트(BBP), 다이-n-옥틸프탈레이트(DNOP), 다이아이소데실프탈레이트(DIDP), 다이아이소노닐프탈레이트(DINP), 다이에틸헥실아디페이트(DEHA), 다이에틸헥실프탈레이트(DEHP) 등이 있다. 특히 DEHP는 가격이 저렴하여 공업용 염화비닐수지의 가소제로 널리 사용되며, 플라스틱으로 만든 장난감이나 의료용 링거 호스와 파우치, 염전의 비닐장판, 식품포장재 랩 필름 등에서 프탈레이트가 노출될 가능성이 있어 국내에서는 식품용 기구나 용기 · 포장 제조 시에 DEHP 사용기준을 설정하였다. 국내에 염화비닐수지에서의 프탈레이트류 용출규격은 DBP 0.3ppm 이하, DEHP 1.5ppm 이하, DNOP 5ppm 이하, DINP 9ppm 이하, DIDP 9ppm 이하, BBP 30ppm 이하이다.

유럽연합에서는 DEHP와 DBP를 인간의 번식력을 손상시킬 수 있고 성장에 독성이 있는 category 2 물질로 분류하고, 미국 환경보호청(EPA, environmental protection agency)에서는 DEHP를 인체에 암을 유발할 개연성이 높은 물질(인체발암물질 group 2B)로 분류하고 있다.

표 4-1 WHO 산하의 IARC의 발암성 기준

기준	내용
Group 1: 인체발암 확인물질 (cacinogenic to humans)	충분한 인간 대상 연구자료와 충분한 동물실험 결과가 있는 경우
Group 2A: 인체발암 추정물질 (probably carcinogenic to humans)	제한적인 인간 대상 연구자료와 충분한 동물실험 결과가 있는 경우
Group 2B: 인간발암 가능물질 (possibly carcinogenic to humans)	제한적인 인간 대상 연구자료와 불충분한 동물실험 결과가 있는 경우
Group 3: 인체발암 미분류 물질 (not classifiable as to its carcinogenicity to humans)	불충분한 인간 대상 연구자료와 불충분한 동물실험 결과가 있는 경우
Group 4: 인체비발암성 추정물질 (probably not carcinogenic to humans)	인간에게 발암 가능성이 없고 동물실험 결과도 부족한 경우

(3) 스티렌다이머와 스티렌트리머

스티렌(styrene)은 폴리스티렌수지(polystyrene resin)나 폴리에스테르수지(polyester resin)의 구성물질로 폴리스티렌은 도시락, 두부 포장, 요구르트병에 사용되고, 가스를 충진하여 발포시킨 발포폴리스티렌(스티로폼)은 일회용 식기, 컵라면 용기, 도시락 용기로 사용된다. 끓는 물을 부어 식품을 익히는 동안 구성성분인 스티렌다이머(styrene dimer)나 스티렌트리머(styrene trimer)가 용출될 수 있다. 스티로폼 용기에 담긴 식품을 전자레인지로 조리하는 것은 피하는 것이 좋다. 그러나 일본에서는 이 물질들을 내분비계 장애물질에서 삭제하였으며, 위해성이 아직 확실하지는 않아 논란이 계속되고 있다.

4) 식품의 조리·가공·저장 과정에서 생성되는 유해 물질

(1) 다환방향족탄화수소

환경 중에 다환방향족탄화수소(PAH, polycyclic aromatic hydrocarbon)는 미생물, 플랑크톤, 식물에 의해서 합성되거나 화산활동이나 화재에 의해서도 생성된다. 유기화합물이 불완전연소를 하게 되면 열합성을 통해서 뷰타다이엔(butadiene), 에틸렌(ethylene), 아이소프렌(isoprene) 같은 라디칼(radical)이 생성되면서 방향환을 형성한다.

다환방향족탄화수소는 석유, 석탄의 연소뿐만 아니라 식품, 담배의 연소에 의해서도 생성된다. 식품 자체 또는 아미노산이나 단백질이 300℃ 이상에서 가열될 때 열분해 산물로서 생성되는데, 가장 대표적인 발암성 물질로 알려진 것이 벤조피렌(benzo-(α)-pyrene)이다. 숯불로 구운 고기, 훈연제품, 튀김유지 등에서 다환방향족탄화수소가 검출되고 있다. 이뿐만 아니라 돌연변이 유발물질로 알려진 헤테로고리아민류(heterocyclic amines)도 볶은 콩류와 곡류, 구운 어류나 육류 같은 구운 제품의 가열분해에 의해 생성되며, 마이야르(Maillard) 반응에 의해서도 생성된다는 결과도 있다.

(2) 지방의 산화생성물

식품 중의 불포화지방산이 산화되면서 과산화물, 분해산물, 중합체 등이 형성되는데 지방의 과산화물인 하이드로퍼옥사이드(hydroperoxide)류나 말론알데하이드(malonaldehyde)는 반응성이 높아 체내 물질과 쉽게 결합한다. 체내 단백질이나 다른 고분자물질과 결합하여 세포독성을 나타내기도 한다. 급성 중독증으로 구토 및 설사, 만성 중독으로 동맥경화, 간장장애, 노화를 일으킨다.

(3) 바이오제닉아민

바이오제닉아민(BAs, biogenic amines)은 식품을 저장 · 발효하는 과정에서 생성된 유리아미노산이 존재하는 미생물의 탈탄산작용에 의하여 만들어진 저분자물질을 말한다. 종류로는 히스타민(histamine), 티라민(tyramine), 카다버린(cadaverine), 퓨트리신(putrescine), 아그마틴(agmatine), 에틸아민(ethylamine), 메틸아민(methylamine) 등이 있으며, 발진, 홍반, 피부 염증, 두드러기, 구토, 오심, 설사, 호흡곤란 등을 증상으로 하는 알레르기 식중독인 '스콤브로이드중독증(scombrotoxicosis)'의 원인이 된다.

바이오제닉아민은 어류제품, 육류제품, 낙농제품, 포도주, 맥주, 초콜릿 등 다양한 식품에서 검출된다. 우리나라 된장, 청국장, 젓갈류 등의 전통 발효식품에서도 검출되는데 저온 발효 · 숙성 기술 등으로 생성을 저감화하려는 노력이 진행되고 있다.

아미노산		아민
alanine		ethylamine
arginine		agmatine
glycine		methylamine
histidine	탈탄산작용 →	histamine
lysine		cadaverine
ornithine		putrescine
tyrosine		tyramine

그림 4-5 아미노산과 탈탄산 작용으로 성성되는 아민

(4) N-나이트로소 화합물

N-나이트로소 화합물(N-nitroso compounds, N-N=O)은 N-나이트로사민(N-nitrosamine)과 N-나이트로사미드(N-nitrosamide)로 구분되며, 다이메틸나이트로사민(DMNA, dimethylnitrosamine)은 발암성이 있는 것으로 알려져 있다.

N-나이트로사민은 식품 내의 2, 3급 아민들과 아질산으로부터 산성 조건(식품 또는 체내 소화관)에서 생성된다. 전구체로 이용되는 아질산염은 육류의 발색제로 사용되는 식품첨가물이며, 질산염은 절임채소나 무, 시금치 등의 채소에 풍부하게 존재하고 구강 내 세균이나 조직 효소에 의해 환원되어 아질산이 된다. 아민은 특히 어패류에 많이 존재하며 트리메틸아민, 아미노산, 단백질, 인지질로부터 쉽게 생성된다. 김치류, 어육을 고온에 직화한 경우나 튀김류, 건조품, 훈제품, 통조림 등에서 검출되기도 하였다.

우리나라에서는 식품첨가물로 사용되는 아질산의 함량을 햄이나 소시지의 경우 70mg/kg 이하, 어육소시지의 경우 50mg/kg 이하로 규제하고 있다.

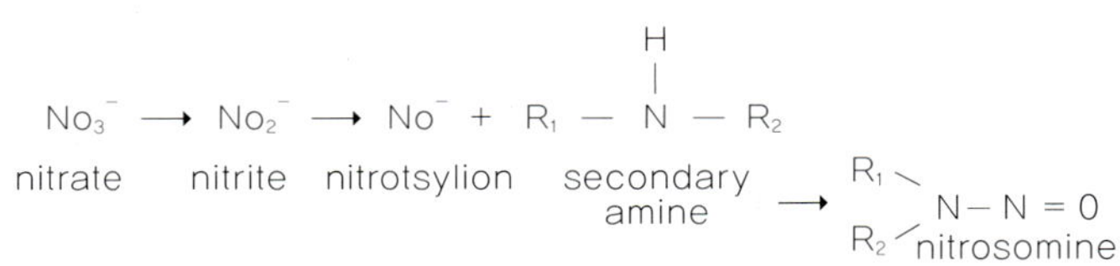

그림 4-6 나이트로사민(nitrosamine)의 형성

(5) 에틸카바메이트

에틸카바메이트(ethyl carbamate, $H_2NCOOC_2H_5$)는 우레탄(urethane)으로도 부르며, 딱딱한 씨를 가진 핵과류로 담근 주류를 장기간 보관·발효할 때 씨에서 나오는 시안화합물과 에탄올이 결합하면서 생성된다. 주류를 발효시킬 때 효모의 대사 과정에서 생성된 요소가 알코올과 반응하여 생성되는 것으로 알려져 있다. IARC는 유방암, 대장암 관련 물질로 규정하고 2A 등급 발암물질로 지정하였다. 유전독성, 돌연변이원성, 염색체 이상을 유발하는 것으로 보고된다.

국내에서 에틸카바메이트의 허용기준은 포도주 0.03 mg/kg 이하, 과실브랜디 및 과실주 등 리큐어(liqueur)는 0.4mg/kg 이하, 청주 · 약주는 0.2mg/kg 이하, 일반 증류주 · 위스키는 0.15mg/kg 이하로 규정하고 있다.

(6) 벤젠

1994년 낙동강의 수계가 벤젠(benzene) · 톨루엔(toluene)으로 오염되어 수돗물에서 심한 악취가 발생하여 문제가 된 사건이 있었다. 벤젠 · 톨루엔은 주로 석유화학연료의 연소시설에서 발생되는 대표적인 발암물질로서 연소 시 공기로 배출되며, 대도시와 실내의 공기 오염물질로 알려졌다.

WHO는 벤젠 검출에 대한 기준을 마시는 물은 10μg/L, 공기는 1.7μg/m^3 이하로 권장하고 있다.

근래 비타민 C 음료의 제조용수와 원료에 들어 있는 구리, 철 등이 금속 촉매 작용으로 산화되어 과산화물 음이온라디칼과 과산화수소(H_2O_2)를 생성하고, 여기서 유래된 하이드록시라디칼(hydroxy radical)이 음료의 보존료인 안식향산(benzoic acid)과 반응한 후 벤젠이 형성되어 문제가 되었다. 현재는 안식향산나트륨을 비타민 C 음료에 사용하지 않고 있으며, 음료류에서 생성될 수 있는 벤젠의 양은 먹는물 수질기준 10ppb로 정하였다.

(7) 아크릴아마이드

탄수화물이 풍부한 식품(빵, 감자 등)을 굽거나 튀길 때 아크릴아마이드(acrylamide, $H_2C=CH-CONH_2$)가 생성된다고 보고되면서 감자칩, 감자튀김, 비스킷 등의 식품에 대하여 논란을 불러일으켰다. 열처리하는 과정에서 포도당이나 과당 같은 환원당과 아스파라진(asparagine)이 반응하여 생성되는 것으로 알려져 있다. 아크릴아마이드는 신경독을 가진 물질로, 미국 EPA과 IARC는 아크릴아마이드를 유력한 인체발암물질(B2 또는 2A)로 분류하는데, 아직 식품에서 허용기준은 설정되지 않았으며, Codex에서는 저감화를 권유하고 있다.

인체에 대한 역학조사 자료는 거의 없다. 조리 · 가공 중 열처리 온도와 시간이 증가하면 아크릴아마이드 생성량이 증가한다. 그러므로 식품을 고온에 장시간 조리하지 않으며 120℃보다 낮은 온도에서 찌거나 삶은 식품을 섭취하는 것이 좋다.

(8) 퓨란

퓨란(furan)은 식품의 조리 · 가공 과정에서 마이야르 반응의 중간산물로 생성된다. 커피, 고기 통조림, 구운 빵 등의 열처리한 식품에 존재하는데 대부분 휘발하지만 밀폐용기 내에 잔류할 수 있다. 식품이 캔이나 병으로 포장된 경우 뚜껑을 일정 시간 열어 두면 퓨란의 함량을 줄일 수 있다.

(9) 3-MCPD

3-MCPD(3-monochloro-1,2-propandiol)는 산분해 식물성 단백질로 제조되는 간장, 수프류, 소스류 등의 생산 과정에서 생성되는 물질로, 1990년대 산분해간장에서 검출되어 국제적으로 이슈가 되었다. 곡류와 맥아의 열가공 과정에서 많이 발생하는데, 대두를 염산으로 처리하여 단백질이 아미노산으로 가수분해될 때 함께 있던 지방이 지방산과 글리세롤로 가수분해되고 글리세롤이 염산과 반응하면서 생성된다. 현재는 공정의 변화로 생성량을 최소화하고 있다.

독성은 동물실험에서 신장독성과 생식독성을 유발한다고 알려져 있다. IARC의 발암물질 리스트에는 없는 물질이지만, WHO에서는 “바람직하지 않은 오염물질로 가능하면 농도를 낮춰야 하는 물질”로 평가한다. 국내 3-MCDP의 잠정 일일섭취허용량은 2μg/kg 이하이며, 산분해간장이나 혼합간장(산분해간장 또는 산분해간장 원액을 혼합해 가공한 것)의 3-MCDP 잠정 허용기준은 0.3mg/kg 이하이다.

5) 농약류

농약(pesticide)은 해충을 제거하는 살충제, 세균과 곰팡이류를 죽이는 살균제, 잡초를 없애는 데 사용되는 제초제 등이 있다. 이뿐만 아니라 식물의 성장촉진제, 성장 조절제, 발아억제제 등도 농약의 범주에 포함된다. 소비자들은 잔류 농약에 대한 우려가 크지만 실제 농작물에서의 잔류량은 대부분 허용기준 내에 존재한다. 왜냐하면, 비, 바람, 햇빛, 공기, 미생물 등에 의해서 자연적으로 분해되고 소실되기 때문이다. 또한, 농산물의 세척 · 조리 과정에서 상당량의 잔류 농약이 제거된다. 그러나 농약을 살포할 때 과량으로 흡입하게 되면 중독 증상이 나타난다.

곡류, 과일, 채소 등은 수확 후 저장 · 수송 도중에 병충해나 미생물에 의해서 부패될 수 있는데, 이때 농작물에 살포하는 살충제, 살균제 등을 수확 후(post-harvest) 처리 농약이라고 한다.

식품의약품안전처에서는 「식품의 농약 잔류허용기준」을 정해서 관리하고 있으며 농산물의 농약 잔류허용기준, 축산물의 농약 잔류허용기준 등이 관리 항목으로 되어 있다. 참고로 콩나물(숙주나물 포함)의 농약 잔류허용기준은 벤질아데닌(6-BA, 6-benzyl aminopurine, benzyladenine)이 0.1mg/kg 이하이다.

농약허용기준 강화제도(PLS, Positive List System)

우리나라는 2019년부터 농림축산식품부 주관으로 PLS 제도를 시행하고 있다. PLS는 사용가능한 농약의 목록이란 의미로 작목별로 등록된 농약만 사용하고 등록 농약 이외에는 원칙적으로 사용이 금지되는 제도를 말한다. 다양한 농약의 사용이 증대되면서 잔류기준이 없는 농약에 대한 안전관리 강화 요구가 증대됨에 따라 PLS가 시행되면서 식약처에서는 국내 사용등록 또는 잔류허용기준이 설정된 농약 외에는 일률기준(0.01mg/kg, ppm)이 적용된다. 그동안에는 등록되지 않은 농약을 사용해도 Codex(Codex Alimentarius Commision; 국제식품규격위원회) 기준, 유사 농산물의 최저기준, 해당 농약의 최저기준 등을 적용받아 왔었으나, PLS로 인해 안전성이 입증되지 않은 수입 농산물을 차단하는데도 도움이 된다. 농약의 0.01ppm은 독성학적으로 인체에 위해성이 없는 수준이며 국외에서는 일률기준으로 이미 통용되고 있는 최소농도라고 알려져 있다.

(1) 유기염소제

대표적인 유기염소제인 DDT(디클로로디페닐트라클로로메탄, dichloro-diphenyl-trichloroethane)는 독성이 상대적으로 적고 안정한 물질이지만, 토양이나 식물에 잔류성이 커서 오랫동안 환경에 남아 있다가 먹이사슬을 통해 동물의 지방층이나 뇌신경에 축적이 되어 만성 중독 문제를 일으킨다. 1874년 오스트리아의 화학자 자이들러(Zeidler)가 처음으로 합성하였고, 1939년 스위스 화학자인 폴 허먼 뮐러(Müller)가 DDT의 살충 능력을 처음 발견하여 1948년 노벨 생리 · 의학상을 받았지만, 폐해가 알려지면서 노벨상이 취소되었다.

DDT는 제2차 세계대전 때 군대나 민간에서 말라리아와 티푸스를 일으키는 모기와 여러 곤충으로 인해 일어나는 질병의 구제에 사용되었으며, 전쟁 이후에는 화학농약으로 사용되었다. 또한, WHO에서는 말라리아 퇴치 계획의 일환으로 DDT를 가장 많이 사용하였다.

DDT는 DDE와 DDA로 분해되지만, 환경에 오랜 기간 잔류하고 먹이사슬을 통해 생물농축(bioaccumulation)이 일어나며 모두 지용성 물질이라서 동물 조직에 축적된다. 조류의 경우 DDT 분해산물이 알 껍질에 칼슘을 공급하는 탄산탈수소효소(carbonic dehydrogenase) 작용을 막아 난각 형성에 영향을 줘서 부화하기 전에 깨지는 문제를 야기한다. 국내에서는 1979년에 사용이 금지되었다. 또한, 인체의 소화기관이나 폐를 통해 천천히 흡수되어 지방이 충분한 신체 장기인 부신, 고환, 갑상샘에 축적되고 간이나 신장 등 장기를 감싸는 커다란 보호막인 장간막에도 쌓인다고 알려져 있다.

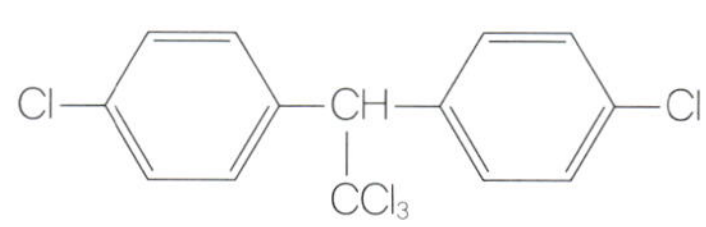

그림 4-6 DDT의 화학구조

2017년 국내에서는 피프로닐, 비펜트린 등이 일부 달걀에서 검출되어 문제가 되었는데, 해당 산란장의 닭과 사육장 토양에서도 DDT가 검출되어 조사한 결과, 해당 장소가 과거에 과수원이던 것으로 밝혀졌다. 이에 따라 환경부에서는 환경오염이 우려되는 농약 성분에 대한 잔류성 유기오염물질 환경기준과 오염기준이 설정되지 않은 토양 · 지하수 관리기준제도를 개선하기로 하였다. DDT는 자연 분해되지 않는 물질로서 1979년 이전까지 광범위하게 사용되었다는 점, 잔류 성분이 2분의 1로 줄어드는 반감기가 2~15년 이상으로 현재도 토양 내에 잔류 가능성이 크다는 점을 근거로 들었다.

(2) 유기인제

말라티온(malathion), 파라티온(parathion) 등은 농약 성분에 인(P)이 들어 있어 유기인제 농약으로 불리는데 유기염소제와는 달리 자연계 잔류기간이 1~12주 정도로 짧다. 독성이 강하지만, 동식물 체내에서 비교적 빨리 분해되어 무독화가 이루어진다. 급성 중독을 일으키나, 만성 중독을 일으키는 일은 거의 없다. 현재 사용되는 농약의 종류 중에서 가장 많으며 사람과 가축에 대한 독성은 큰 편이다.

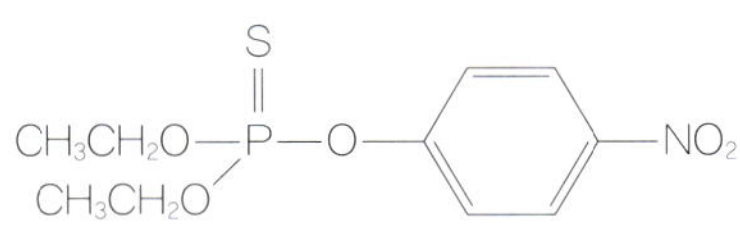

그림 4-7 파라티온의 화학구조

유기인제는 체내에 흡수되어 체내 효소인 콜린에스터레이스가 아세틸콜린과 결합하여 가수분해하는 것을 억제하여 아세틸콜린의 축적에 의한 중독을 일으킨다.

그림 4-8 유기인제의 아세틸콜린 가수분해 저해작용

국내에서는 농약의 독성 등급을 급성 독성시험에 따른 반수치사량으로 결정하는데, 현재 국내에서 사용되는 것 중에는 맹독성은 없으며, 고독성은 일부이고, 대부분 저독성으로 분류된다.

| 표 4-2 | 농약의 독성 구분

구분	마우스 반수치사량(mg/kg)			
	경구독성		경피독성	
	고체	액체	고체	액체
Ⅰ급(맹독성)	5 미만	20 미만	10 미만	40 미만
Ⅱ급(고독성)	5～50	20～200	10～100	40～400
Ⅲ급(보통 독성)	50～500	200～2,000	100～1,000	400～4,000
Ⅳ급(저독성)	500 이상	2,000 이상	1,000 이상	4,000 이상

(3) 카바메이트제(Carbamate제)

유기염소제의 사용 금지에 따라 대용으로 만들어졌으며 살충제와 제초제로 많이 이용된다. 유기인제와 같이 콜린에스터레이스를 저해하여 독작용을 나타내지만 반응이 가역적이어서 유기인제보다 독성이 낮고 상대적으로 체내에서 쉽게 분해된다.

(4) 유기불소제

진딧물이나 응애류 등에 대한 살충제로 인체에 대한 독성이 강하며 농작물에 잔류할 경우 문제를 발생시킨다. 이들은 체내의 구연산 회로에서 아코니타제(aconitase)에 대한 저해작용을 갖는 모노플루오로시트르산(monofluoro citric acid)으로 변해 구연산이 시스아코니틴산(cis-aconitic acid)으로 진행되는 것을 차단하여 체내에 구연산이 축적되어 독성을 나타낸다.

살충제 달걀 사건

2017년 7월 유럽에서 피프로닐(fipronil)에 오염된 달걀과 가공식품이 유통된 사건 이후, 국내산 달걀에도 살충제 성분인 피프로닐과 허용기준치를 초과한 비펜트린(bifenthrin)이 검출되면서 확산되어 사회적으로 큰 논란이 되었다.

피프로닐은 개나 고양이 등 동물의 벼룩이나 진드기를 제거하기 위하여 사용하는 살충제 성분으로 동물용 의약품 관련 법에 따라 식용으로 사용되는 가축에 대해서 사용이 금지되어 있으며, 다량 섭취 시 간, 콩팥 등 장기 손상 위험이 발생할 수 있다고 알려졌다.

비펜트린은 진드기 퇴치용 살충제로서 닭에 기생하는 이를 제거하는 데 사용되기도 하고 식물에 붙은 벌레 제거용 살충제로도 사용되며, 농약으로는 달걀에서 0.01mg/kg 이하의 잔류허용기준치를 국내에서 적용하고 있다. 과도 노출 시에는 두통, 울렁거림, 구토, 복통 등이 발생하고 만성 노출 시에는 가슴 통증, 기침, 호흡곤란, 알레르기 반응이 발생하는 것으로 알려져 있다.

6) 중금속류

중금속은 식품 오염 문제에서 자주 언급되는데, 식품뿐만 아니라 수질, 대기오염 등의 다양한 경로로 체내에 들어온다. 중금속은 비중 4 이상의 모든 금속을 말하며, 지반의 구성성분으로 자연에 상당량이 존재하기 때문에 인간을 포함한 지구상의 생물이나 식품에 일정량이 존재하는 것은 당연하다. 중금속 중에는 동식물체의 생리적 기능을 유지하는 데 필요한 것도 있지만, 납, 수은, 카드뮴 등 유해 중금속은 유해한 작용을 한다. 또한, 아무리 유익한 중금속이라도 과다하게 취하면 유해하다.

중금속의 체내 흡수율은 공존하는 식품 성분, 종류, 형태에 따라 다양하며 독성의 형태도 다르게 나타난다. 중금속은 체내에 흡수되면 쉽게 대사되지 않고 금속이온이나 유기금속화합물 형태로 생태계를 순환하며 생물에 농축되고, 생체 내 물질들과 결합하여 쉽게 배출되지 않으며 체내 축적되는 것으로 알려져 있다. 금속이 탄소원자와 공유결합한 것이 유기금속인데, 이들은 무기금속에 비해 지용성이 크므로 장관에서 잘 흡수된다. 중금속의 화학적인 종류와 형태에 따라 소변 또는 대변으로 배설이 이루어진다.

식품에는 거의 모든 중금속이 식품 성분과 어떤 결합체를 형성하여 존재하고 있다. 따라서 식품 중 중금속의 독성 평가는 무기염의 투여실험 결과만으로 평가하기 어려운 복잡성을 지닌다.

(1) 수은

수은(Hg, mercury)은 의약품, 화장품, 도료 등에 오랫동안 사용된 금속 중 하나이다. 대부분 무기수은(원자가 0의 금속 수은, 1가 · 2가의 무기이온형 수은)으로 존재하며 강, 바다, 토양 등에 분포한다. 온도계, 기압계 등에 사용되는 것은 무기수은이다. 무기수은에 메틸기($-CH_3$)가 붙으면 유기수은(알킬수은)이 된다. 무기수은이 생태계로 유출되어 강이나 바다로 흘러 들어가서 펄 속의 미생물에 의해 유기화되고, 유기수은은 먹이사슬을 통하여 플랑크톤 → 작은 어류 → 큰 어류로 농축(생물농축)된다. 생선 내의 유기수은인 메틸수은(methyl Hg)의 농도는 물속 농도의 100만 배에 달한다. 특히, 참치와 같은 대형 어류에는 메틸수은이 농축되어 있을 우려가 커서 FDA에서는 임산부에게 참치통조림 섭취를 제한할 것을 권고한다. 유기수은은 장관에서 흡수율(95%)이 높고, 폐에서도 흡수가 잘 일어나며, 혈관뇌장벽(blood brain barrier)을 통과하기 때문에 중추신경계에 대한 독성이 높아 태아 조직에도 축적이 잘 일어난다. 반면, 무기수은은 장관 흡수율이 10% 미만이며, 주로 신장이 표적 장기이다.

하루 수은 노출량은 공기로 약 1μg/day, 음용수로 2μg/day 미만, 식품으로 20μg/day 정도 추정되나, 생선 등의 섭취량에 따라서 75μg/day에 이르기도 한다. 수은 화합물의 체내 반감기는 약 70일이며 소변과 머리카락의 수은 농도는 노출과 침착의 중요 지표이다.

1953년 일본 미나마타(Minamata)만 상류의 아세트알데하이드 합성 공장에서 촉매로 사용한 염화제2수은이 폐수로 방류되어 펄 속의 혐기적인 조건에서 메틸수은으로 전환되었다. 먹이사슬에 의해 바다 연안 내의 어패류에 농축되고, 이를 섭취한 지역 주민 900여 명(1989년 기준)이 수은중독으로 숨졌다. 미나마타병으로 불린다.

표 4-3 국내외 수은의 허용기준

국가 및 기관	식품 유형	총 수은(mg/kg)	메틸수은(mg/kg)
한국	어류	0.5(심해성 어류, 다랑어류 및 새치류 제외)	1.0 (심해성 어류, 다랑어류 및 새치류)
Codex	어류	–	0.5
	육식성 어류	1.0	–
미국	어류	–	1.0
일본	어류	0.4	0.3
유럽연합	어류	0.5	–
	육식성 어류	1.0	–
호주 · 뉴질랜드	어류	0.5	–
	육식성 어류	1.0	–

(2) 납

납(Pb, lead)은 독성이 강한 중금속으로 다량 섭취하면 급성 중독이 발생하며 소량이라도 장기간 섭취하면 체내 축적에 따른 만성 중독이 일어난다. 납이나 이들 화합물은 도료, 제련, 배터리, 인쇄, 도기류, 연관 등 많은 산업에 이용되고 있어 식품에 쉽게 오염되며, 특히 산성식품과 오랫동안 접촉하면 용출이 일어난다. 음용수의 수도관이 납관인 경우 수산화납[$Pb(OH)_2$]이 형성되어 용출된다. 자동차 가솔린의 경우 노킹방지용(anti-knocking)으로 사에틸납(tetraethyl lead)이 첨가되기도 한다.

이 같은 유기납은 점막을 쉽게 통과해서 혈관뇌장벽을 지나서 뇌 조직에 농축된다. 혈중의 납은 90% 이상이 적혈구 내에 있는데, 이는 간과 신장으로 수송되며 혈중 납의 반감기는 약 100일이다. 신체의 납은 뼈로 재분포가 일어나거나 배설이 이루어지는데, 뼈에서의 반감기는 약 20년이다. 어린이들은 혈관뇌장벽이 어른보다 완벽하지 않아서 납에 의한 뇌 손상에 취약하다. 납은 태반을 통해 태아에게도 전이가 일어나는데 태아는 특히 감수성이 더 크다.

무기납 화합물은 주로 혈액, 신경계, 소화기 및 신장에 장애를 주며 가장 일반적인 증상은 빈혈이다. 납은 적혈구와 결합하고, 포르피린(porphyrin)과 헴(heme)의 생합성을 방해하여 빈혈을 야기시키고 적혈구의 수명을 단축시킨다. 흡수된 납은 주로 신장을 거쳐 소변으로 배설되며, 담즙을 통해 대변으로 배출이 가능하나 수은이나 카드뮴처럼 많지 않다. 납 중독의 병리적 현상은 중추신경계, 골수, 신장에서 가장 뚜렷하게 발생하는데 가장 심각한 것은 어린이 납 중독이다.

(3) 카드뮴

카드뮴(Cd, cadmium)은 매우 독성이 강한 중금속으로 식품 용기나 식기에 도금된 성분이 용출되어 중독이 일어나는 경우가 많다. 1817년에 발견된 금속으로 공업적인 용도는 아연을 비롯한 합금제조, 전기도금, 베터리, 용접, 도료, 비료 등에 이용된다. 육류, 어패류, 곡류, 과일 등에 함유되어 있다. 오염된 토양에 존재하는 카드뮴은 다른 금속보다 쌀과 같은 식물에 잘 흡수된다. 카드뮴의 소화관 흡수율은 5~8% 정도이고, 체내 생물학적인 반감기는 10년 이상으로 알려졌으며, 특히 신장에서는 20~30년 정도로 아주 길다. 혈중 카드뮴은 70% 이상이 적혈구와 결합이 일어나고 장기간 노출로 인한 표적 장기는 신장이다. 신장의 근위세뇨관에서 저분자량의 단백질 재흡수에 영향을 미쳐 단백뇨를 유발하고, 칼슘-인 대사 불균형으로 골다공증을 일으킨다. 카드뮴의 배설은 주로 대변을 통해 일어난다. 카드뮴이 도금 및 합금제조 공장, 아연제련 공장 등의 폐수를 통해 하천에 유입되면 농경지, 특히 농작물인 쌀에 흡수되어 사람에게 만성 중독을 일으킨다.

이따이-이따이(itai-itai)병은 카드뮴 만성 중독의 대표적인 사례이다. 1968년 일본 도야마현의 가도가와 상류의 아연제련소의 폐광석에서 용출된 카드뮴이 강으로 배출되었다. 이 물을 농업용수로 사용하여 생산된 쌀을 장기간 섭취한 하류 지역 주민들에게서 카드뮴중독 현상이 발생하였다. 1961년부터 20여 년에 걸쳐 258명이 중독되어 128명이 사망하였는데 주로 다산 경험이 있는 중년여성에게 발생하였으며 신장장애, 골연화증, 심한 요통과 관절통, 보행 이상, 빈혈 등의 증상을 나타내었다.

(4) 비소

비소(As, arsenic)는 준금속에 속하는 원소이지만 성질이 중금속과 비슷하게 취급되는 경우가 많다. 무기비소는 유리, 섬유, 염료, 화학공업, 황산제조, 비료제조, 제초제, 살서제 등에 많이 이용되고 있다. 비소는 자연상태에서 아비산(arsenite)으로 불리는 3가의 삼산화비소(As_2O_3, H_3AsO_3)와 비산(arsenate)으로 불리는 5가의 오산화비소(As_2O_5, H_3AsO_4) 형태로 존재하며, 메틸기($-CH_3$)가 붙어 유기비소가 되는데 수은과는 반대로 유기비소가 무기비소보다 독성이 약하다. 대기 오염의 비소는 대개 산화비소(As_2O_3) 형태이다. 아비산이 비산보다 독성이 더 높다. 섭취된 무기비소는 대부분 체내에 흡수되는데, 체내 반감기는 무기비소가 10시간, 유기비소가 30시간 정도이다. 비소에 노출되면 손톱에 미스선(Mee's line: 손톱을 가로지르는 흰 선)이 나타난다. 무기비소는 체내에서 메틸화된 후 주로 소변으로 배출된다. 급성 비소중독으로 발열, 식욕 감퇴, 구토, 탈수, 혈압 저하, 경련, 혼수상태가 발생하고 간비대, 용혈, 혈뇨, 황달 등도 일어난다. 만성 중독으로는 체중 감소, 빈혈, 신장염 등이 발생하고 대표적인 증상은 황달이다.

우리나라 수질기준은 음료수에 0.05mg/L 이하이고, 폐수 배출기준은 청정지역이 0.1mg/L, 기타 지역은 0.5mg/L 이하이다. 아비산으로 고체식품과 조미식품에는 1.5mg/L, 액체식품은 0.3mg/L을 초과할 수 없도록 규제하고 있다.

콩나물의 재배 시 부패 방지, 성장 촉진, 잔뿌리 억제 등의 목적으로 비소를 물에 용해시켜 사용한 사례가 있었다. 일본에서는 1955년 모리나가 분유공장에서 공정 과정에 원유의 단백질 안정제로 사용되는 순수한 제2인산나트륨(Na_2HPO_4)에 비산나트륨(AsH_2NaO_4)의 혼합물로 아비산이 혼입되어서 다수의 유아가 중독되어 사망한 사례가 있었다.

(5) 아연

아연(Zn, zinc)은 생물체 내의 필수 불가결 원소이지만 과다 섭취할 경우 문제가 발생한다. 아연의 독성은 납이나 카드뮴 등 다른 유해 금속에 비하여 약하나 아연이 들어

간 용기에 산성 식품을 넣으면 아연이 용출되어 중독사고가 발생한다. 급성 중독 증상은 납중독과 유사한데 오심, 구토, 설사, 복통 등이 있으며 혈변이나 경련도 발생한다.

(6) 주석

주석(Sn, tin)은 비교적 독성이 약한 금속이지만, 알킬화주석 화합물(alkylated tin compounds)은 수용성이며 인체에 흡수되기 쉬워서 매우 유해하다. 과일 주스 통조림에서 주석이 용출되는 경우가 있다. 우리나라는 용출되어 나오는 주석의 최대 허용치를 통조림의 경우 150mg/kg, 산성 통조림식품의 경우 200mg/kg으로 정하였다. 급성 중독 증세로는 오심, 구토, 복통, 설사, 두통, 권태감 등이 있다.

표 4-4 국내 중금속 허용기준 현황

1 납

분류	식품 유형 (대분류)	식품 유형 (소분류)	허용기준 (mg/kg, ppm)
농산물	곡류	–	• 0.2: 현미 제외 쌀, 옥수수, 밀/밀가루
	두류	–	• 0.2: 팥, 대두
	서류	–	• 0.1: 고구마, 감자
	채소류	엽경채류	• 0.3: 배추, 시금치
		근채류	• 0.1: 파, 부추
		과채류	• 0.1: 오이 • 0.2: 고추
	종실류	–	• 0.3: 참깨
	과일류	이과류	• 0.1: 감
		감귤류	• 0.1: 오렌지
		열대과일	• 0.1: 바나나, 키위, 망고
		베리류 및 작은 과일	• 0.2: 포도
축산물	소, 양, 돼지, 가금류 고기	–	• 0.1
	소, 양, 돼지, 가금류 내장 등	–	• 0.5: 간, 신장
수산물	어류	–	• 0.5: 냉동 식용 어류 내장 포함, 심해성 어류, 다랑어류, 새치류 제외

수산물	연체류	패류	• 2.0
		두족류	• 2.0: 냉동 식용 어류 내장 포함
가공 식품	코코아 가공품 및 초콜릿류	–	• 2.0: 코코아분말
	설탕	–	• 0.5: 백설탕 • 1.0: 각설탕, 기타 설탕
	포도당, 과당	–	• 0.5
	엿류, 당시럽류, 올리고당류	–	• 1.0
	다류	–	• 2.0: 일반 • 5.0: 침출차 • 0.3: 액상차
	커피	–	• 2.0
	음료류	–	• 0.3: 두유류, 발효 음료류 제외
	특수용도 식품	–	• 0.1: 기타 영유아식품 중 액상제품
가공 식품	김치류	–	• 0.3
	주류		• 0.2: 포도주
	기타 식품류	식염	• 2.0
		찐쌀	• 0.2

2 카드뮴

분류	식품 유형 (대분류)	식품 유형 (소분류)	허용기준 (mg/kg, ppm)
농산물	곡류	–	• 0.2: 현미 제외 쌀, 옥수수, 밀/밀가루 • 0.1: 옥수수
	두류	–	• 0.1: 팥, 대두
	서류	–	• 0.1: 고구마, 감자
	채소류	엽경채류	• 0.2: 배추, 시금치 • 0.05: 파, 부추
		근채류	• 0.1: 무, 당근, 마늘 • 0.05: 양파
		과채류	• 0.05: 오이 • 0.1: 고추
	종실류	–	• 0.2: 참깨
축산물	소, 양, 돼지, 가금류 고기	–	• 0.05
	소, 양, 돼지, 가금류 내장 등	–	• 0.5: 소, 돼지의 간 • 1.0: 소, 돼지의 신장

분류	식품 유형 (대분류)	식품 유형 (소분류)	허용기준 (mg/kg, ppm)
수산물	연체류	패류	• 2.0
		두족류	• 2.0: 냉동 식용 어류 내장 포함
가공 식품	다류	–	• 0.1: 액상차
	음료류	–	• 0.1: 두유류, 발효 음료류, 인삼 · 홍삼 음료 제외
	김치류		• 0.2
	기타 식품류	식염	• 0.5
		찐쌀	• 0.2

(주) 노출량 평가: 중금속의 오염도와 식품 섭취량을 평균 체중으로 나눈 것을 노출량으로 하여 평가

$$\text{일일노출량}(\mu g/kg,\ b.w./day) = \frac{\Sigma \text{중금속 오염도}(mg/kg) \times \text{식품 섭취량}(g/day)}{\text{평균 체중}(kg\ b.w.)}$$

7) 내분비계 장애물질

환경에 배출된 일부 화학물질이 체내에 들어가서 호르몬 수용체와 결합하여 마치 호르몬처럼 작용하거나 수용체와 접촉하여 결합 부위를 봉쇄하여 내분비계의 정상적인 기능을 방해하는 외인성 물질을 내분비계 장애물질(ECDs, endocrine disrupting chemicals) 또는 환경호르몬이라고 한다.

내분비계 장애물질은 체내 호르몬과는 달리 쉽게 분해되지 않고 환경이나 체내에 오랫동안 잔류할 수 있고 사람의 지방 조직에 축적되어 생식 기능 저하, 기형, 성장장애, 암 등을 유발하는 것으로 보고된다.

WWF(World wide Fund for Nature, 세계자연기금)는 67종을 내분비계 장애물질로 규정하며, 우리나라는 WWF의 자료를 기준으로 관리하고 있다. 내분비계 장애물질 67종에는 DDT 등 유기염소계 농약, 폴리염화비페닐 등 잔류성 유기할로겐 화합물, 프탈레이트류 및 알킬페놀, 비스페놀 A 등 산업용 화학물질, 다이옥신 등의 부산물이 포함되어 있다. 프탈레이트류 중 취급 제한으로 규제되고 있는 물질에는 DEHP, BBP가 포함되며, 미규제 물질이지만 자료수집 및 규제를 검토 중인 물질은 DEP, DBP가 있다.

표 4-5 내분비계 장애물질의 분류

국가 및 기관	분류
WWF	• 유기염소계물질, 알킬페놀, 비스페놀 A, 벤조피렌 등 67종
일본 후생노동성	• 가소제 등 20종, 환경오염물질 21종, 농약 75종, 중금속 3종, 기타 17종
미국 EPA	• 알려진 물질: DDT 등 19종 • 가능성 물질: 카드뮴 등 29종 • 의심되는 물질: DEHA 등 26종

표 4-6 내분비계 장애물질의 종류

물질	원인 물질	작용 기전
비스페놀 A	합성수지 원료, 캔 내부 코팅제	표적 세포의 호르몬 수용체에 결합하여 호르몬 작용 유발
프탈레이트 화합물	합성수지의 가소제	
스타이렌	일회용 컵라면 용기, 요구르트 용기	정상적인 호르몬 대사와 합성의 변화 유도
DDT	유기염소계 농약	호르몬 수용체의 결합 부위를 봉쇄함으로써 정상 호르몬이 결합하지 못하게 하여 호르몬 작용 차단
폴리염화비페닐	전기 절연체	호르몬 수용체에 결합하여 비정상적인 생리작용 유발
다이옥신	쓰레기 소각 물질, 고엽제	

(1) 폴리염화비페닐 오염

폴리염화비페닐(PCBs, polychlorinated biphenyls)은 비페닐(biphenyl, $C_{12}H_{10}$)기에 하나 이상의 수소 원자가 염소로 치환된 것으로, 이론상 210종의 화합물이 존재 가능한 염소 화합물이다. 열 매체, 윤활유, 도료, 인쇄, 합성수지, 합성고무, 합성섬유, 접착제, 가소제 등 공업적으로 광범위하게 사용되었으나, 지금은 대부분의 국가에서 사용이 금지되었다.

폴리염화비페닐은 자연상태에서 쉽게 분해되지 않고 생태계의 저층에 쌓이며 폐수로 흘러나와서 농업용수로 스며들어 농작물, 젖소, 닭 등을 통해 우유, 달걀 등에 오염되거나 어패류, 조류 등을 통한 먹이사슬로 사람에게 축적된다. 폴리염화비페닐은 뇌, 심장, 폐, 신장, 간, 갑상샘, 피부, 피하지방 등에 축적이 되며, 전신 증세로 구토, 황달, 복통, 혼수상태, 심하면 사망에 이른다.

폴리염화비페닐에 의한 대표적인 식품오염 사건은 1968년 일본에서 미강유중독 사건이며 미강유 탈취 공정에서 가열 매체로 사용된 폴리염화비페닐이 누출되어 기름에 혼입됨으로써 발생하였다.

폴리염화비페닐은 이성체가 많고 여러 유사 화합물이 존재하며, 생물학적 · 화학적 · 물리적 성상이 다르므로 식품의 오염, 잔류 정도가 다양하다. 오염된 물에 사는 어패류를 섭취하지 않아야 하며 폴리염화비페닐이 함유된 제품이나 도시폐기물은 엄격하게 관리한다.

(2) 다이옥신류

다이옥신(dioxin)은 IARC가 1급으로 평가한 확실한 발암물질이자 인간이 합성한 물질 중 최강의 독성을 지닌 물질로 알려진다. 다이옥신은 지질 친화력이 크기 때문에 사람이나 동물의 체내에 장기간 잔류가 가능하다. 따라서 우유, 치즈, 기름 등 지방이 풍부한 식품에 다이옥신의 오염도가 높게 나타난다.

다이옥신 화학구조는 2개의 벤젠고리에 여러 개의 염소가 붙은 형태로 산소가 2개인 다이옥신류(PCDDs, polychlorinated dibenzo-para-dioxins)와 산소가 1개인 퓨란류(PCDFs, polychlorinated dibenzofurans)를 합해서 210개의 이성체가 존재한다. 이 중에서 독성이 가장 강한 것은 2,3,7,8-사염화디벤조-ρ-다이옥신(TCDD, 2,3,7,8-tetrachlorinated dibenzo-ρ-dioxin)이다(그림 4-9).

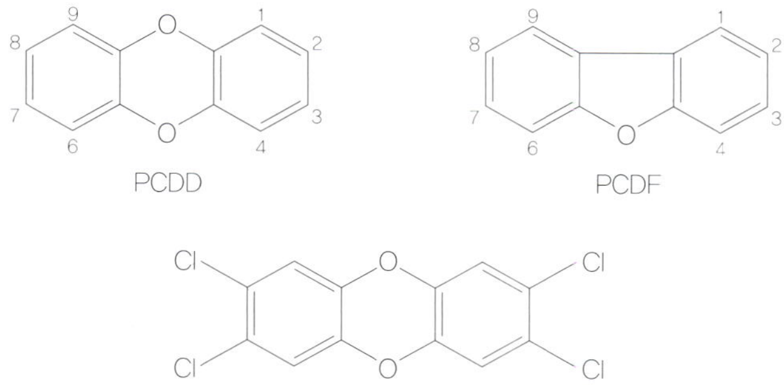

TCDD(2,3,7,8-tetrachlorinated dibenzo-para-dioxin)

그림 4-9 다이옥신의 종류

TIP 다이옥신의 단위: pg TEQ/g fat

pg(피코그램)은 1조분의 1이다. TEQ(toxicity equivalency)는 독성의 가중치를 고려했다는 뜻으로 다이옥신류 각각은 독성이 크게 차이가 나기 때문에 독성등가계수(TEF, toxicity equivalent factor)를 WHO의 전문가위원회에서 평가하는데 가장 독성이 강한 TCDD의 TEF는 1, A는 0.1, B는 0.001로 평가하고 있다.

만약 어떤 식품에서 다이옥신류를 분석하였을 때 TCDD 3pg/g fat, A가 50pg/g fat, B가 1,000pg/g fat 검출되었다고 가정하면, 3pg+(50×0.1)pg+(1,000×0.001)pg으로 해서 8pg TEQ/g fat으로 계산된다.

표 4-7 다이옥신의 일일섭취허용량

국가 및 기관	일일섭취허용량 (pg TEQ/kg 체중)	국가 및 기관	일일섭취허용량 (pg TEQ/kg 체중)
한국	4	독일	1
WHO	1~4	스웨덴	5
미국	1	일본	4
영국	10	–	–

| 표 4-8 | 다이옥신의 잔류기준량

품목	한국 (pg TEQ/g fat)	유럽연합 (pg TEQ/g fat)
쇠고기	4.0	4.0
돼지고기	2.0	1.25
닭고기	3.0	3.0

생물농축(biological concentration)은 유기오염물이나 중금속 같은 특정한 물질이 생물체 내에 들어와서 분해되지 않고 잔류되는 것을 말한다. 생물농축의 정도를 표현하는 수치는 농축계수이다. 화학물질에 의한 환경오염이 문제가 됨에 따라 그 물질이 생체에 미치는 영향을 평가할 때 중요한 요인이 된다. 물질이 생물에 의해 흡수되어 체내에 축적하는 경로로는 먹이를 거치는 먹이사슬에 의한 간접적인 것(간접 농축)과 수생생물의 경우 호흡이나 체표면을 통해 직접 흡수(직접 농축)하는 경우가 있다.

독성시험이 특정 물질의 위해작용을 나타내는 것이라면, 안전성 시험은 위해작용의 한계를 규명하는 것이다. 절대적 안전(zero risk)이라는 표현은 없으며 위험도를 인식한 후에 평가해야 한다. 현재까지의 기술과 지식으로 위해작용이 나타나지 않더라도 추후 과학의 발달로 기술이 개발되면 위해성이 있는 것으로 바뀔 수도 있다.

FOOD HYGIENE

CHAPTER 05

식품과 감염병

제1절 경구감염병

미생물의 감염에 의해 일어나는 질병 또는 그 질병이 사람에게서 사람으로 감염되어 전달되는 질환을 감염병(infectious disease)이라고 한다.

경구감염병은 음식물을 매개로 하여 병원체가 경구로 침입해 증상을 일으키는 질병인데, 병원체들이 경구로 침입해 여러 가지 소화기계 증상을 일으키므로 소화기계 감염병이라고도 한다. 감염병의 병원체가 환자나 보균자의 손, 배설물, 침구, 식품, 식기 등에서 배출되어 직접 또는 간접적인 경로를 통해 사람을 숙주로 하는 병원체로서 미량의 균이 입을 통해 침입하여 발생하게 된다. 또한, 경구감염병은 세균성 식중독과 유사하게 식품을 매개로 미생물이 인체에 침입해 질병을 일으킨다. 경구감염병과 세균성 식중독은 근본적인 차이는 있으나 임상 증상이 유사하여 간단히 비교하면 다음과 같다(표 5-1).

표 5-1 세균성 식중독과 경구감염병의 차이

구분	세균성 식중독	경구감염병
균체의 섭취량	다량(10만~100만)	소량
잠복기간	비교적 짧음	긺
2차 감염	거의 없음	2차 감염이 큼
면역성	관계 없음	면역성이 있음
예방	어려움	균의 증식을 억제하면 가능함

1) 경구감염병 발생 과정

감염병은 감염원(source of infection), 감염경로(route of infection), 숙주의 감수성(sensitivity) 등이 서로 연속으로 작용하여 발생된다.

감염원은 감염병의 병원체를 내포하고 있어 숙주에 병원체를 전파시킬 수 있는 원인이 되는 모든 것을 의미하며, 병원체와 병원소(환자, 보균자)가 있다. 감염경로는 병원체의 전파 수단이 되는 모든 것으로 병원소로부터 병원체가 탈출하여 경로를 따라 새로운 숙주에 침입하는 과정이며, 직접 또는 간접 접촉에 의한 감염과 공기에 의한 비말감염(droplet infection) 등이 있다. 병원체가 숙주에 침입하였을 때 감염병이 발생하는 것은 숙주의 감수성에 따라 차이가 있다. 감염원, 감염경로, 숙주의 감수성이 서로 연쇄적으로 작용할 때 감염병이 발생하나 어느 하나라도 결여되면 감염병은 발생하지 않는다.

2) 경구감염병 예방

- 감염원인 환자나 보균자를 조기에 발견하여 격리하고 치료한다.
- 식품 취급자의 개인위생을 철저히 관리하며 정기적으로 건강검진을 실시한다.
- 상하수도의 위생을 철저히 관리하여 음용수가 오염되지 않도록 한다.
- 쥐, 파리, 바퀴 등 위생동물의 침입을 방지하고 구제한다.
- 식재료와 식기류 등의 위생 관리와 세척 · 소독을 철저히 한다.
- 작업장을 청결히 하고 정기적으로 소독한다.
- 손을 자주 깨끗이 씻는 등 개인위생을 철저히 하고 정기적으로 예방접종한다.

3) 법정감염병

「감염병의 예방 및 관리에 관한 법률」(약칭: 감염법 예방법)은 국민 건강에 위해가 되는 감염병의 발생과 유행을 방지하고, 그 예방 및 관리를 위하여 필요한 사항을 규정함으로써 국민 건강의 증진 및 유지에 이바지함을 목적으로 한다. 2018년에 법정감염병이 제1급 감염병, 제2급 감염병, 제3급 감염병, 제4급 감염병, 기생충 감염병, 세계보건기구 감시 대상 감염병, 생물테러 감염병, 성매개 감염병, 인수공통감염병, 의료 관련 감염병으로 개정되었으며, 현재에도 새로운 감염병이 출현하면 수시로 개정되어진다.

① 제1급 감염병

생물테러감염병 또는 치명률이 높거나 집단 발생의 우려가 커서 발생 또는 유행

즉시 신고하여야 하고, 음압 격리와 같은 높은 수준의 격리가 필요한 감염병이다. 다만, 갑작스러운 국내 유입 또는 유행이 예견되어 긴급한 예방·관리가 필요하여 질병관리청장이 보건복지부장관과 협의하여 지정하는 감염병을 포함한다.

에볼라바이러스병, 마버그열, 라싸열, 크리미안콩고출혈열, 남아메리카출혈열, 리프트밸리열, 두창, 페스트, 탄저, 보툴리눔독소증, 야토병, 신종감염병증후군, 중증급성호흡기증후군(SARS), 중동호흡기증후군(MERS), 동물인플루엔자 인체감염증, 신종인플루엔자, 디프테리아 등이 있다.

② 제2급 감염병

전파 가능성을 고려하여 발생 또는 유행 시 24시간 이내에 신고하여야 하고, 격리가 필요한 감염병을 말한다. 다만, 갑작스러운 국내 유입 또는 유행이 예견되어 긴급한 예방·관리가 필요하여 질병관리청장이 보건복지부장관과 협의하여 지정하는 감염병을 포함한다.

결핵(結核), 수두(水痘), 홍역(紅疫), 콜레라, 장티푸스, 파라티푸스, 세균성이질, 장출혈성대장균 감염증, A형간염, 백일해(百日咳), 유행성이하선염(流行性耳下腺炎), 풍진(風疹), 폴리오, 수막구균 감염증, b형헤모필루스인플루엔자, 폐렴구균 감염증, 한센병, 성홍열, 반코마이신내성황색포도알균(VRSA) 감염증, 카바페넴내성장내세균속균종(CRE) 감염증, E형 간염 등이 있다.

③ 제3급 감염병

감염병 발생을 계속 감시할 필요가 있어 발생 또는 유행 시 24시간 이내에 신고하여야 한다. 다만, 갑작스러운 국내 유입 또는 유행이 예견되어 긴급한 예방·관리가 필요하여 질병관리청장이 보건복지부장관과 협의하여 지정하는 감염병을 포함한다.

파상풍(破傷風), B형간염, 일본뇌염, C형간염, 말라리아, 레지오넬라증, 비브리오패혈증, 발진티푸스, 발진열(發疹熱), 쯔쯔가무시증, 렙토스피라증, 브루셀라증, 공수병(恐水病), 신증후군출혈열(腎症侯群出血熱), 후천성면역결핍증(AIDS), 크로이츠펠트-야콥병(CJD) 및 변종크로이츠펠트-야콥병(vCJD), 황열, 뎅기열, 큐열(Q熱), 웨스트나일열, 라임병, 진드기매개뇌염, 유비저(類鼻疽), 치쿤구니야열, 중증열성혈소판 감소증후군(SFTS), 지카바이러스 감염증 등이 있다.

④ 제4급 감염병

제1급부터 제3급까지의 감염병 외에 유행 여부를 조사하기 위하여 표본감시 활동이 필요한 감염병을 말한다.

인플루엔자, 매독(梅毒), 회충증, 편충증, 요충증, 간흡충증, 폐흡충증, 장흡충증, 수족구병, 임질, 클라미디아 감염증, 연성하감, 성기단순포진, 첨규콘딜롬, 반코마이신내성장알균(VRE) 감염증, 메티실린내성황색포도알균(MRSA) 감염증, 다제내성녹농균(MRPA) 감염증, 다제내성아시네토박터바우마니균(MRAB) 감염증, 장관 감염증, 급성호흡기 감염증, 해외유입기생충 감염증, 엔테로바이러스 감염증, 사람유두종바이러스 감염증 등이 있다.

⑤ 기생충 감염병

기생충에 감염되어 발생하는 감염병 중 질병관리청장이 고시하는 것을 말한다.

회충증, 편충증, 요충증, 간흡충증, 폐흡충증, 장흡충증, 해외유입 기생충 감염증이 있다.

⑥ 세계보건기구 감시 대상 감염병

세계보건기구가 국제공중보건의 비상사태에 대비하기 위하여 감시 대상으로 정한 질환으로서 질병관리청장이 고시하는 감염병을 말한다.

두창, 폴리오, 신종인플루엔자, 중증급성호흡기증후군(SARS), 콜레라, 폐렴형 페스트, 황열, 바이러스성 출혈열, 웨스트 나일열이 있다.

⑦ 생물테러 감염병

고의 또는 테러 등을 목적으로 이용된 병원체에 의하여 발생된 감염병 중 질병관리청장이 고시하는 것을 말한다.

탄저, 보툴리눔독소증, 페스트, 마버그열, 에볼라열, 라싸열, 두창, 야토병이 있다.

⑧ 성매개 감염병

성 접촉을 통하여 전파되는 감염병 중 질병관리청장이 고시하는 것을 말한다.

매독, 임질, 클라미디아, 연성하감, 성기 단순포진, 첨규콘딜롬, 사람유두종바이러스 감염증이 있다.

⑨ 인수공통감염병

동물과 사람 간에 서로 전파되는 병원체에 의하여 발생되는 감염병 중 질변관리청장이 고시하는 것을 말한다.

장출혈성대장균감염증, 일본뇌염, 브루셀라증, 탄저, 공수병, 동물인플루엔자 인체감염증, 중증급성호흡기증후군(SARS), 변종크로이츠펠트-야콥병(vCJD), 큐열, 결핵, 중증열성혈소판감소증후군(SFTS)이 있다.

⑩ 의료 관련 감염병

환자나 임산부 등이 의료행위를 적용받는 과정에서 발생한 감염병으로서 감시활동이 필요하여 질병관리청장이 고시하는 것을 말한다.

그리고 질병관리청장이 보건복지부장관과 협의하여 지정하는 감염병의 종류는 코로나바이러스감염증-19와 원숭이두창이 있다. 이들은 질병관리청장이 정하는 2급 감염병이다.

4) 주요 경구감염병

(1) 세균성이질

이질에는 세균성이질(shigellosis, bacillary dysentery)과 아메바성이질이 있다. 국내에서는 대장과 소장을 침범하는 급성 감염성 질환인 세균성이질이 주로 발생한다. 세균성이질은 제2급 감염병으로 분류한다.

전 연령층에 걸쳐 발생하며, 환자 중 10세 이하가 40% 이상을 차지하고, 이유기의 소아에게서 감수성이 높고 중증화되기 쉽다. 최근 학교와 사회복지시설의 단체 급식 등의 집단 발생이 증가하고 주로 여름철 온대지방에서 많이 발생하나 최근에는 겨울철에도 많이 발생하고 있다.

① 병원체

Shigella 속으로 그람음성, 무아포성 간균으로, 운동성과 협막도 없는 통성혐기성이다. 이질균에는 여러 형태의 균이 있어 분류가 복잡하나, 당 분해와 혈청반응에 따라 A군의 *Shigella dysenteriae*, B군의 *Shigella flexneri*, C군의 *Shigella boydii*, D군의 *Shigella sonnei* 로 나눈다.

Shigella 는 신경독소(neurotoxin), 장독소(enterotoxin), 세포독소(cytotoxin) 등의 체외 독소를 만들며 항균제에 대한 내성이 잘 생기는 특성이 있다. 그러나 저항력이 약해 햇빛이나 열에 약하여 60℃에 10분간 가열하거나, 5% 석탄산에 의해서 수분 내에 사멸한다. 분변 내에서도 2~3일이면 죽는다. 그러나 물에서는 2~6주, 과일이나 채소에서는 10일, 우유나 버터에서는 10~12일 동안 생존한다.

② 감염경로

이질균은 환자와 보균자의 분변과 같이 배설되므로, 분변이 감염원이 되는 경우가 많다. 배변 후 잘 씻지 않은 손이나 파리, 바퀴벌레 등이 오염시킨 물로 인해 식품이 오염되어 경구를 통해 감염되므로 배변 후 손과 손톱 밑까지 깨끗이 씻어야 한다. 주로 오염된 음용수, 우유 및 식품 등을 통해서 전파된다. 특히 위생상태가 좋지 않고 밀집되어 거주하는 사회복지시설, 정신병원, 캠프 및 선박 등에서 집단으로 많이 발생한다.

③ 증상

대장과 소장을 침범하는 급성 감염성 질환으로 잠복기는 2~7일(보통 2~3일)이다. 열성 설사 증상이 특징이다. 임상 증상은 균종이나 환자의 감수성에 따라 경미하거나 증상 없이 지나가기도 하지만, 고열(38~39℃), 구역질(때로는 구토), 복통, 점액성 · 혈액성 설사가 주요 증상으로 나타난다. 환자의 3분의 1은 수양성 설사를 하며, 소아의 경우 경련을 나타내기도 한다. A군의 *Shigella dysenteriae*가 가장 심한 증상을 나타낸다.

④ 예방법

식품이나 물 등은 충분히 가열해서 섭취하고, 조리 전 또는 배변 후에는 손을 깨끗이 씻는 등 개인위생을 철저히 한다. 설사하는 사람은 가능하면 식품 취급을 금한다.

바퀴벌레, 파리 등의 위생동물에 의해 음식이 오염되지 않도록 주의한다. 또한, 항생물질의 사용으로 증상이 가벼워지면 환자는 완쾌되었다고 생각하지만, 분변에는 이 질균이 배출되는 경우가 있으므로 주의해야 한다. 특히 유아에게 많이 발생하기 때문에 철저한 주의가 필요하다.

(2) 장티푸스

장티푸스(typhoid fever)는 *Salmonella* Typhi에 의해 발병하며 동물에는 감염되지 않고 사람에게만 발병하는 일종의 급성 전신성 열성 질환으로 열병이라 한다. 후진국, 개발도상국에서 오염된 물에 의해 많이 발생하며 우리나라에서는 제2급 감염병이다.

① 병원체

Salmonella Typhi는 그람음성 무아포 간균으로 운동성이 있는 통성혐기성이다. 병원소는 사람이다. 인간의 체온과 유사한 35~37℃에서 잘 증식한다. 아이스크림, 물, 얼음, 우유, 육류, 과일 등에 생존하고 생존기간이 비교적 길며 추위에도 강하여 위생상태가 나쁜 지역에서 지속적으로 유행된다. 그러나 열에 약하다.

② 감염경로

환자나 보균자의 배설물(대변 또는 소변)에 의해 오염된 물을 사용한 음식물이나 음용수, 생과일, 생채소 등을 통해 감염된다. 또한, 오염된 물에서 채취한 갑각류나 어패류(특히 굴) 등 날음식이 원인 식품이 되는 경우가 많다.

③ 증상

잠복기는 균수에 따라 다르며 평균 7~28일(1~3주)이고, 주된 증상은 발열이다. 열은 단계적으로 올라가 1주일 정도에서 최고에 달하고 40℃ 전후의 열이 1~2주간 지속되다가 점차 감소한다. 그 외에 오한, 두통, 비장의 종대, 권태감, 식욕 부진, 구토, 설사 등의 증상과 붉은 발진(장미진, rose spot), 마른기침 등의 증상이 나타난다. 치유된 후에는 영구면역이 형성된다.

④ 예방법

철저한 개인위생 및 환경 위생(상하수도 완비 및 소독, 쓰레기 처리) 관리가 중요하다. 물은 반드시 끓여 먹고, 음식물은 가열 조리하여 섭취한다. 발생 시 환자와 보균자를 신속히 발견하여 격리 · 치료한다. 보균자는 식품을 취급하는 업무나 환자를 간호하는 행위를 해서는 안 된다.

(3) 콜레라

콜레라(cholera)는 콜레라균(*Vibrio cholerae*)이 장관에 감염되어 발생한다. 원발지는 인도의 갠지스강 삼각주 유역이라고 알려졌으며, 수인성 외래감염병이다. 독소에 의한 심한 위장장애와 전신 증상을 일으키는 급성 설사 질환으로 제2급 감염병이다.

① 병원체

*Vibrio cholerae*는 그람음성, 콤마형 간균으로 1개의 편모를 가지고 있어 활발한 운동을 하는 통성혐기성이나, 호기적 조건에서 더 잘 자란다. 열에 약하여 56℃에 15분 가열하거나 pH 6.0 이하 또는 건조한 상태에서 햇빛에 1시간 정도 일광하면 사멸한다. 그러나 물에서는 수일간 생존하며, 하천과 해수에서는 더 오래 생존한다. *Vibrio cholerae*의 생물형(biotype)에는 인도 지방에서 유래한 진성 콜레라균(고전형, classical)과 생물학적 변이형인 엘 토르(El Tor)형이 있다.

② 감염경로

환자와 보균자의 분변 또는 구토물에 의해 오염된 물을 음용수로 사용하거나 오염된 음식물을 섭취하거나, 오염된 손을 씻지 않고 조리하거나 식사할 때 자주 감염된다. 특히 오염된 어패류에 의해 감염된다. 환자에게서 균이 배출되는 기간은 2~3일 정도로 짧고, 1억~100억 마리에 이르는 많은 수의 균에 의해 감염된다.

③ 증상

잠복기는 수시간~5일이며, 보통 2~3일이다. 전형적인 증상으로는 격심한 설사와 구토 증세이다. 설사는 심한 경우 쌀뜨물과 같은 설사를 보이며, 구토, 극심한 탈수에 의한 갈증, 근육통, 피부 건조, 무뇨, 무성, 체온 저하 등 심한 위장 증세와 전신 증상을 나타낸다. 환자와 불현성 보균자의 비율은 고전형의 경우 1:4, 엘 토르형은 1:36이므로, 콜레라에 감염 가능성이 있는 모든 의심자는 격리해야 한다. 격리하지 않을 경우 주변 환경에 콜레라가 확산될 위험이 크다.

④ 예방법

오염된 음식물이나 음용수의 섭취를 금지하고, 일종의 수인성 감염병이므로 물은 반드시 끓여 먹는다. 또한, 음식물을 취급하기 전이나 배변 뒤에는 반드시 손을 씻는 등 개인위생 관리를 철저히 하고, 주변 환경도 청결하게 유지 · 관리한다. 유행시기에는 어패류의 생식을 금하며, 개인적으로는 사람이 많은 위험 지역의 출입을 삼가는 것이 좋다.

(4) 폴리오

폴리오(급성회백수염, poliomyelitis)는 소아에게 하지 마비를 일으키는 바이러스에 의한 급성 열성 질환으로, 소아마비(acute infantile paralysis)라고도 한다. 감염은 위생상태가 불량한 지역에 거주하는 영유아나 소아에게서 많이 발생하며, 연중 발생하나 온대 지방은 늦여름부터 초가을에 걸쳐 많이 발생한다.

백신 도입 전에는 전 세계적으로 발생했지만 1950년대 폴리오백신이 개발된 이후 마비성 환자는 급격히 감소하였다. 2000년 이후 우리나라를 포함한 서태평양 지역에서 폴리오바이러스(polio virus)에 의한 소아마비 환자는 보고된 바 없다. 우리나라에서는 제2급 감염병이다.

① 병원체

장 바이러스(*Enterovirus*)속의 *poliovirus*로 혈청형 1, 2, 3형이 있다. 세 가지 모두 소아마비를 일으키고, 마비 정도는 1형이 가장 강하다.

② 감염경로

바이러스는 환자와 불현성 감염자의 인후 분비물과 대변으로 배출되며 감염은 사람과 사람 간의 직접 감염, 특히 경구감염과 비말감염에 의해 발생된다. 우유, 식품, 음료수에 의한 감염은 드물다.

③ 증상

잠복기는 7~12일(평균 10일 정도)이고 제1기 발열기에는 구토, 두통, 변비 또는 설사 등의 위장 증세가 있고, 제2기 발열기에는 뇌 증상, 근육통, 경직, 사지마비 등이 나타나는데 가끔 뇌 증상만으로 회복되는 수가 있다.

대부분이 불현성 감염(무증상 감염, inapparent infection)이며, 약 4~8%는 비특이한 부전형 감염(minor non-CNS illness), 약 1~2%는 비마비성 무균성 뇌막염(aseptic meningitis), 1% 미만에서 마비성(paralytic) 회백수염이 발생한다.

거의 어린아이, 특히 1~2세의 환자가 많다. 불현성 감염이 많아서 모르는 사이에 감염이 되고, 가볍고 불완전하게(비마비형) 앓고 난 후 회복되어 면역이 형성된다. 마비형은 감기 증상으로 시작하여 발열이 2~3일 지속되며, 이때 바이러스가 운동신경중추에 침입하여 운동신경이 마비된다.

④ 예방법

생 백신(vaccine)에 의한 예방접종이 가장 이상적이다.

(5) 성홍열

성홍열(scarlet fever)은 균이 편도샘에 감염되어 체외독소(enterotoxin)를 생산해 목의 통증과 고열 증상, 전신에 빨간색 발진이 생기는 질병으로, 주로 5~10세 아동에게 발생한다. 계절과 관계없이 발생하나, 초봄과 늦은 겨울에 주로 많이 발생한다. 우리나라에서는 제2급 감염병이다.

① 병원체

적색 발적독소(erythrogenic toxin)를 생성하는 A군 β-용혈성 연쇄상구균(group A

β–hemolytic *Streptococci*)에 의해 발생하며 그람양성, 무아포, 구균으로 적혈구를 용해하며 병원성이 강하다. 랭스필드(Lancefield)의 혈청학적 연구에 의하여 A~H, K~O군의 각 군으로 분류되며 사람의 질병과 관계되는 균은 주로 A군이다.

② 감염경로

주로 환자와 보균자의 기침이나 재채기에 의해 비말감염되거나 직·간접적으로 접촉하여 감염된다. 손이나 물건을 통한 간접 접촉과 오염된 우유, 아이스크림, 기타 음식물을 통한 감염도 가끔 일어난다. 경구와 상처를 통해서 감염되기도 한다.

③ 증상

잠복기는 3~7일이다. 급성 질환으로 40℃ 내외의 발열과 두통, 편도염, 인후통, 인후염, 딸기혀, 복통, 오한 등의 증상이 나타나며 전신에 적색의 발진이 나타난다. 90~95%가 무증상 감염인데, 가끔 발진을 일으키는 중증 증세가 나타나기도 한다.

④ 예방법

환자와의 직접 접촉 또는 환자의 화농성 분비물과 오염된 물건에 의해 감염되므로 접촉을 피하고 접촉 후에는 반드시 소독한다. 우유나 식품이 매개이므로 착유하거나 우유를 가공할 때 취급에 주의한다.

(6) 간염

간염(hepatitis)은 바이러스에 의해 간에 염증성(inflammatory) 질환을 일으키는 감염증으로 인체에 큰 영향을 미치는 바이러스는 현재 유행성 간염 바이러스인 A형과 혈청 감염인 B, C형이 알려졌으며, 이외에 D, E형도 밝혀졌다.

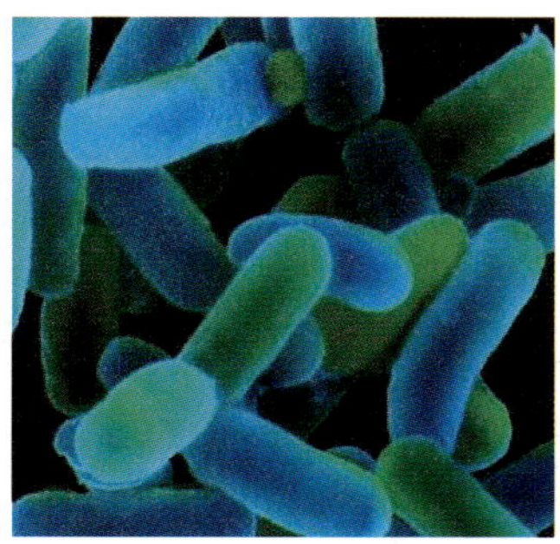

출처: http://www.cdc.go.kr/CDC/cms/content/mobile/33/69033_view.html.

| 그림 5-1 | A형간염

① 병원체

인체에 큰 영향을 미치는 바이러스는 지름 27nm의 구형이고 바이러스 핵산은 단일 사슬 RNA로 유행성

간염 바이러스(*epidemic hepatitis virus*)인 A형, 여름철에 가장 많이 발생하며 청소년이 감염되는 경우가 많은 혈청 간염인 B형, 소형 RNA 바이러스로 30~65nm 크기인 C형 등이 있다. 이 바이러스들은 1ppm의 염소를 함유한 물이나 알코올, 일반 소독약품으로는 쉽게 사멸되지 않는다.

② 감염경로

A형간염 바이러스(*hepatitis A virus*)는 식품 등이 매개물로 문제가 되며, 분변에 의해 오염된 음식물, 식수 등을 통해 경구감염된다.

B형간염 바이러스(*hepatitis B virus*)는 주로 환자의 혈액, 타액, 소변이나 정액 등이 피부 또는 상처를 통해 감염된다. 오염된 주삿바늘이나 침, 환자의 수건, 문란한 성행위, 환자와의 직접 접촉 등이 감염 원인이다.

C형간염 바이러스(*hepatitis C virus*)는 C형 바이러스를 함유한 혈액의 수혈이나 혈액제에 의해 감염된다. 원인은 수혈 · 혈액투석, 주사 침 사고, 약물 남용자의 불결한 침, 장기이식, 성 접촉, 산모와 태아의 수직 감염 등인데, 원인의 90%는 수혈이다.

③ 증상

A형간염은 2~6주(평균 약 28일) 동안 잠복기를 거친 후 발열(38℃ 이상)과 오심, 구토, 식욕 부진, 전신 권태감, 황달을 보이며, 복통, 설사, 두통 등도 자주 나타난다.

B형간염의 잠복기는 보통 1~6개월로 A형간염보다 길다. 증세가 심하여 회복기까지 오랜 기간이 걸리며 일반적으로 전구기, 발열기, 황달기, 회복기의 4기로 나누어진다. 전구기에는 특별한 증상은 없으나 가끔 오심, 구토, 설사 등을 일으킨다. 발열기에는 극심한 오한이 나타나며 38℃ 정도의 열이 발생한다. 이 시기에는 식욕 감퇴와 권태감, 인두염, 기관지염과 같은 카타르성 증상(catarrhal symptom)이나 두통, 요통이 나타난다. 또한, 간이 비대해지고 전신에 황달이 나타난다. 황달기가 2~4주간 또는 몇 달간 지속되다가 점차 약해져 회복기에 들어가 2~6주 후에 치유된다.

C형간염의 잠복기는 1~5개월로, 발병은 일반적으로 잠행성이고 전신 권태감, 식욕 부진, 복부 불쾌감, 오심, 구토 등의 증상으로 시작하나, 감염자의 70~80%가 무증상

이며 그중 80% 이상은 만성화되고 20%가 간경변으로 진행된다. 발병률은 B형간염보다 조금 낮으나 만성화 경향이 더 높아 결국 만성 간염, 간경변, 간암으로 이행된다.

④ 예방법

간염 바이러스는 대변, 침, 혈액 등으로 전파되며, 위생상태가 나쁜 환경에서 잘 전파되기 때문에 상하수도 보급, 대변 처리 등 위생상태를 개선한다. 위생상태가 완비된 상하수도를 보급하고 인분(분뇨) 비료 등을 사용하지 않으며, 물은 끓여서 마시고 손을 잘 씻는 등 개인위생을 철저히 한다. 감염자는 식품 취급을 금지한다. A형간염은 면역글로불린이나 A형간염 예방접종을, B형간염은 백신을 주사하여 잠정적인 면역을 얻는다. 일반적으로 특별한 약이 없으므로 충분한 영양 섭취와 절대 안정이 필요하다.

표 5-2 경구감염병

종류	내용
세균성이질	• 병원체: *Shigella* 속 • 잠복기: 2~7일(보통 2~3일) • 감염경로: 오염된 물, 오염된 물로 세척한 식품 • 증상: 고열(38~39℃), 구토, 복통, 점액성 설사, 두통 • 예방 – 저항력이 약해 햇빛이나 가열(60℃에서 10분)에 의해 사멸 – 물은 반드시 끓여 먹기 – 개인위생 철저히 관리 – 음식물이 위생동물에 오염되지 않도록 주의
장티푸스	• 병원체: *Salmonella* Typhi • 잠복기: 7~28일(1~4주) • 감염경로: 오염된 물, 오염된 물로 세척한 식품(생과일, 생채소), 어패류 등 • 증상: 발열이 단계적으로 상승(40℃ 발열이 1~2주간 지속), 오한, 구토, 복통, 설사, 두통, 붉은 발진 등 • 예방 – 환자 및 보균자는 발견 즉시 격리·치료 – 물은 반드시 끓여 먹기 – 개인위생 철저히 관리 – 음식물이 위생동물에 오염되지 않도록 주의

종류	내용
콜레라	• 병원체: *Vibrio cholerae* • 잠복기: 수시간~5일(보통 2~3일) • 감염경로: 오염된 식수, 오염된 어패류 • 증상: 격심한 설사(쌀뜨물과 같은 설사), 구토, 탈수에 의한 갈증, 근육통, 무뇨, 무성, 체온 저하 등 심한 위장 증세와 전신 증상 • 예방 – 열에 약함(56℃에서 15분 가열) – 건조한 상태에서 햇빛에 1시간 안에 사멸 – 일종의 수인성 감염병이므로 물은 반드시 끓여 먹기 – 개인위생 철저히 관리 – 음식물이 위생동물에 오염되지 않도록 주의
폴리오 (급성회백수염, 소아마비)	• 병원체: *poliovirus* 혈청형 1, 2, 3형 • 잠복기: 2~12일(보통 10일) • 감염경로 – 환자 및 불현성 감염자의 분비물과 대변 – 사람과 사람 간의 직접 감염(경구감염) • 증상 – 제1기 발열기: 구토, 두통, 변비, 설사 등 위장 증상 – 제2기 발열기: 뇌 증상, 근육통, 경직, 사지 마비 등 – 대부분 불현성 감염(무증상 감염), 약 4~8% 비특이한 부전형 감염, 약 1~2% 비마비성 무균성 뇌막염, 1% 미만 마비성 회백수염 발생 • 예방: 생 백신(vaccine) 접종
성홍열	• 병원체: group A β-hemolytic *Streptococci* • 잠복기: 3~7일 • 감염경로 – 환자와 보균자의 기침이나 재채기(비말감염) – 손이나 물건에 의한 직·간접 감염 – 우유, 아이스크림, 음식물 • 증상: 급성 질환으로 40℃ 내외의 발열과 두통, 편도염, 인후통, 인후염, 딸기혀, 복통, 오한 등의 증상이 나타나며 전신에 적색의 발진 • 예방 – 환자와 직접 접촉을 피할 것 – 우유나 식품이 매개이므로 우유 가공 시 취급에 주의할 것

종류	내용
간염	• 병원체: *hepatitis virus* A, B, C • 잠복기 – A형: 2~6주(평균 28일) – B형: 1~6개월 – C형: 1~5개월 • 감염경로 – A형: 분변에 의해 오염된 음식물, 식수 등 주로 식품이 매개이며 경구감염 – B형: 환자의 혈액, 타액, 소변이나 정액 등이 피부 또는 상처를 통해 감염. 오염된 주삿바늘, 침, 환자의 수건, 문란한 성 행위, 직접 접촉 등 – C형: 90%가 수혈에 의해 감염. 주사침 사고, 약물 남용자의 불결한 침, 장기이식, 혈액 투석, 성 접촉, 산모와 태아의 수직 감염 • 증상 – A형: 발열(38℃ 이상)과 오심, 구토, 식욕 부진, 전신 권태감, 황달 등. 일반적으로 복통, 설사, 두통이 나타남 – B형: 전구기, 발열기, 황달기, 회복기 ▹ 전구기: 특별한 증상은 없으나 가끔 오심, 구토, 설사 등 ▹ 발열기: 극심한 오한, 38℃ 정도의 발열, 식욕 감퇴, 권태감, 인두염, 기관지염과 같은 카타르성 증상, 두통, 요통, 간 비대 ▹ 황달기: 전신에 황달(2~4주 또는 몇 달 동안 지속) ▹ 회복기: 2~6주 후에 치유 – C형: 잠행성. 전신 권태감, 식욕 부진, 복부 불쾌감, 오심, 구토 등을 보임. 감염자의 70~80%가 무증상이며 그중 80% 이상은 만성화됨 • 예방 – 위생상태 개선(상하수도 시설 완비, 인분 사용 금지), 개인위생 철저, 감염자 식품 취급 금지 – 간염 면역글로불린(HBIG)이나 예방접종, 백신 주사 – 충분한 영양 섭취와 절대 안정 필요

출처: 질병관리본부 홈페이지.

제2절 인수공통감염병

1) 인수공통감염병의 개요

인수공통감염병(zoonosis)이란 식품을 매개로 사람과 척추동물이 동일한 병원체에 의해 발생되는 질병 또는 감염된 상태를 말한다. 인수공통감염병의 감염경로는 병에 걸린 가축동물의 고기 또는 우유, 감염동물의 조직, 배설물이나 오염물 등에 접촉한 파리, 바퀴, 쥐 등으로 인해 음식물 등이 감염된 것을 섭취함으로써 발생되며, 위생 문제가 있는 축산물을 매개로 감염되는 경우도 있다. 인수공통감염병을 이환시키는 것은 소, 개, 돼지, 말, 양, 토끼, 원숭이, 고양이, 침팬지, 염소, 너구리, 여우, 낙타, 새, 닭, 거위, 벼룩, 햄스터, 이, 흡혈기생충, 박쥐, 새, 물고기 등으로, 포유동물과 설치류, 가금류, 조류, 어류 등 다양하다. 인수공통감염병의 70% 이상이 야생동물에 의해 발생한다. 감염병의 병원체는 세균, 리케차(rickettsia), 바이러스, 곰팡이, 플라스마, 기생충 등이 있다.

주요 인수공통감염병은 표 5-3과 같다.

표 5-3 주요 인수공통감염병과 병원체

인수공통감염병	이환 가축	병원체
탄저	소, 말, 양, 염소, 낙타 등 포유동물	*Bacillus anthracis*
결핵	소, 산양	*Mycobacterium tuberculosis*
야토병	산토끼, 양	*Francisella tularensis*
브루셀라증	염소, 양, 낙타, 소, 돼지, 개	*Brucella melitensis*, *B. abortus*, *B. suis*, *B. canis*
Q열	소, 양, 염소, 개, 고양이, 토끼, 조류	*Coxiella burnetii*

식품위생상 문제가 되는 인수공통감염병의 예방 방법은 다음과 같다.

- 동물 간의 유행을 예방하기 위하여 가축의 건강 관리, 예방접종, 감염된 동물의 조기 발견, 도살 및 격리, 소독 등 가축의 위생 관리를 철저히 한다.
- 이환된 동물 등이 식품으로 유통·판매되지 않도록 도축장이나 우유처리장의 검사를 철저히 한다.
- 수입되는 가축, 육류 및 유제품에 대한 철저한 감시 및 검역이 요구된다.

2) 주요 인수공통감염병

(1) 탄저

탄저(anthrax)는 탄저균(*Bacillus anthracis*)에 의해 발병하는 질병으로서, 초식동물에 발생하는 급성 감염성 질환으로 가끔 사람에게 감염된다. 또한, 탄저균은 인명 살상용 생물학적 무기로 사용될 수 있다. 우리나라에서는 제1급 감염병으로 분류된다.

① 병원체

탄저균은 그람양성, 내열성, 유포자, 간균이고, 호기성 균이다. 포자는 100℃ 습열에 2~5분, 150℃ 건열에 30~60분, 10% 포르말린에 15분간 처리하면 사멸된다.

② 감염경로

사람이 가축이나 축산물에 직접 접촉할 경우 감염되며 사람 간의 감염은 거의 일어나지 않는다. 포자를 형성하여 토양에서 수십 년 동안 생존이 가능하며, 그 토양에 노출되면 감염된다. 초식동물은 오염된 목초나 사료에 의해 감염되며 사람은 감염된 초식동물과의 접촉에 의해 주로 발생한다.

감염 부위에 따라 피부의 상처 부위를 통하여 감염되는 피부 탄저, 가축의 털에 묻어 있는 포자가 호흡기를 통해 감염되는 폐 탄저, 감염된 식육을 충분히 가열 조리하지 않고 섭취하여 감염되는 장 탄저로 나눈다. 사람은 대부분 피부를 통해 감염된다.

농업이나 축산업 종사자, 축산 도살업자, 피혁업자, 양모 취급자, 수의사 등에게 주로 발생한다.

③ 증상

잠복기는 짧게 1주일 이내, 길게는 2개월까지 지속된다. 감염경로에 따라 증상에 차이가 있으며, 피부의 상처 부위를 통해 감염되는 피부 탄저는 감염 부위의 가려움, 부스럼, 수포성 궤양을 거쳐 악성농포가 형성된다. 심한 경우 패혈증과 수막염을 일으킨다. 전신 증상으로 발열, 피로감, 두통이 동반될 수 있다. 폐 탄저는 감기 증상으로 시작하여 급성 폐렴을 일으키며 심한 경우 패혈증으로 사망한다. 장 탄저는 장에 급성 염증이 발생하여 식중독과 비슷한 증상을 나타내며 이후 토혈, 복통, 혈변 등의 증상이 나타나고 패혈증을 일으킨다. 드물게 발생하며 사망률은 매우 높아 100%에 가깝다.

④ 예방

가축에 예방접종을 한다. 병에 걸린 가축을 조기 발견함으로써 격리·치료를 철저히 하여 사람에게 감염되지 않게 한다. 이환된 동물의 사체는 반드시 소각하고, 분비물이나 혈액 등으로 토양이 오염되지 않도록 하고, 오염 가능성이 큰 작업장은 철저히 소독한다.

(2) 결핵

결핵(TB, tuberculosis)은 폐와 신장, 신경, 뼈 등 신체 조직이나 장기 대부분에 질병을 일으킬 수 있다. 폐 조직이 감염되어 나타나는 폐결핵이 많다. 일반적으로 결핵은 폐결핵을 의미하며 만성 감염병이다. 주로 개발도상국에서 발생률이 높아 대표적인 후진국 병으로 인식되고 있다. 우리나라의 경우 환자 수가 많이 줄어들었지만, OECD 가입국 중에서는 결핵 유병률이 가장 높은 국가이며 사망률도 높은 실정이다.

결핵균은 주로 사람에게 발생하는 인형(human type) 결핵균, 소에 발생하는 우형(bovine type) 결핵균, 조류에 발생하는 조형(avine type) 결핵균이 있다. 우리나라에서는 제2급 감염병으로 분류된다.

① 병원체

인형 결핵균은 *Mycobacterium tuberculosis complex*로 호기성, 무아포성, 간균이며, 운동성은 없다. 건조한 환경에 잘 견디며, 알코올, 알칼리, 산이나 살균제 및 일반 항균제에도 저항성이 있으나, 열과 빛에 약해 직사광선을 쪼이면 수분 이내에 사멸된다.

② 감염경로

우형 결핵은 주로 젖소에 발생한다. 감염된 소의 살균하지 않은 우유나 유제품의 섭취를 통해 감염되며, 농민이나 가축을 다루는 사람의 경우 공기를 통해 비말감염되기도 한다. 특히 어른보다 저항력이 약한 어린이가 잘 걸린다. 폐결핵과 후두결핵 환자의 객담이나 비말로 균이 배출되며, 소의 경우는 우유나 대변 등으로 배출된다.

③ 증상

잠복기는 4~6주이며, 증상은 질병이 상당 기간 진행될 때까지 특별한 증상이 나타나지 않지만, 증상이 나타나면 공통으로 발열, 전신 피로감, 식은땀, 체중 감소 등이 나타난다. 폐결핵의 증상으로는 공통 증상 외에 기침, 객혈, 호흡곤란 등을 보인다.

④ 예방법

결핵균은 열에 약하기 때문에 음식은 반드시 가열하여 섭취한다. 흉부X-선 검사, 투베르쿨린(tuberculin) 검사, 흉부CT(computerized tomography) 검사, 객담도말 검사 및 배양 검사 등을 실시하여 결핵의 감염 여부를 알아내어 음성자는 BCG(Bacillus Calmette Guerin) 접종을 시행한다.

(3) 야토병

야토병은 들짐승, 들새, 설치류, 가축에 감염되는 질병으로서 미국 캘리포니아주 툴레어 지방의 토끼에 처음 발견되었고, 설치류와 가축 사이에서 자연 감염되는 일종의 유행병이다. 우리나라에서는 제1급 감염병으로 분류되어 있다.

① 병원체

야토병균(*Francisella tularensis*)은 호기성, 그람음성, 간균으로 협막(capsule)이 있고, 저항력이 강하여 상온에서 오랜 기간 생존할 수 있다. 56~58℃ 습열에 10분 이내, 0.1% 포름알데하이드 용액과 크레졸에 24시간 이내에 사멸한다.

② 감염경로

감염원은 산토끼를 비롯한 설치류(집토끼, 사향쥐, 다람쥐)와 진드기 같은 흡혈곤충이다. 사람이 병원균을 보유한 흡혈곤충(파리, 진드기, 벼룩, 사슴등애 등)에 물리거나 감염된 동물의 사체를 취급할 때 상처, 피부, 점막에 접촉되어 경피감염(percutaneous infection)되는 일이 많다. 또한, 충분히 가열 조리하지 않은 산토끼고기 등을 섭취함으로써 감염되는 경우도 있다.

③ 증상

잠복기는 1~14일이며 보통 3일이다. 주요 증상은 오한과 발열이며, 갑작스러운 두통, 설사, 근육통, 관절통, 마른기침, 쇠약증 등을 보인다.

④ 예방법

수렵가, 식육 취급자, 조리사, 동물실험가, 피혁 취급자는 반드시 예방접종하고, 취급 시 장갑을 착용한다. 특히 손의 상처를 통해 균이 침입하여 감염되므로 주의한다. 반드시 산토끼수육은 충분히 가열하여 익혀 먹고, 물은 끓여 먹는다.

(4) 브루셀라증

브루셀라증(brucellosis)은 몰타열(Malta fever), 지중해열, 파상열이라고 한다. 전세계적으로 분포되어 있는 인수공통감염병으로 지중해 연안, 북동아프리카, 중동, 인도, 중앙아시아, 중남미 지역에서 많이 발생한다.

브루셀라균(*Brucella*)이 염소, 양, 소, 돼지, 낙타 등에 감염되어 불임과 유산을 일으키고 2차적으로 사람에게 침입하여 열성 질환을 일으킨다. 이 균에 감염된 사람은 불규칙적인 발열 증상인 파상열을 보인다. 우리나라는 제3급 감염병으로 분류한다.

① 병원체

소는 *Brucella abortus*, 염소와 양은 *B. melitensis*, 돼지는 *B. suis*에 의해 감염을 일으키며, *Brucella* 속은 그람음성, 무포자, 간균, 호기성이며 운동성이 없다. 내성이 강하고 체외에서 상당 기간 생존할 수 있으나, 열 저항력이 약하여 저온살균에 사멸된다.

② 감염경로

소, 돼지, 염소, 양 등이 주요 감염원이다. 사람은 감염된 동물의 혈액, 대소변, 태반 등에 직접 접촉하여 피부 상처나 결막을 통해 경피감염되며, 비말을 통해서도 감염된다. 또한, 충분히 가열하지 않은 우유 및 유제품을 섭취하거나 오염된 염소유로 만든 치즈로도 감염된다. 실험실 근무자, 수의사, 도축업자 등이 잘 감염되고, 사람 간의 전파는 극히 드물다.

③ 증상

잠복기는 보통 5~21일이며, 길게는 6주 정도이다. 비특이적 증상으로 발열, 오한, 발한, 두통, 근육통, 피로감, 식욕 부진, 관절통, 요통, 체중 감소 등이 나타난다. 파상열로, 열이 단계적으로 올라가서 오전에는 정상적인 체온을 유지하다가 오후나 저녁이 되면 38~40℃의 고열이 발생하는 증상이 2~3주간 지속된 후에 열이 내려간다. 불현성 감염이 많다.

치료하지 않으면 만성 질환의 형태로 증상이 몇 년씩 지속되고, 때로는 균이 중추신경계나 심장에 침범하여 요추염증, 우울증, 수막염(meningitis), 척수염(myelitis) 등의 합병증을 유발한다.

④ 예방법

가축의 예방접종과 이환된 가축을 조기에 발견하여 격리 및 살처분하고, 작업 시 감염된 동물의 혈액, 분비물, 조직 등에 피부가 닿아 감염되지 않도록 반드시 보호장구를 착용한다. 감염된 동물의 식육, 멸균되지 않은 우유 · 유제품은 섭취하지 않는다.

(5) Q열

Q열(Q-fever)은 전 세계적으로 3~6월 사이에 많이 발생되는 급성 열성 질환이다. 소, 양, 염소, 개, 고양이, 토끼 등의 동물과 조류, 사람에게 감염되는 인수공통감염병으로 불현성 감염이 많다. 우리나라에서는 제3급 감염병으로 분류된다.

① 병원체

리케차(*Rickettsia*)속에 속하는 *Coxiella burnetii* 이며, 건조 시 저항력이 강하고 안정적이다. 특히 동물의 태반에 고농도로 존재할 수 있다. 여러 가지 소독제에 대해서 높은 저항성을 보이나 71.5℃에 15분간 처리하면 사멸한다.

② 감염경로

주로 감염된 소, 양, 염소 등의 젖, 대소변 등의 분비물, 태반조직, 양수 등을 통해 배출된 고농도의 병원체에 의해 오염된 먼지를 흡입하거나 감염된 동물 혹은 그 부산물을 가공하는 시설 등에서 공기 또는 흡입 전파를 통해 감염된다. 감염된 소의 살균하지 않은 우유나 유제품의 섭취를 통해서도 감염된다. 감염된 동물과 접촉이 많은 수의사, 축산 가공 종사자, 도축업자, 실험실 근무자 등에게 많이 발생한다.

③ 증상

잠복기는 약 2주이다. 동물은 유산하며, 사람은 급성 또는 만성 증상을 보인다. 급성의 경우 감기와 비슷한 증상을 나타내는데 갑작스러운 고열과 함께 오한, 심한 두통, 전신 권태, 근육통, 발한, 인후통, 기침, 구토, 설사, 복통, 흉통 등의 증상을 보인다. 만성은 증상이 1년 이상 지속되는 경우로 대부분 심각한 합병증인 심내막염을 나타낸다.

④ 예방법

사람에게 감염되는 경로가 불분명하여 예방이 어려운 편이다. 작업장 위생을 철저히 관리하고, 도축 시 혈액 등에 닿은 오염된 물건은 소독한다. 소, 양, 염소 등의 감염

진단이 필요하며, 반드시 멸균된 우유 및 유제품을 사용한다.

(6) 소해면상뇌증(광우병)

소해면상뇌증(BSE, bovine spongiform encephalopathy)은 소에서 발생하는 만성 신경성 질환으로, 광우병 또는 프리온 질병(prion diseases)이라고 한다. 이 질병은 변형 프리온(abnormal prion) 단백질의 감염으로 소의 만성 신경성 질환, 신경세포의 공포 변성과 중추신경의 해면상(스폰지 모양) 변화가 특징이며 만성 진행성 질병이다. 광우병과 유사한 증세를 보이는 스크래피(scrapie)란 병에 걸린 양의 육골분을 소의 사료로 이용한 영국에서 1986년 최초로 발생하였다. 건강하던 소가 허약해지고 신경질적이고 매우 공격적으로 변한다.

원인체가 변형 프리온이어서 전달성 해면상뇌증(TSE, transmissible spongiform encephalopathy)으로 분류된다(표 5-4).

| 표 5-4 | 동물 전달성 해면상뇌증(TSE)

국내 질병명	영문 질병명	발생 가축 종류
스크래피	scrapie	면양
전달성 밍크뇌증	TME(transmissible mink encephalopathy)	밍크
사슴만성소모성 질병	CWD(chronic wasting disease)	사슴
소해면상뇌증	BSE(bovine spongiform encephalopathy)	소
고양이해면상뇌증	FSE(feline spongiform encephalopathy)	고양이
퇴행성 뇌질환	vCJD(vCreutzfeldt-Jakob disease)	사람

소해면상뇌증은 정형 소해면상뇌증(typical BSE, classical BSE)과 비정형 소해면상뇌증(atypical BSE)으로 구분된다. 소에서 발생한 정형 소해면상뇌증은 소해면상뇌증에 감염된 소의 육골분이 함유된 사료를 섭취함으로써 감염된다. 식이에 의해 감염된다고 알려져 있으며, 수평 및 수직 감염의 가능성은 없는 것으로 보고된다. 또한, 사

람의 크로이츠펠트-야콥병(CJD)과 연관이 있는 것으로 알려져 있다.

비정형 소해면상뇌증은 단백질 분자량 차이로 H형과 L형으로 구분되며, 대부분 8세 이상의 소에서 발견되었다. 비정형은 유전이나 노화와 같은 자연적 원인에 의해 산발적으로 발생되는 것으로 보고된다. 정형 소해면상뇌증과 비정형 소해면상뇌증의 차이점은 표 5-5와 같다.

표 5-5 정형 소해면상뇌증과 비정형 소해면상뇌증의 차이점

구분	정형 소해면상뇌증	비정형 소해면상뇌증
호발 연령	4~7세(평균 5세)	8세 이상(평균 12세)
병원체 주 침착 부위	뇌간(brain stem)	전뇌(시상, 전두엽)>뇌간
BSE 병원체 표현형	단일형	H형, L형
사람과의 연관성	CJD 유발	현재까지 불분명
전파 요인	오염된 사료(육골분)	산발성

① 병원체

이 질병의 병원체는 변형 프리온 단백질(PrP^{sc})로 알려져 있다. 정상 프리온 단백질(PrP^{c})은 정상 신경세포막에 주로 존재하는 당단백질로 α-헬릭스(α-helix) 구조가 많고, β-시트(β-sheet) 구조가 적다. 그러나 변형 프리온 단백질은 α-헬릭스 구조가 β-시트 구조로 변형된 것이다. 변형 프리온 단백질이 단백질분해효소에 의해 완전히 분해되지 않고 축적됨으로써 신경세포가 변성되어 중추신경조직에 해면상 변화가 일어나는 것이 특징이다. 또한, 열, 자외선, 화학물질에 강한 저항성을 가지고 있다.

② 감염경로

스크래피에 걸린 면양이나 소해면상뇌증에 감염된 소의 육골분 등이 함유된 사료를 식이함으로써 감염이 되는 것으로 보고되어 있다.

③ 증상

소에서는 잠복기가 4~5년으로 다양하고 길다. 불안, 보행장애, 기립 불능, 전신마비 등의 증상을 보이다가 결국은 100% 사망한다. 소해면상뇌증에 감염된 소의 특징적인 임상 증상은 다음과 같다.

- 축사 입구나 착유장 등 좁은 문을 통해 들어가기를 싫어하며 착유 중 뒷발질을 하는 등 외부 자극에 민감하다.
- 매우 불안한 상태를 보인다.
- 소리, 빛, 접촉 등에 민감한 신경과민 증상을 보인다.
- 질환 상태가 지속되면 투명한 침을 많이 흘리며, 이를 간다.
- 가려움증도 보이며 작은 소리에 매우 민감하다.

한편, 변종 크로이츠펠트-야콥병(vCJD)은 다른 해면상뇌증과 같이 병의 진행이 수년간 걸리는 인간의 질병이다. 기억력 상실, 이상행동, 정신지체, 치매, 수족의 무의식적 운동 등이 증상으로 나타나지만, 어떤 경로로 감염되는지 확인된 바 없다. 그러나 스크래피에 걸린 양의 내장으로 만든 사료를 식이하여서 해면상뇌증에 걸린 소나 양의 고기를 사람이 먹은 것과 연관된다고 추정한다.

④ 예방법

아직까지 우리나라에서는 소해면상뇌증이 발생되지 않았지만 예방을 위하여 소해면상뇌증 원인체가 국내에 유입되지 않도록 철저하게 검역해야 한다. 또한, 동물성 단백질을 법적으로 반추동물 사료로 사용하지 못하도록 조치한다.

원인체에 노출되지 않도록 하는 조치와 더불어 세계동물보건기구(OIE)의 표준진단 기준에 따라 소해면상뇌증 스크리닝 검사를 시행하여 체계적으로 관리해야 한다.

(7) 조류인플루엔자(조류독감)

조류인플루엔자(AI, avian influenza)는 닭, 칠면조, 오리, 야생조류가 조류인플루엔자 바이러스(AIV, avian influenza virus)에 감염되어 발생한다. 특히 가금류에 큰 피해를 일으키는 급성 바이러스성 감염병으로서 드물게 사람에게도 감염증을 일으킨다.

병원성 정도에 따라 저병원성(low pathogenic)과 고병원성(highly pathogenic)으로 구분되며, 그중 고병원성 조류인플루엔자(HPAI, highly pathogenic avian influenza)는 위험도가 높아 큰 피해를 주고 있다. 고병원성 조류인플루엔자에 걸린 닭이나 칠면조 등은 급성 호흡기 증상을 보이며 70~80% 이상 폐사할 정도로 감수성이 높다. 그러나 오리 등에서는 임상 증상이 나타나지 않을 수 있다.

① 병원체

조류인플루엔자 바이러스는 *Orthomyxoviridae*과 A형 *Influenza virus*속으로 분류되며 혈청 아형(subtype)이 매우 많고 변이가 쉽게 일어난다.

인플루엔자 바이러스의 혈청형은 크게 3종(A, B, C형)으로 분류되며, B형과 C형은 사람에게 감염되고 A형은 사람, 닭, 칠면조, 야생오리, 돼지, 말, 물개 등 다양한 종류의 척추동물에 감염된다. A형 조류인플루엔자 바이러스는 다양한 아형이 있는데, 바이러스 표면에 존재하는 혈구 응집소의 특성에 따라 H1부터 H16까지 16종이 있고, *Neuraminidase*라는 효소가 나타내는 표면 단백질의 특성에 따라 N1부터 N9까지 9종의 아형으로 구분된다. 따라서 H형과 N형을 조합할 경우, A형 조류인플루엔자 바이러스는 이론적으로 총 144종(16종×9종)의 아형이 존재하게 된다.

자연계에 존재하는 H5형과 H7형의 조류인플루엔자 바이러스는 대부분 비병원성 또는 저병원성 바이러스이다. 그러나 가금류에 고병원성 조류인플루엔자를 일으키는 조류인플루엔자 바이러스는 모두 H5형 또는 H7형에 속한다. 이는 극히 드물지만, 야생조류에서 가금류로 종간의 전파(interspecies transmission)가 이루어져 숙주가 변할 경우나 야생조류의 바이러스가 오리나 거위 등을 거쳐 닭이나 칠면조의 가금류로 전파될 경우에 유전자의 변이가 일어나 H5형 또는 H7형 조류인플루엔자 바이러스 중 일부가 고병원성의 특성을 발현하는 것으로 알려져 있다.

② 감염경로

조류인플루엔자는 감염된 조류와 직접 접촉함으로써 감염되며, 바이러스에 감염된 조류의 배설물이 주요 매개체이다. 특히 감염된 닭의 분변 1g에는 10만~100만 마리의 닭을 감염시킬 수 있는 고농도의 바이러스가 들어 있다. 이러한 분변에 오염된 차량이나 사람, 사료, 사양 관리기구 등에 의해 전파되어 감염되며, 가까운 거리는 오염된 쥐나 야생조류 등의 이동으로 감염될 수 있다. 또한, 오염된 물, 사료, 기침 시 비말 등에 의해 감염될 수 있다. 바이러스에 감염된 공기 중의 부유물이 바람에 의해 전파되어 확산될 수 있다.

③ 증상

고병원성 조류인플루엔자의 잠복기는 닭의 경우 수시간에서 3일 정도이며, 최대 잠복기는 21일 정도이다.

증상은 기침과 호흡곤란 등의 호흡기 증상과 발열, 오한, 근육통 등을 나타내며 설사 등 위장장애 증상과 두통 등 중추신경계 증상을 동반한다.

④ 예방법

조류인플루엔자가 발생한 지역에 출입을 금하며, 조류인플루엔자 발생 시 닭, 오리 등 가금류와의 접촉을 금한다. 바이러스에 직접 노출될 위험이 있는 사람은 예방접종을 실시하고 개인위생을 철저히 관리한다.

제3절 경구감염 기생충

자연계에서 어떤 생물은 독립된 생활로 영양을 섭취하며 살아가지만, 어떤 생물은 독립된 생활로 영양을 섭취하지 못하여 타 생물에 침입해 영양을 섭취하며 살아가는 기생생활(parasitism)을 한다. 이러한 기생생활을 하는 생물을 기생충(parasite), 기생충이 기생하는 대상을 숙주(host)라고 말한다. 기생충은 자연계에서 독립적으로 살아갈 수 없으며 반드시 다른 종류의 생물체(숙주)에 의해서만 살아갈 수 있다. 기생충에 감염되면 구토, 복통 등의 소화기계 증상과 빈혈, 성장 저하 등의 문제가 일어난다.

기생충의 기본적인 특성을 살펴보면 다음과 같다.

- 기생충은 생존을 위해 영양분을 공급받는 사람, 동식물과 같은 숙주가 필요하다.
- 기생충은 여러 동물 등 설치류에서 자연적으로 성장하여 사람에게 감염될 수 있다.
- 기생충은 대부분 세균보다 크지만, 매우 작은 경우에는 현미경으로 확인한다.
- 기생충은 열에 약해 식품을 완전히 익히거나 끓이면 사멸된다.
- 기생충은 식품과 사람 모두에게 위해하기 때문에 위생교육과 계몽이 필요하다.

음식물과 관련이 있고 식품위생상 문제가 되는 기생충의 종류는 다음과 같다.

- 원충류(protozoa): 이질아메바, 람블편모충, 말라리아원충, 톡소포자충, 트리코모나스 등
- 선충류(nematode): 회충, 구충, 요충, 동양모양선충, 편충, 선모충, 분선충 등
- 조충류(cestode): 무구조충, 유구조충, 광절열두조충, 톡소포자충
- 흡충류(trematode): 간흡충, 폐흡충, 요코가와흡충, 일본주혈흡충 등

1) 채소류에 의해 감염되는 기생충

(1) 회충

세계적으로 널리 분포되어 있으며, 주로 온난다습한 지방에서 감염률이 높다. 회충(*Ascaris lumbricoides*)은 회충목의 회충과에 속하는 선형동물로 회백색 또는 담홍색을 띠며, 앞뒤가 가늘고 수컷은 15~30cm, 암컷은 20~35cm의 길이로 장관 내에 기생하는 선충류 중 제일 크다(그림 5-2). 우리나라에서는 과거 농촌지역에서 채소류에 인분을 비료로 사용하여 감염률이 높았다.

그림 5-2 회충의 형태

감염경로는 밭에 비료를 인분으로 사용할 시 흙 속에 회충 수정란이 적당한 온도와 습도로 발육되어, 감염 능력이 있는 자충포장란(embryonated egestion)이 된다. 자충포장란이 식품과 함께 경구감염되어 인체로 들어가 소장 상부에서 부화한 후 유충이 되어 장간막을 뚫고 문맥을 통과해 폐로 침입한다. 폐로 침입한 유충은 10여 일 동안 성숙하여 폐포로 나온 다음 기관지와 인두를 거쳐 소장으로 이동해 정착하여 성충이 된다. 성충이 되어 산란하기까지 약 2~3개월이 소요되며, 하루 평균 20여만 개 정도 산란하며, 약 1~2년간 생존한다(그림 5-3).

충란은 열에 약해 65℃에서 가열에 의해 사멸되며 건조상태에서는 저항력이 약하다. 겨울에는 성장이 정지되어 월동하며 봄까지 생존한다. 주로 배추와 같은 잎이 큰 채소에 잘 부착하며 봄, 가을 채소에 많다.

감염증상은 유충에 의해 가래, 발열의 증상이 있고, 성충이 소장에 기생하면 장폐쇄, 급성 장염 증상이 나타난다. 심하면 복통, 권태, 피로감, 구통, 발열 증상이 있고, 어린이는 이식증(morbid appetite), 토식증(geophagia)을 나타낸다. 맹장이나 수담관 등에 침입하면 장폐색증(enterostenosis), 복막염(peritonitis)이 나타나기도 한다. 예방법으로는 인분을 퇴비로 사용하지 말고, 채소는 1~2% 중성 세제에 침지한 후 차아염소산 용액(hypochlorous acid solution)으로 소독한 후 흐르는 물에 충분히 잘 씻는다. 용변 후 반드시 손을 씻고, 주변을 청결히 하고, 정기적으로 구충제를 복용하여 충란을 제거하는 것이 좋다.

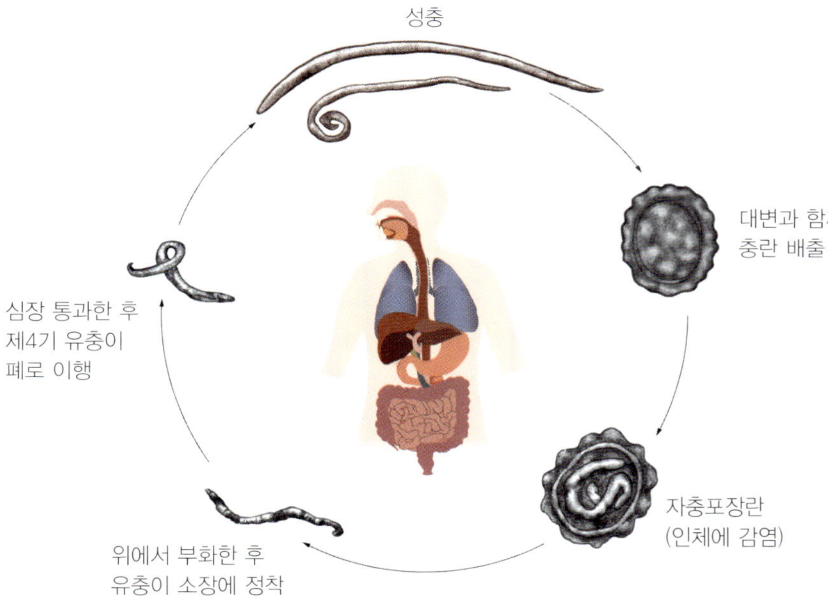

그림 5-3 회충의 감염경로

(2) 구충(십이지장충)

구충(hookworm)은 십이지장에서 발견되며, 선충류의 구충과에 속한다. 병원성이 강한 두비니구충(*Ancylostoma duodenale*)과 병원성이 약한 아메리카구충(*Necator americanus*)이 있다(그림 5-4, 5-5). 위생상태가 나쁜 열대와 아열대, 온대 지방에 분포하며 감염률이 높다. 성충의 암컷과 수컷 모두 너비 0.5mm 정도, 길이 1.5cm 정도이며, 암컷이 더 길다. 입 모양은 갈고리 형태이며, 입안에 2쌍의 날카로운 이빨이 있다. 인체에 기생하여 채독증(구충증, ancylostomiasis)을 일으킨다. 채소 등에 부착된 유충을 섭취하여 경구감염되거나 손과 발 등의 피부를 통해 경피감염된다.

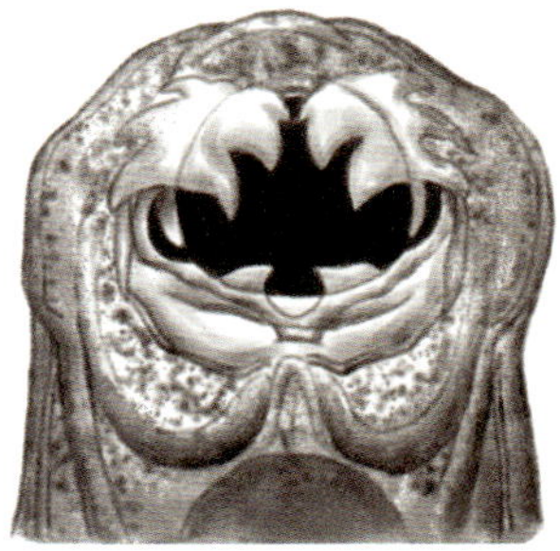

그림 5-4 두비니구충의 머리 부위

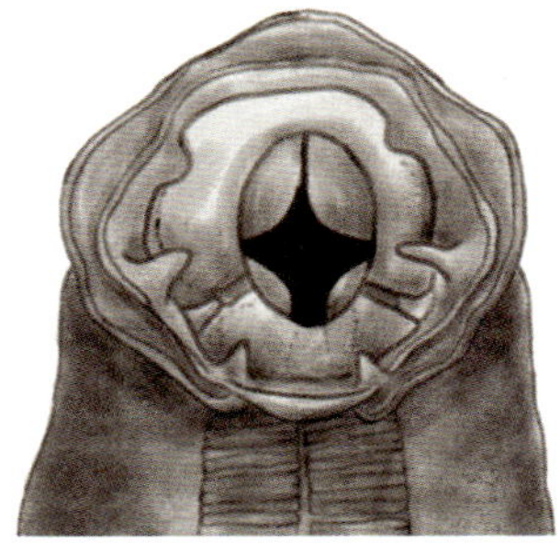

그림 5-5 아메리카구충의 머리 부위

감염경로는 분변을 통해 배출된 충란이 적당한 온도와 습도에서 부화하여 유충이 되고, 유충이 토양에서 여러 유기물을 섭취하면서 성장한 후 탈피하면 감염형인 사상유충(filariform larva)이 된다. 사상유충은 입, 피부를 통하여 5분 이내에 혈관, 림프관을 통해 폐로 간다. 폐에 침입한 후 기관지, 인두를 거쳐 소장 상부인 공장의 점막층에 날카로운 이빨로 교착하여 하루 0.2mL 정도 흡혈하며 성충이 된다(그림 5-6).

충란은 약 2개월 이상 생존하기도 하나 15일 정도면 죽는다. 유충은 열에 약하여 70℃에서 수초 이내 또는 햇빛에 48시간 내에 사멸한다. 소독약에 대한 저항성도 매우 약하다.

감염증상은 경피감염 시 피부염, 소양증(가려움증) 등과 흡혈로 인해 철분이 결핍되어 빈혈이 생기며, 오심, 구토, 식욕 부진, 복통, 설사 등의 소화기 장애가 나타난다. 또한, 유충이 폐에서 기관지, 인두를 거칠 때 목에 심한 가려움증이나 통증을 느끼며, 가래, 천식, 발작 증상이 나타나기도 한다. 경구감염 시 채독증이 나타난다. 경피 및 경구로 감염되므로 토양에 피부를 직접 노출하지 않고, 개인위생을 철저히 하여 예방한다. 채소는 흐르는 물에 깨끗이 잘 씻고, 김치는 담근 직후 섭취하지 않고 숙성한 후 섭취하는 게 좋다. 정기적으로 분변 검사를 하고 구충제를 복용한다.

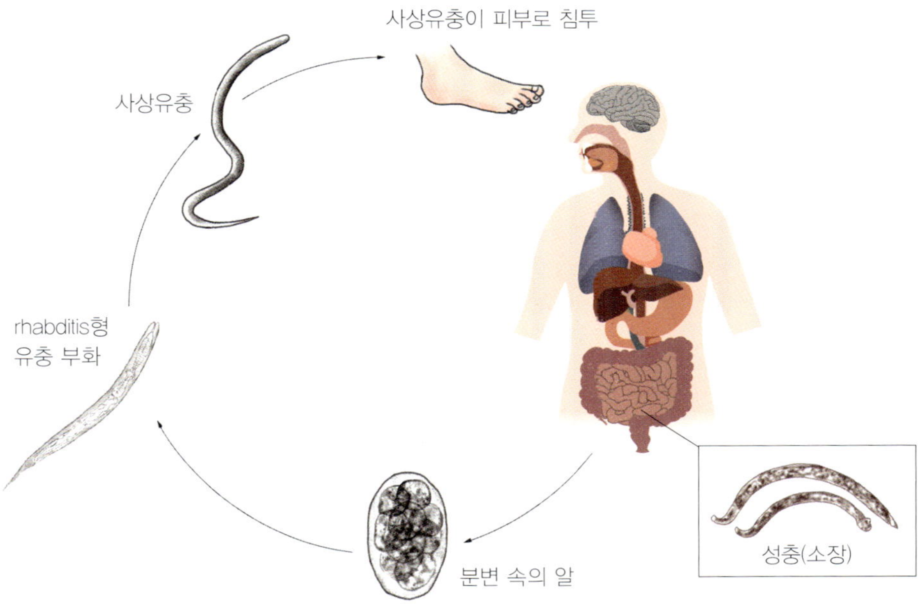

그림 5-6 구충의 감염경로

(3) 편충

편충(trichuris trichiura, whipworm)은 전 세계적으로 분포되어 있는 기생충으로서 회충과 같이 감염 · 검출되는 경우가 많다. 유침목편충과 쌍기충류에 속하며 주로 사람의 맹장에 기생하는 선충이다. 길이는 암컷 3~4.5cm, 수컷 3.5~5cm 정도이다. 충체는 원통형이며 앞부분 5분의 3은 가늘고 긴 모양이고, 뒷부분은 굵고 뭉툭한 모양이다. 암컷은 밋밋한 모양이며, 수컷은 뒷부분 끝이 둥글게 말려 있다(그림 5-7).

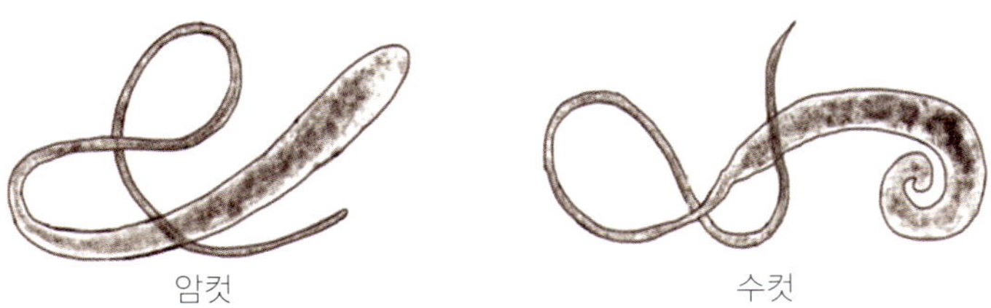

그림 5-7 편충의 형태

분변으로 배출된 충란은 토양 속에서 감염형인 자충포장란으로 부화한 후 인체에 경구감염된다. 소장 상부에서 부화하여 대장, 특히 맹장 부위에서 성숙한 후 정착한다. 인체의 맹장 부위에 기생한 성충은 하루에 5천~7천 개의 충란을 산란한다. 수명은 회충보다 긴 3~5년 정도이다(그림 5-8). 감염경로, 증상, 예방법은 회충과 비슷하다.

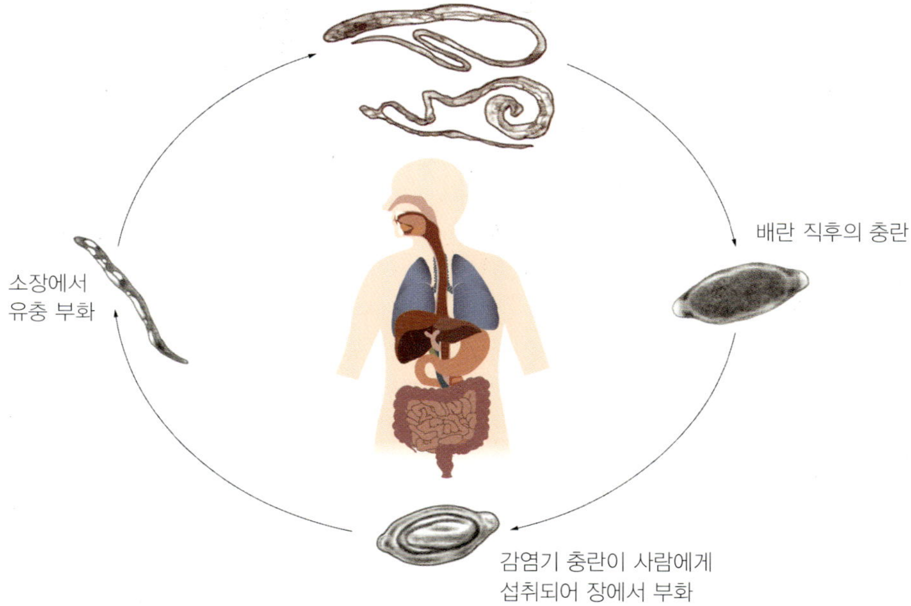

그림 5-8 편충의 감염경로

(4) 요충

요충(*Enterobius vermicularis*, pin worm)은 세계 각지에 분포되어 있는 맹장과 결장에 서식하는 소형 기생충이다. 주로 어린이가 많이 감염된다. 회충목 요충과에 속하며, 몸길이는 암컷 10~13mm, 수컷은 훨씬 작은 2~5mm 정도이며, 명주실처럼 가늘고 흰 충체이다. 암컷은 꼬리가 뾰족하고 수컷은 편충처럼 말려 있다(그림 5-9).

분변으로 배출된 충란이 경구감염되면 소장에서 부화하고 맹장과 결장으로 이동해 기생하며, 성충으로 성장한 후 암컷은 밤에 항문 주위의 피부나 점막에 산란한 후 죽는다. 산란한 충란은 몇 시간 후 감염이 가능한 유충이 된다(그림 5-10).

밤에 출몰한 성충이 주로 항문 주위에 산란하기 때문에 그 주위의 가려움증을 유발한다. 항문 주위를 긁으면 충란이 손가락에 묻고, 이것이 입으로 들어가 자가감염(autoinfection)을 일으킨다. 또한, 침구류, 의자, 소파 등을 통해 감염될 수 있으므로 가족 및 단체생활을 하는 곳에서 집단 감염될 가능성이 크다. 가려움증으로 인한 불면증과 불쾌감, 신경과민이 생기고, 소화장애, 만성 장염, 소화불량, 빈혈 등을 일으킨다. 예방을 위해서는 음식물을 섭취하기 전에 반드시 손을 깨끗이 씻으며 어린이는 손가락을 빨지 않도록 주의한다. 집단 감염이 우려되므로 가족 모두 구충제를 동시에 복용하고, 침구류와 의복 등도 가열 소독하며, 좌변기를 매일 비눗물로 닦는다.

그림 5-9 요충의 형태

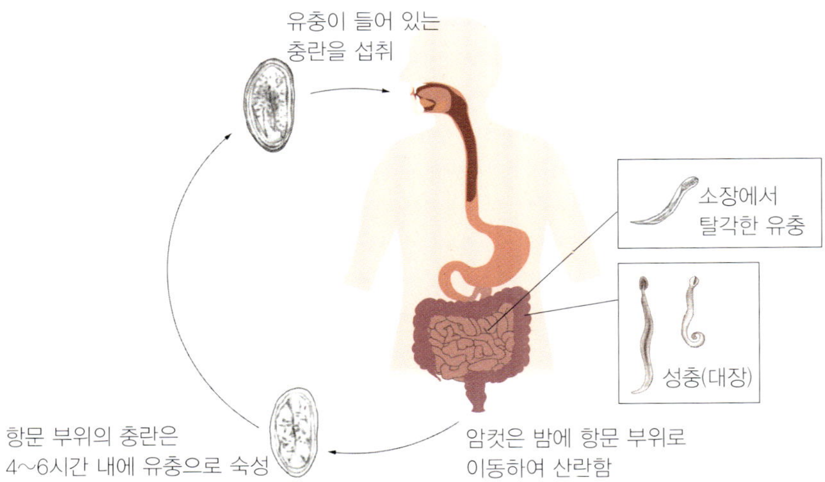

그림 5-10 요충의 감염경로

표 5-6 | 채소에 의해 감염되는 주요 기생충의 특성

기생충	크기 및 특징	서식 장소	감염경로	예방
회충	• 암컷: 20~35cm • 수컷: 15~30cm • 선충류 중 가장 큼	사람의 소장	성충 → 충란(분변 배출) → 자충포장란(경구로 인체 감염) → 유충(소장 상부인 위에서 부화 후 소장에 정착) → 기관지와 인두를 거쳐 소장에 정착한 후 성충	• 인분을 퇴비로 사용 금지 • 채소류는 흐르는 물에 충분히 세척 • 용변 후 손 씻기 • 정기적 구충제 복용
구충(십이지장충)	• 길이: 약 1.5cm • 너비: 0.5mm	사람의 소장 상부 공장	성충 → 충란(분변 배출) → 사상유충(경구, 경피감염) → 혈관, 림프관을 거쳐 폐로 이동 → 기관지, 인두를 거쳐 소장 상부인 공장의 점막층에서 흡혈하며 성충	• 토양에 피부 직접 노출 금지 • 채소류는 흐르는 물에 충분히 세척 • 김치는 숙성시켜 섭취 • 정기적인 분변 검사 후 구충제 복용
편충	• 암컷: 3~4.5cm • 수컷: 3.5~5cm • 말 채찍 모양	사람의 맹장	회충의 감염경로와 비슷	• 회충과 동일
요충	• 암컷: 10~13mm • 수컷: 2~5mm • 소형 기생충 • 주로 어린이가 많이 감염됨		성충 → 충란(항문 주위에 산란) → 경구 침입 후 소장에서 부화 → 소장의 맹장과 결장으로 이동 후 기생(성충)	• 항문 주위를 가려움증으로 긁은 후에는 반드시 손 씻기 • 음식 섭취 전 손 씻기 • 집단감염 예방을 위하여 가족 모두 동시에 구충제 복용 • 침구류, 의복 등 소독 • 좌변기는 매일 비눗물로 세척

2) 육류에 의해 감염되는 기생충

(1) 무구조충

쇠고기를 많이 섭취하는 지역에서 감염률이 높은 조충인 무구조충(*Taenia saginata*)은 민촌충, 쇠고기촌충(beef tapeworm)으로 불린다. 자웅동체로 소장에 기생하며 몸체는 1천~2천 개의 편절로 구성되어 있고, 전체 길이가 4~12m 정도이다. 머리 부분에 4개의 흡반이 있고 갈고리가 없다(그림 5-11).

분변으로 배출된 충란이나 편절에 의해 오염된 풀과 채소를 중간숙주인 소가 섭취하여 소장에서 육구유충(oncosphere)으로 부화한다. 육구유충은 소의 장관 벽을 뚫고 혈관 내로 침입하여 근육으로 이동한 후 무구낭미충(cysticerci)이 된다. 사람이 무구낭미충이 있는 쇠고기를 섭취함으로써 감염되며, 이것은 소장 점막에 기생하여 성충이 된다(그림 5-12).

감염증상으로 장폐색증과 소화장애, 복통, 설사, 구토, 체중 감소, 신경장애 증상 등이 나타난다. 무구낭미충은 −10℃에서 약 5일간 생존하나, 몇 분간 71℃에 가열하면 사멸한다. 따라서 쇠고기는 생식하지 않고 충분히 가열하여 섭취한다.

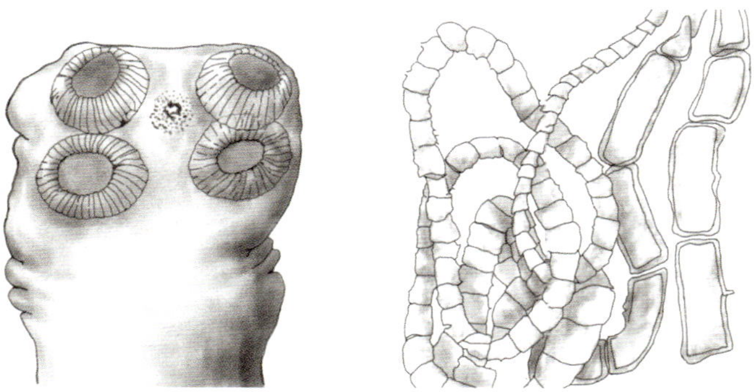

그림 5-11 무구조충의 두절과 충체

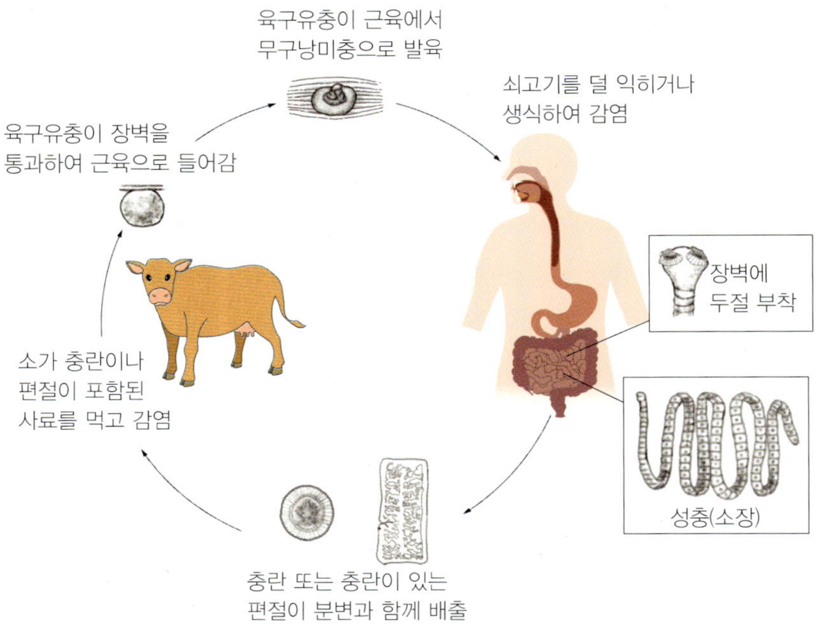

그림 5-12 무구조충의 감염경로

(2) 유구조충

유구조충(*Taenia solium*)은 돼지고기를 많이 섭취하는 지역에서 감염률이 높으며 갈고리촌충 또는 돼지고기촌충(pork tapeworm)으로 불린다. 자웅동체이다. 성충의 머리 모양은 약간 구형이고 4개의 흡관과 27개 정도의 갈고리가 있다(그림 5-13). 몸 길이는 2~8m 정도이고, 몸체는 약 1천 개의 편절로 되어 있으며 각 편절에 3만~5만 개 정도의 충란이 있다.

분변으로 배출된 충란을 중간숙주인 돼지가 섭취하면 유충으로 탈피한 후 소장의 장관 벽을 지나 혈관을 통해 이동하여 근육 조직에서 유구낭미충(cysticercus cellulosae)이 된다. 체내에 유구낭미충이 있는 돼지고기를 사람이 섭취하면 소장으로 이동하여 성충이 되고, 수태편절을 배출한다. 성충은 약 20년간 생존이 가능하다. 수태편절은 숙주에서 배출되기 전에 파괴되어 충란을 방출한다. 사람이 날것이나 덜 익힌 돼지고기를 섭취하였을 때 감염된다(그림 5-14).

감염증상으로는 복부 불쾌감, 설사, 구토, 소화장애, 체중 감소 등이 있다. 또한, 유충이 사람의 장기나 뇌, 안구, 근육, 심장, 피하조직, 신장, 뼈, 혈관 등에 기생하면 낭미충증(cysticerosis)이 생긴다. 성충은 −10℃ 이하에서 생존이 가능하나 50~60℃에 30분 이상 가열하면 사멸하므로, 돼지고기는 완전히 익혀 섭취하며 생식하지 않는다.

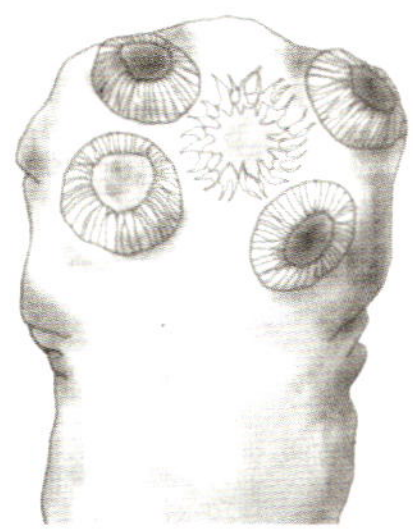

그림 5-13 유구조충의 두절

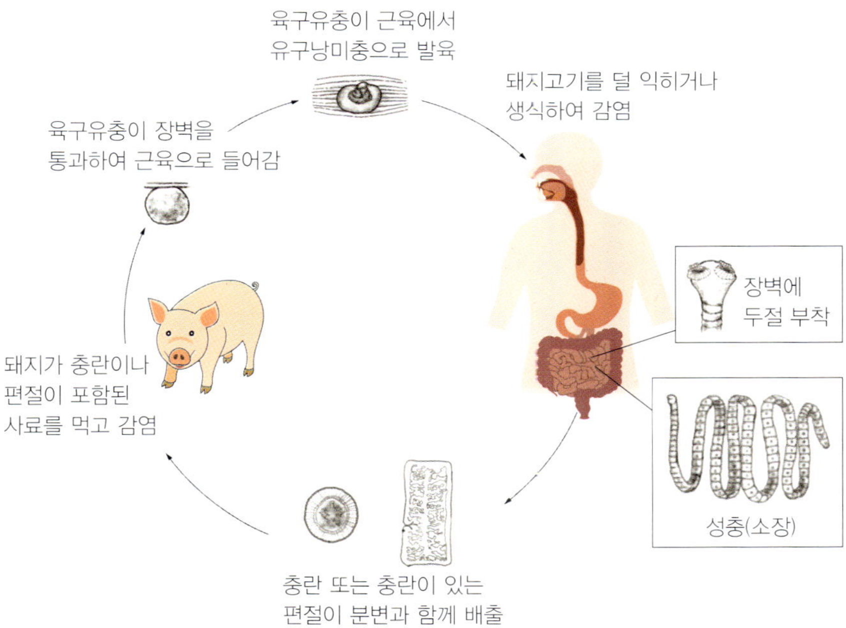

그림 5-14 유구조충의 감염경로

(3) 톡소포자충

톡소포자충(toxoplasma gondii)은 원충류에 속하며, 유충을 보유하는 중간숙주와 성충이 기생하고 알을 낳는 종숙주가 있다. 사람은 톡소포자충의 종숙주가 아니며, 쥐나 토끼처럼 중간숙주이다. 종숙주는 고양이다.

고양이가 포낭에 감염된 쥐를 잡아먹으면 위장관 내에서 유성생식이 일어나 낭포체가 생긴다. 낭포체는 상피세포를 파괴하고 고양이 분변을 통해서 배출된다. 고양이 분변과 함께 배출된 낭포체를 소, 돼지, 양, 쥐 등이 섭취하여 감염되며 동물의 근육조직 내에 감염력이 있는 포낭이 생긴다(그림 5-15).

사람은 포낭이 들어 있는 소나 돼지 등의 고기를 생식하거나 덜 익혀 섭취할 때 감염된다. 사람은 대부분 톡소포자충에 걸려도 별 증상이 없다. 그러나 임산부가 톡소포자충에 걸리면 유산이나 조산의 원인이 되며, 태어난 아이의 눈에 염증이 생기거나 경련 증상을 보이고, 심하면 발육지연이나 정신지체가 올 수 있다. 쇠고기나 돼지고기 등은 충분히 익혀 섭취하며, 섭취하는 음식물 등이 고양이의 배설물에 오염되지 않도록 주의한다.

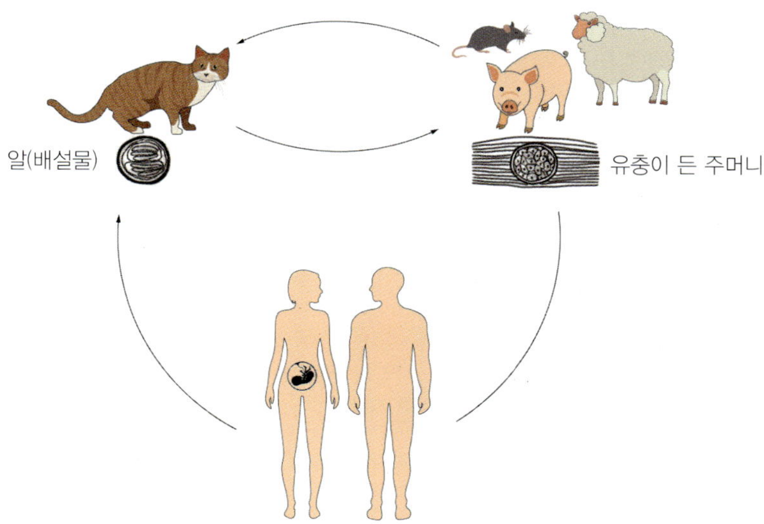

그림 5-15 톡소포자충의 감염경로

(4) 선모충

선모충(*Trichinella spiralis*)은 선모충과의 선형동물로서 쌍기충류에 속한다. 성충은 회백색이며, 매우 작아 쉽게 발견되지 않고 암컷은 3~4mm, 수컷은 1.4~1.6mm 정도이다. 암컷과 수컷이 서로 교접하면 수컷은 바로 죽고 암컷은 약 1,400여 개의 유충을 낳는다. 암컷의 수명은 약 6주이다. 중국이나 일본에서는 사람이 선모충에 감염된 사례가 보고되었으나, 아직 우리나라는 인체감염에 대한 보고가 없다.

선모충의 종숙주는 돼지, 쥐, 고양이, 사람 등이다. 자연계에서는 쥐에 많으며 쥐에 의해 돼지나 개, 고양이, 여우 등이 감염되기도 한다. 자웅이체의 선충으로, 피포유충을 가진 돼지고기를 사람이 섭취하면 유충이 위에서 탈피하여 소장 하부 또는 공장 상부에서 기생하며 혈관을 통해 신체 각 부분의 근육으로 이동한 후 성장하며 근섬유에 둘러싸이게 된다. 성충과 유충이 같은 숙주 안에서 존재한다(그림 5-16).

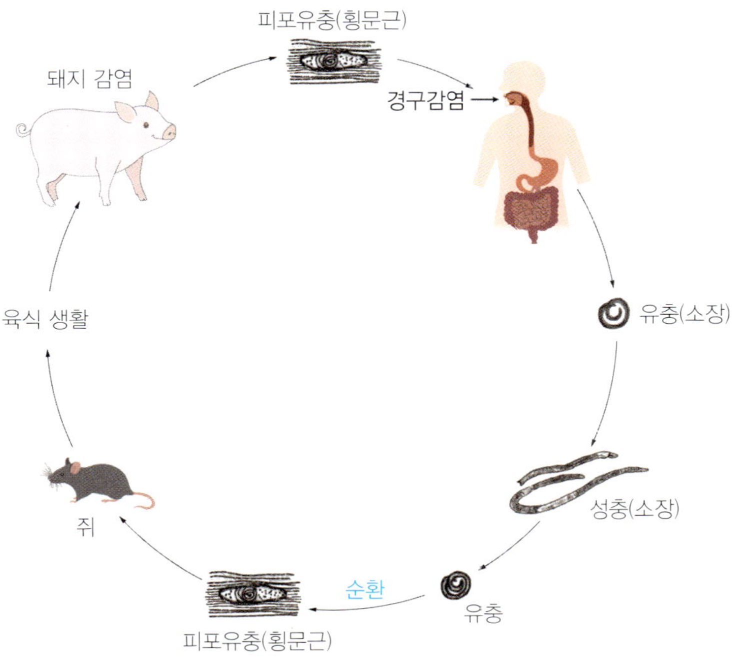

그림 5-16 선모충의 감염경로

쥐 등을 통해 감염된 돼지고기를 날것이나 덜 익혀 섭취하면 유충에 감염된다. 초기 증상은 복통, 설사, 발열, 위장장애 등이며, 체내에 유충이 많아지면 염증, 괴사, 부종, 안염, 심근염, 폐렴 등이 나타난다.

육류를 −30℃ 이하에서 냉동처리하면 단시간 내에, 65℃ 이상에서는 1시간 가열하면 사멸한다. 따라서 돼지고기의 식육 검사를 철저히 하고 생식하지 않으며 충분히 가열 조리하여 섭취한다.

표 5-7 육류에 의해 감염되는 주요 기생충의 특성

기생충	특징	서식 장소	중간 숙주	종숙주	감염경로	예방
무구조충(민촌충)	• 길이: 4~12m • 편절: 1천~2천 개 • 자웅동체 • 머리 부분에 4개의 흡반이 있고, 갈고리는 없음	소의 근육, 피부, 사람의 소장	소	사람	성충→충란(분변 배출), 편절→소가 섭취하여 육구유충(소의 소장)→무구낭미충(소의 근육)→사람이 쇠고기 섭취 후 소장 점막에 기생하며 성충이 됨	• 인분의 퇴비 사용 금지 • 채소류: 흐르는 물에 충분히 세척 • 용변 후 손 씻기 • 정기적 구충제 복용
유구조충(갈고리촌충)	• 길이: 2~8m • 머리 부분에 4개의 흡반과 27개 정도의 갈고리 모양 • 자웅동체 • 편절: 1천 개 • 편절마다 3만~5만 개의 충란	돼지 근육, 사람의 소장	돼지	사람	성충→충란(분변 배출), 편절→돼지가 섭취하여 유충으로 탈피 후 유구낭미충(돼지의 근육)→사람이 돼지고기 섭취 후 소장에 기생하며 성충(낭미충증)→수태편절하여 충란으로 배출	• 돼지고기: 완전히 익혀 섭취 • 생식을 금함
톡소포자충	• 원충류 • 중간숙주와 종숙주	고양이	사람, 소, 돼지, 양, 쥐	고양이	포낭에 감염된 쥐→고양이가 섭취(낭포체)→고양이 분변으로 배출→소, 돼지, 양, 쥐 등이 섭취하여 근육조직에 포낭이 생성→사람이 섭취하여 감염	• 돼지고기, 쇠고기: 충분히 익혀 섭취 • 생식을 금함 • 고양이 배설물이 음식물에 오염되지 않도록 방지
선모충	• 암컷: 3~4mm • 수컷: 1.4~1.6mm • 쌍기충류 • 자웅이체	소장의 하부 및 공장의 상부	돼지	돼지, 쥐, 고양이, 사람	피포유충→사람(경구)→유충(소장)→성충·유충(근섬유)→피포유충→쥐→돼지→피포유충(근섬유)	• 돼지고기 등 육류: 충분히 가열 후 섭취 • 생식을 금함 • −30℃ 이하 냉동 보관 • 65℃ 이상 1시간 사멸

3) 어패류에 의해 감염되는 기생충

(1) 간흡충

간흡충(간디스토마, *Clonorchis sinensis*)은 한국, 중국, 대만, 베트남 등 극동 지역에 주로 분포한다. 우리나라에서는 낙동강, 영산강, 섬진강 유역에서 민물고기를 생식하여 감염률이 높은 인체기생충이다.

간흡충은 이생목 흡충과 편형동물이며, 성충은 자웅동체이다. 몸길이 15~25mm, 너비 4~6mm 정도이며 길고 납작한 버드나뭇잎 모양이다. 영양분을 흡입하는 입(구흡반)과 인체에 흡착할 수 있는 입(복흡반)이 있는 황갈색 또는 담홍색이다(그림 5-17).

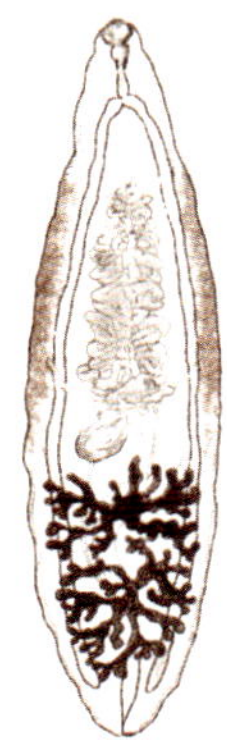

그림 5-17 간흡충의 성충

간흡충은 중간숙주를 두 번 거치는데, 간흡충에 감염된 종숙주(사람)의 분변을 통해 배출된 충란은 물속에서 부화해 유모유충(miracidium)이 된다. 제1중간숙주인 쇠우렁 등의 민물조개류에 먹힌 후 포자유충이 되어 레디아, 유미유충을 거쳐 성장한다. 유미유충이 쇠우렁의 몸에서 탈출해 물속을 떠다니다가 제2중간숙주인 담수어류에 유입된다. 담수어에 유입된 유충은 담수어의 근육, 피하조직 등에서 기생하며 피낭유충이 된다. 피낭유충에 감염된 담수어를 사람이 생식하면, 피낭유충이 십이지장에서 탈낭(excyst)하고 담관을 통해 이동한 후 간에서 각종 영양분을 섭취하고, 담도

말단부에 기생한다. 충란에서 성충이 되기까지 약 3~5주가 소요되며 수명은 15~20년 정도이다(그림 5-18).

제2중간숙주인 피낭유충을 가진 담수어류는 약 40종인데, 대표적으로 참붕어, 잉어, 누치, 향어 등이 있다. 우리나라는 전국에 하천과 저수지가 많아 패류와 담수어가 풍부하게 자연 서식한다. 종숙주는 사람뿐만 아니라 개, 고양이, 여우, 쥐 등 포유동물이며, 감염된 포유동물의 배설물을 통해 충란이 배출된다. 인체 감염은 제2중간숙주에 해당하는 민물고기의 회, 오염된 칼, 도마 등을 통해서 가능하며, 우리나라에서는 물고기나 고기를 날것으로 섭취하는 경우가 많아 감염 위험이 크다.

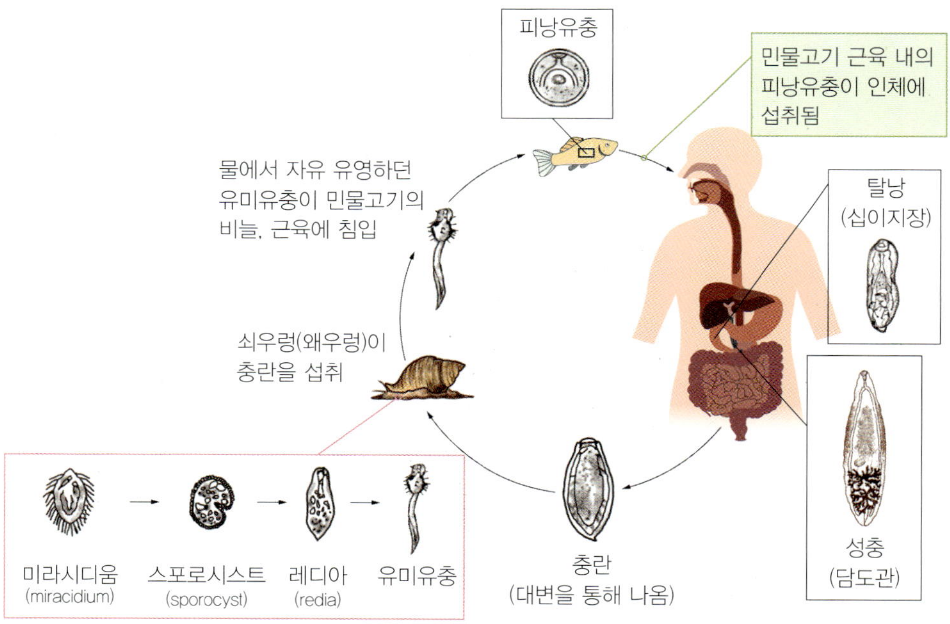

그림 5-18 간흡충의 감염경로

감염증상으로는 담관에 기생하는 성충에 의해 복부팽만, 소화불량, 간비대, 황달 등이 나타나며, 심하면 합병증으로 담관염, 간경화증, 담관암으로 진행되어 사망하기도 한다. 성충은 냉동 상태에서 약 6일 동안 생존하는 등 비교적 저항력이 강하나, 열에 매우 약해 55℃에 15분, 100℃에 1분 이상 가열하면 사멸된다. 담수어류는 절대 생식하면 안 되고, 조리 시 칼이나 도마를 통해 감염될 우려가 있으므로 철저하게 소독하여 관리한다. 정기적인 분변검사를 실시하고 감염 확인 시 구충제를 복용하며 분변에 의한 강물 오염을 방지한다.

(2) 폐흡충

폐흡충(폐디스토마, *Paragonimus westermani*)은 1877년에 호랑이의 폐에서 처음 발견되었으며, 1879년에 사람의 폐에서도 발견되었다. 1880년 객담에서 충란을 확인하였는데, 중간숙주로 달팽이가 지목되었다. 1899년에 *Paragonimus westermani*로 명명하였다. 주로 포유동물의 폐에 기생하며, 한국, 일본, 중국, 대만, 태국 등 극동 지역에서 보고되는 기생충이다.

폐흡충은 이생목 폐흡충과의 편형동물이며 자웅동체이다. 성충의 길이는 1~2cm 정도이고, 강낭콩 모양의 황갈색을 나타내며 간흡충과 마찬가지로 구흡반과 복흡반을 가지고 있다(그림 5-19).

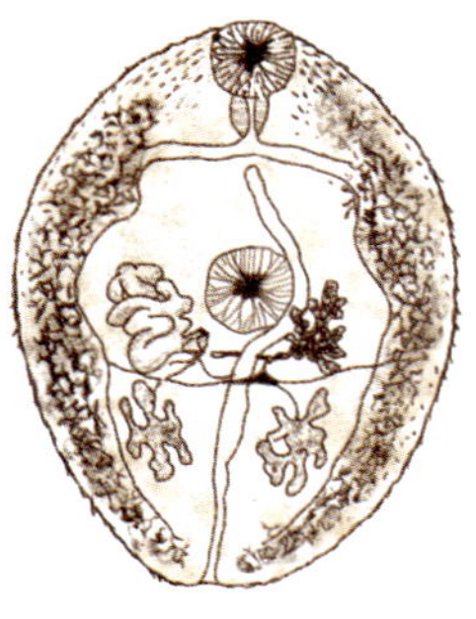

그림 5-19 폐흡충의 성충

객담이나 분변으로 배출된 충란은 간흡충 생활사와 동일하다. 유모유충이 제1중간숙주인 달팽이와 다슬기 등의 체내에서 포자낭유충, 레디아, 유미유충 순으로 성장한 후 체내에서 탈출한다. 물속을 떠다니다 제2중간숙주인 민물게나 가재 등과 같은 민물갑각류에 유입되어 아가미, 내장, 근육 등에서 유충으로 기생하며 피낭유충이 된다. 피낭유충에 감염된 민물갑각류를 충분히 가열하지 않고 종숙주가 섭취하면 사람의 십이지장에서 탈낭하고 장벽을 통해 복강, 횡격막, 흉강막을 통해 폐에 침입하여 기생하며 성충으로 성장한다. 감염 후 산란하기까지 약 2~3개월이 소요되며 수명은 5~6년이다. 종숙주는 사람, 돼지, 개, 고양이 등 포유동물이다(그림 5-20).

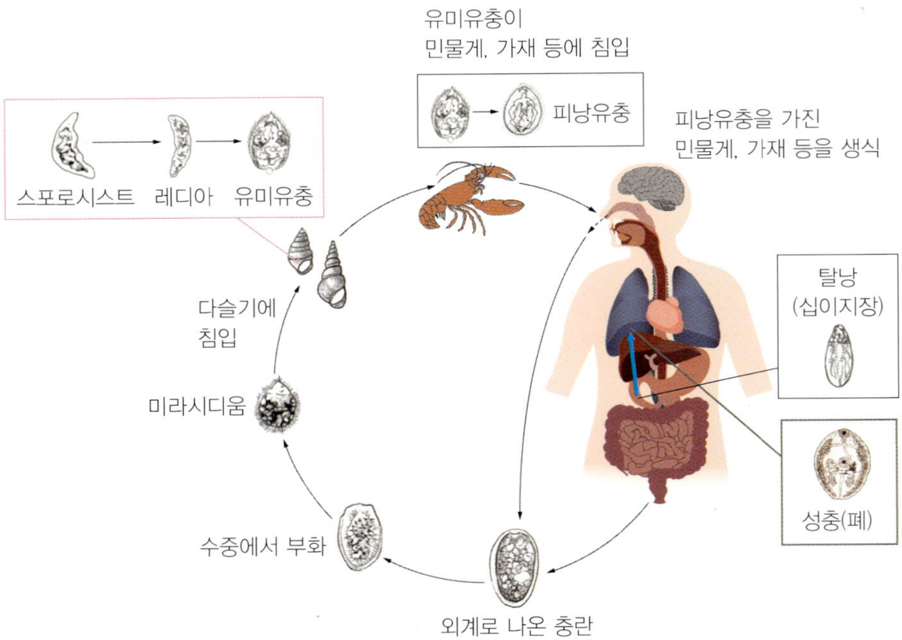

그림 5-20 폐흡충의 감염경로

감염증상으로는 기침, 객담, 객혈, 흉통, 두통, 흉막염, 기관지염 등 폐결핵과 비슷한 증상을 나타내며 폐 외에 흉곽, 뇌, 척수, 생식기 등 다른 기관에도 침범하여 이소적 기생(ectopic infection)을 유발하여 간질 및 다양한 감각 이상 증상과 시각장애가 나타나기도 한다. 게의 체내에 있는 피낭유충은 55℃에 30분 가열하거나 식초 또는 간장에 절이면 2시간 내에 사멸한다. 예방은 제2중간숙주인 민물갑각류의 생식을 금하며, 조리 시 칼과 도마 등 조리기구를 충분히 세척 · 소독하여 2차 감염을 예방하고, 구충제를 복용한다.

(3) 요코가와흡충

요코가와흡충(횡천유충, *Metagonimus yokogawai*)은 우리나라, 중국, 일본, 대만, 시베리아, 인도네시아 등 극동 지역에 주로 분포하는 장흡충류로 인체에 기생하는 흡충류 중 가장 작은 기생충이다. 성충은 자웅동체로 길이가 1.2mm 정도인 작은 난원형이다(그림 5-21).

그림 5-21 요코가와흡충의 성충

분변과 함께 배출된 충란의 생활사는 간흡충, 폐흡충과 유사하다. 제1중간숙주인 다슬기가 섭취한 충란은 포자낭유충, 레디아, 유미유충 순으로 자라고, 제2중간숙주인 민물어류(잉어, 은어 등)에 섭취된 후 체내에서 피낭유충으로 성장한다. 피낭유충에 감염된 민물어류를 종숙주가 생식하면 유충이 소장에서 탈낭한 후 그 점막 내에서 성충이 되어 기생한다(그림 5-22). 종숙주는 사람 외에 개, 고양이, 돼지 등이다.

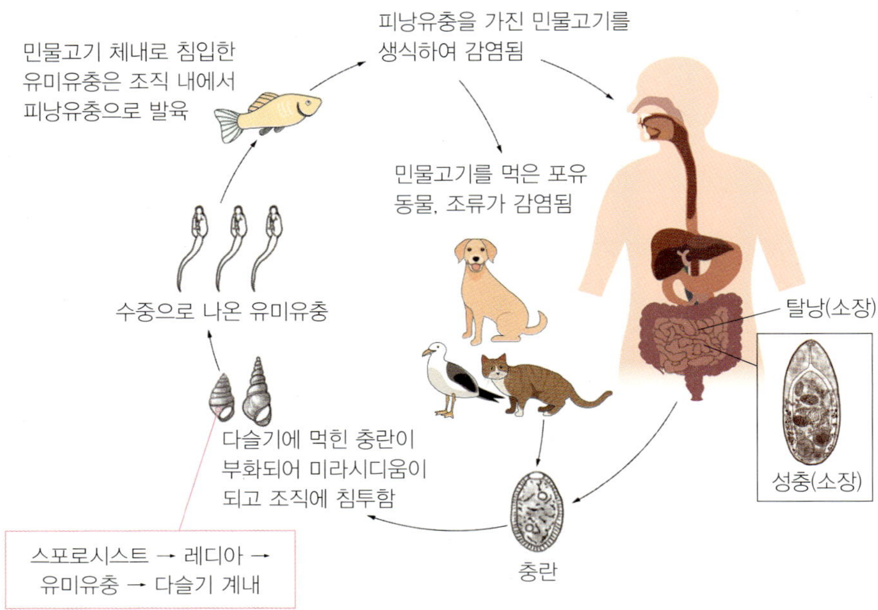

그림 5-22 요코가와흡충의 감염경로

감염증상은 소장의 점막에 기생하기 때문에 위장장애와 점막의 염증, 소화불량, 복통, 설사, 빈혈 등 장염 증상이 나타난다. 피낭유충은 저항력이 강해 70℃에서 15분 가열에도 사멸되지 않으나, 식초나 간장에 절이면 2시간 내에 사멸된다. 제2중간숙주인 민물어류의 생식을 반드시 금하고, 감염 예방과 보건에 관한 교육이 필요하다.

(4) 광절열두조충

광절열두조충(*Diphyllobothrium latum*)은 이탈리아 등 온대 지방, 러시아와 핀란드, 스웨덴 등의 스칸디나비아 지역에 분포되어 있는 기생충이다. 성충의 길이는 약 3~10m이며 3천~4천 개의 편절로 구성되어 인체조충류 중 가장 큰 긴촌충이다. 두절은 곤봉 또는 숟가락 모양으로 2개의 갈라진 흡구가 있다(그림 5-23).

분변으로 배설된 충란이 물속에서 제1중간숙주인 플랑크톤이나 물벼룩 등에 섭취되고, 제2중간숙주인 담수어나 반담수어인 송어, 연어, 농어, 대구 등에 섭취된다. 제2중간숙주의 근육에 침입한 후 유충으로 성장한다. 체내에 유충이 있는 반담수어를 사람이 생식할 경우 감염된다(그림 5-24).

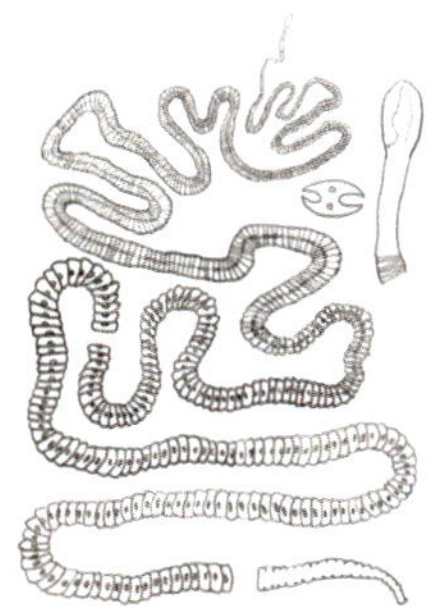

그림 5-23 광절열두조충의 성충

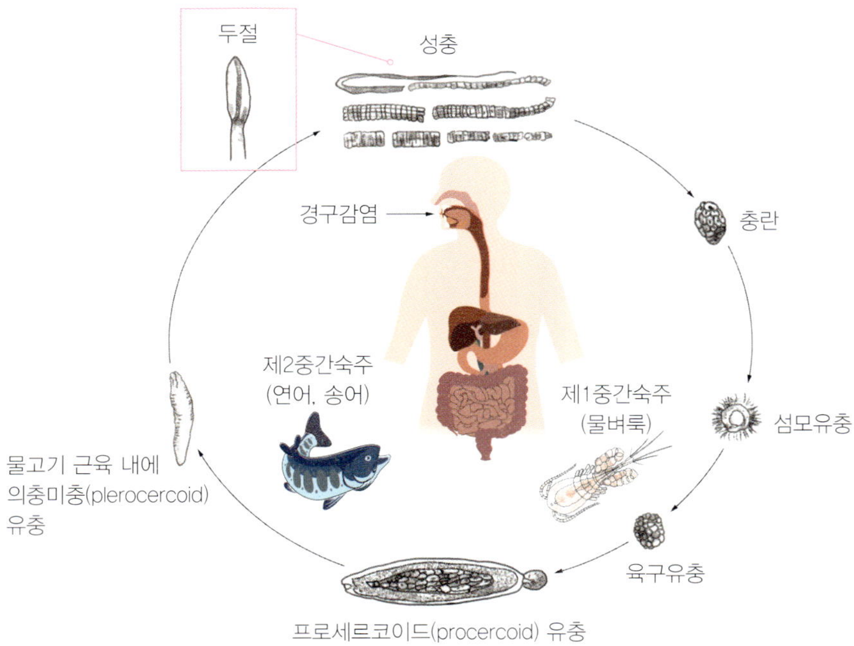

그림 5-24 광절열두조충의 감염경로

감염증상은 소화기장애, 구역질, 복통, 설사, 영양장애 등이 나타나며, 장내에서 비타민 B_{12}가 부족해져 악성빈혈 증상이 나타난다. 유충은 건조, 염장, 냉동에도 저항력이 비교적 강하나, 50℃에 10분 이상 가열하면 사멸된다. 예방은 연어, 송어, 농어, 숭어 등 담수어 및 반담수어 등의 생식을 금하고 충분히 가열 조리하여 섭취한다.

(5) 아니사키스

아니사키스(고래회충, *Anisakis sp.*)은 스칸디나비아, 일본, 네덜란드, 남아메리카의 태평양 연안 등지에 분포되어 있는 고래, 물개, 바다표범 등 해산 포유동물에 기생하는 회충류이다. 유충의 길이는 2~3cm이며, 상아색, 회색, 갈색을 띠는 머리카락 굵기의 기생충이다.

종숙주는 고래, 물개, 바다표범 등 해산 포유동물이다. 충란은 고래의 분변과 함께 배출된 후 자충포장란으로 부화되어 제1중간숙주인 해산 갑각류인 새우 등에 섭취되고, 다시 제2중간숙주인 고등어, 갈치, 도미 등 해산 어류에 섭취되어 내장, 장관, 근육 조직에서 아니사키스유충이 되어 기생한다. 이러한 해산 어류가 종숙주인 고래 등의 해산 포유동물에 섭취되면 장내에서 성충이 되어 기생한다. 사람이 제2중간숙주인 해산 어류나 고래고기를 날것이나 덜 익혀 섭취하면 감염되나 인체 내에서는 성충으로 성장하지 않는다(그림 5-25).

감염증상은 위 및 장 아니사키스증을 일으킨다. 위장형은 소화관 벽에 침입하여 구토 증상과 상복부에 심한 통증을 유발한다. 소장형은 구토 증상과 심한 하복부 통증을 일으킨다. 아니사키스의 유충은 60℃ 이상 가열하면 단시간에 사멸되며, −20℃ 이하에 수시간 동결하면 사멸된다. 따라서 해산 어류는 생식하지 않으며, 가열 또는 저온처리하는 것이 좋다.

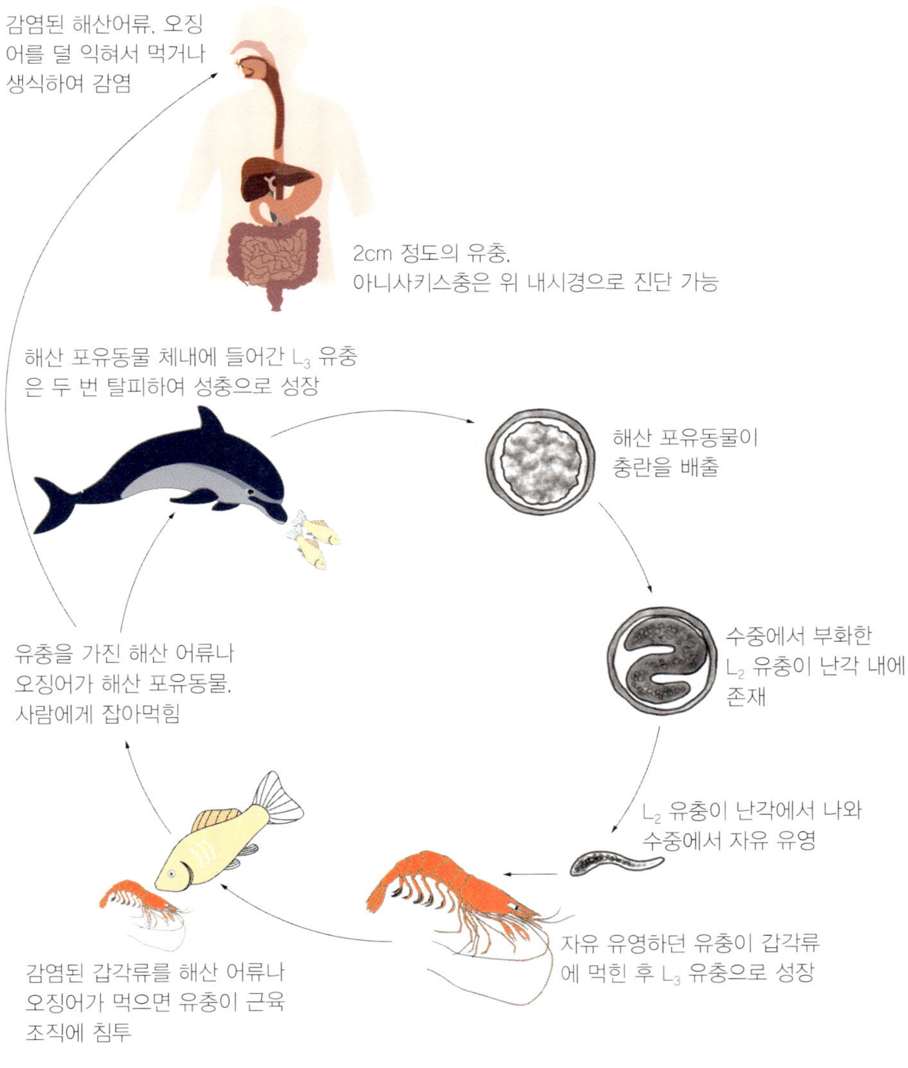

그림 5-25 아니사키스의 감염경로

표 5-8 어패류에 의해 감염되는 주요 기생충의 특성

기생충	특징	제1 중간 숙주	제2 중간 숙주	종숙주	서식 장소	감염경로	예방
간흡충(간디스토마)	• 길이: 15~25mm • 구흡반과 복흡반 있음 • 길고 납작한 버드나뭇잎 모양	쇠우렁이 등 민물 조개류	잉어, 민물고기 등 담수어	사람, 고양이, 개, 여우, 쥐	사람, 개, 고양이 등 포유 동물의 간이나 쓸개	사람의 분변 → 유모유충(물속에서 부화) → 쇠우렁이, 민물조개류 섭취 후 포자유충 → 레디아 → 유미유충 → 담수어 섭취 후 피낭유충 → 사람이 섭취 후 십이지장에서 탈낭 후 담도 말단부에서 기생 → 성충	• 담수어 생식을 금함 • 칼, 도마 철저히 소독 • 정기적 분변 검사 후 구충제 복용
폐흡충(폐디스토마)	• 길이: 1~2cm • 강낭콩 모양 • 자웅동체	달팽이, 다슬기	게, 가재 등 갑각류	사람, 돼지, 개, 고양이	사람 등 포유 동물의 폐	사람의 분변, 객담 → 유모유충(물속에서 부화) → 달팽이, 다슬기 등이 섭취 후 포자낭유충 → 레디아 → 유미유충 → 민물게나 가재 등이 섭취 후 피낭유충 → 사람이 섭취 후 십이지장에서 탈낭 후 폐에 기생 → 성충	• 민물게나 가재 등 생식을 금함 • 칼, 도마 철저히 소독 • 정기적 분변 검사 후 구충제 복용
요코가와 흡충	• 길이: 약 1.2mm • 작은 난원형 • 자웅동체	다슬기	잉어, 은어 등 민물고기	사람, 돼지, 개, 고양이	사람 등 포유 동물의 점막	간흡충과 폐흡충의 감염경로와 비슷	• 잉어, 은어 등 민물고기 생식을 금함 • 칼, 도마 철저히 소독
광절열두조충	• 길이: 약 3~10m • 편절: 3천~4천 개 • 인체조충류 중 가장 긴 촌충 • 두절은 곤봉 또는 숟가락 모양 • 2개의 갈라진 흡구	플랑크톤, 물벼룩	송어, 연어, 농어, 대구 등 담수어 및 반담수어	사람, 돼지, 개, 고양이	사람 등 포유 동물의 소장 상부	성충 → 충란 → 제1중간숙주인 플랑크톤, 물벼룩 → 섬모유충 → 육구유충 → 제2중간숙주인 연어, 송어 → 물고기 근육 내에서 의충미충유충 → 사람이 섭취 → 성충이 되어 소장 상부에 기생 → 충란	• 연어, 송어 등 민물고기 생식을 금함 • 칼, 도마 철저히 소독

제4절 식품 매개 질병 원인체

쥐와 같은 위생동물, 곤충류, 진드기 등도 식품에 관여하여 사람에게 위해를 끼친다. 이것이 식품에서 번식하거나 식품과 접촉하여 병원 미생물을 오염시키기거나 위생동물에 의해 접촉된 식품을 사람이 직접 섭취하여 질병을 일으키는 경우가 있다.

1) 쥐

(1) 쥐의 종류와 특징

쥐(rat)는 곡물, 농작물, 식품 등에 피해를 주는 동물로 식품위생상 문제가 된다. 주로 야행성이고, 사람이 생활하는 곳을 따라 이동하며, 서식하는 장소와 통로가 일정하다. 색맹이며 시각은 나쁘지만 청각, 후각, 촉각이 아주 뛰어나 소리나 사물 등에 대한 경계가 심하다. 송곳니는 없으나 위아래에 있는 각 한 쌍의 앞니가 일생 동안 계속 자라고 매우 발달하여 딱딱한 음식물 등을 갉아 마모시켜 섭취한다.

국내에 서식하는 쥐류 중 가주성(家住性) 쥐는 대표적으로 곰쥐(지붕쥐, *Ratus rattus rufescens*), 집쥐(시궁쥐, *Ratus norvegicus*), 생쥐(*Mus musculus*)가 있다. 우리나라 가옥에 서식하는 비율은 집쥐 75%, 곰쥐 22%, 생쥐 3%를 차지하고 있다.

집쥐는 몸길이 20~30cm, 꼬리 길이 17~20cm, 체중이 300~600g으로 가주성 쥐 중 가장 크다. 몸은 크고 귀는 작으며 꼬리는 몸통에 비해 약간 짧은 게 특징이며, 수컷이 약간 크다. 임신 기간은 약 3주이며 1년에 3~5회 임신하며 1회에 8~9마리 정도 출산한다. 곡물, 과일, 채소, 어패류 등을 먹는 잡식성으로 마루 밑, 돌담 사이, 시궁창, 천장, 부엌, 식량 창고, 지하 등에서 서식한다.

곰쥐는 몸길이 15~20cm, 꼬리 길이 17~22cm, 체중 약 250g으로, 집쥐보다 몸길이는 작다. 꼬리가 몸통보다 훨씬 길고 귀는 작다. 임신 기간은 약 4주이며 연간 번식하고 한 번에 5~10마리 정도 출산한다. 주택가 천장이나 헛간에서 서식하며 동작이

민첩하여 건물 외벽을 기어올라 다니며 나무타기도 잘한다. 주로 야외보다는 실내에서 활동한다. 단단한 것도 잘 갉아먹기 때문에 가스관이나 전선을 갉아버려 재해를 일으키기도 한다.

생쥐는 몸길이 6~10cm, 꼬리 길이 6~10cm, 체중 약 15~50g이다. 가주성 쥐 중 가장 작다. 임신 기간은 약 3주이며 1년에 4회 정도 임신을 하고 1회에 6~8마리 정도 낳는다. 야생종으로 농경지나 숲에서 구멍을 파서 서식하며 무리를 지어 산다. 무엇이나 잘 먹는 잡식성이다.

그림 5-26 가주성 쥐의 종류

(2) 쥐에 의한 피해

쥐는 식품과 농작물뿐만 아니라 천장, 벽, 부엌, 가두, 의복 등 많은 생활 영역에 피해를 준다. 하루에 체중의 약 25% 정도를 먹으며 먹는 양의 10배에 해당하는 배설물로 더럽힌다.

쥐는 여러 종류의 병원체를 보유하고 있어 쥐로 인한 세균성 질환(페스트, 렙토스피라증, 살모넬라, 장티푸스, 아메바성이질, 결핵 등)과 바이러스성 질환(발진열, 쯔쯔가무시병, 유행성 출혈열 등), 기생충 질환(선모충, 톡소플라스마 등)을 전파한다.

쥐에 기생하는 쥐벼룩과 진드기가 사람의 피부에 습진 등을 일으키기도 한다.

(3) 쥐의 구제

먼저 쥐의 습성이나 생태를 파악하여 쥐의 통로를 막고, 식품 및 음식물은 반드시 용기에 보관한다. 오물 및 쓰레기 등은 깨끗이 처리하며 환경 개선이 가장 중요하다. 쥐가 다니는 길목에 쥐덫이나 강력한 점착테이프 등을 설치하는 기계적 구제방법과 쥐약(wafarin, α-naphthyl-thiourea 등)을 사용하는 화학적 구제방법, 고양이나 매, 올빼미와 같은 천적을 이용하는 방법이 있다. 구제는 지역적으로 일제히 동시에 시행하는 것이 효과적이다.

2) 파리

(1) 파리의 종류와 생태

파리(fly)는 쌍시목(order diptera)에 속하는 곤충으로, 수천 종이며 세계적으로 분포되어 있다. 잡식성이며, 고체 식품을 섭취할 때는 타액을 뱉어 다시 흡수하는 형태로 섭취한다. 소화작용이 매우 빨라 거의 5분 간격으로 배설한다. 식품위생상 문제가 되는 것은 집파리, 쉬파리, 금파리, 검정파리, 초파리, 벼룩파리 등이다.

유충은 온도에 좌우되며, 음식 찌꺼기와 쓰레기, 퇴비, 동물의 사체 등 보통 청결하지 않은 곳에서 발생하므로 문제가 된다. 부화하여 유충이 된 후 두 번 탈피하여 성충이 되는데, 알, 유충(구더기), 번데기, 성충의 순으로 발육한다. 알이 성충이 될 때까지의 기간은 환경 조건에 따라 다르지만, 20~60일 정도 걸린다. 성충이 되고서 약 5~10일 후에 산란하며, 한 번에 50~150여 개의 알을 낳는다.

(2) 파리에 의한 피해

파리는 여러 감염병의 매개체인데 가장 문제가 되는 것은 집파리이다. 매개하는 질병으로는 소화기계 감염병인 장티푸스, 이질, 콜레라, 파라티푸스 등과 호흡기계 감염병인 결핵 등이 있다. 회충, 십이지장충, 편충 등의 기생충란을 운반하여 기생충증을 일으킨다. 또한, 소아마비나 화농성 질환, 나병을 전파하기도 한다. 파리의 유충이 혼입된 식품을 섭취하면, 승저충증(파리유충증, myiasis)이 소화관에 침입하여 복통, 구토, 설사, 발열, 혈변 등의 증상을 일으킨다.

여기저기 날아다니며 더럽고 불결한 것과 접촉한 후 각종 식품과 식기류 등에 옮겨 앉아 불쾌감과 불결함을 느끼게 하고 수면을 방해한다.

(3) 파리의 구제

환경을 위생적으로 개선하는 것이 가장 중요하다. 유충의 발생원인 변소나 쓰레기 하치장, 웅덩이, 퇴비, 축사 등을 철저히 소독하고 위생적으로 관리한다.

성충이 된 파리를 없애는 방법은 크게 효과적이지 않으나 파리채, 끈끈이 등을 이용하는 방법과 살충제, 훈증제를 이용하여 사멸시키는 방법이 있다.

3) 바퀴

(1) 바퀴의 종류와 생태

바퀴(cockroache)는 바퀴목에 속하는 곤충의 총칭으로 세계적으로 분포하며 사람이 사는 가옥이나 그 주변에 서식한다. 우리나라에는 7종이 서식하고 있으며, 독일바퀴, 이질바퀴(미국바퀴), 검정바퀴(먹바퀴, 검둥이바퀴), 일본바퀴가 가옥에 가장 많이 서식하는 것으로 알려져 있다.

독일바퀴는 가장 작으며 부엌 주변이나 따뜻하고 습기가 많은 곳에 주로 서식하고 가옥에서 쉽게 발견되며 세계적으로 가장 널리 분포되어 있다. 이질바퀴는 가주성 바퀴 중 가장 크다. 검정바퀴는 기름을 바른 것처럼 광택이 나는 것이 특징이다. 일본바퀴는 검정바퀴와 비슷하나 약간 작다. 주로 가옥 내에 서식하나, 더운 지방에서는 나무껍질 속에서 무리 지어 서식한다.

바퀴는 불완전변태를 하며, 알, 유충, 성충 순으로 발육한다. 성충은 20~50여 개의 알을 낳는다. 유충은 6~7회 탈피한 다음 성충이 된다. 성충의 수명은 종류에 따라

3~12개월 정도이다.

위생상 문제가 되는 바퀴는 야행성, 잡식성, 질주성의 특성이 있으며 따뜻하고 습기가 많고 어두운 곳이면 어디에서나 서식하는데, 주로 음식물 등 식품이 있는 부엌이나 찬장 뒤, 싱크대 아래쪽에 무리를 지어 서식한다. 낮에는 은신처에 숨어 있다가 밤에 활동한다.

(2) 바퀴에 의한 피해

바퀴가 분비하는 자극성 물질에 의해 가려움증과 피부병 등 알레르기 증상이 나타난다. 바퀴의 몸에 부착된 병원체가 식품 등을 오염시켜 발생하는 병원성 세균에 의해 식중독과 경구감염병 등이 전파된다. 또한, 집쥐의 기생충인 쥐조충의 중간숙주로 집쥐의 감염원이 되기도 한다.

(3) 바퀴의 구제

음식물이나 음식물 찌꺼기가 들어 있는 용기는 반드시 뚜껑을 닫아 접근을 차단하며 은신처를 제거하고 주변 환경을 청결히 한다. 살충제를 사용하는 방법으로 독이법(poison bait method), 훈증법, 훈연법, 잔류분무법 등이 있다.

4) 진드기

(1) 진드기의 종류와 생태

진드기(tick)는 거미강 진드기목에 속하는 절지동물이다. 2만여 종 이상이 알려져 있으며 식품에서 검출된 것도 100여 종 이상이 있다. 형태는 난형 또는 장원형이며 머리, 몸체, 배 등의 구별이 없는 한 몸이다. 크기는 0.5~1.0mm인데, 흡혈진드기의 경우 2mm 정도이다.

성충은 한 번에 50~100여 개를 산란하며, 알이 부화하면 세 쌍의 다리를 가진 유충이 된다. 유충이 탈피하여 다리가 네 쌍인 자충으로 발육한 후 성충이 된다. 알이 부화되어 성충이 되기까지 불완전한 변태를 하며, 약 1개월 정도 걸린다.

식품에 자주 발생하는 진드기류는 가루진드기류와 먼지진드기류로 구분할 수 있으며 진드기의 종류와 특징은 다음과 같다.

① 가루진드기

종류에 따라 약간의 차이는 있으나 일반적으로 크기는 0.3~0.6mm 정도이며, 유백색 또는 황백색이고, 타원형 또는 달걀형이다.

- 긴털가루진드기: 곡류, 곡분, 과자, 건조과일, 건어물, 치즈 등 저장 식품에 잘 번식한다.
- 수중다리가루진드기: 각종 저장식품, 곡류, 건조과일, 종자, 치즈 등에 잘 번식하며 다량 발생하면 곰팡이 냄새가 나 식품의 품질 가치가 저하된다.
- 보리가루진드기: 곡류, 건어물 등에 잘 번식한다.
- 작은가루진드기: 가루진드기 중 가장 작은 진드기로 밀가루, 흑설탕, 건조달걀 등에 잘 번식한다.
- 집고기진드기: 설탕, 치즈 등에 잘 번식한다.
- 설탕진드기: 설탕, 된장 표면, 건조과일 등에 잘 번식한다.

② 먼지진드기

크기가 0.1~0.5mm 정도이며, 사람이나 동물의 피부에서 발생하는 비듬이나 각질을 영양분으로 한다. 우리나라 실내 환경은 발육하기 최적 조건이다. 특히 침대 등 침구류, 배게, 카펫, 소파 밑 등 먼지가 붙어 있는 어느 곳이든 서식한다.

- 보리먼지진드기: 설탕, 된장 표면, 건조과일 등에 잘 번식할 뿐만 아니라 사람의 분뇨에서 발견되어 요 진드기증을 일으킨다.

(2) 진드기의 예방

진드기는 일반적으로 20℃ 이상, 상대습도 75% 이상, 식품 수분의 13% 이상에서 잘 번식하므로 이러한 조건을 맞춰 주지 않으면 예방을 할 수 있다. 또한, 10℃ 이하의 온도나 습도가 낮으면 증식이 불가능하며, 식품의 수분함량을 10% 이하로 낮추거나 냉동 또는 65℃ 이상에서 사멸된다.

TIP 살인진드기라고 불리는 작은소참진드기

살인진드기라는 별명이 붙은 작은소참진드기(*Haemaphysalis longicornis*)는 진드기의 한 종류로 중증열성 혈소판 감소증후군(SFTS, severe fever with thrombocy-topenia syndrome) 바이러스를 매개한다고 알려져 있다. 작은소참진드기는 한국, 일본, 중국, 러시아, 호주, 뉴질랜드 등에 서식한다.
질병관리본부와 국립보건연구원에 따르면 전국적으로 작은소참진드기의 0.5% 이하에서 SFTS 바이러스에 감염된 것으로 파악된다고 밝혔다. 거의 매년 4월부터 환자가 발생하여 5~10월 사이 가장 많이 발생하고 11월부터 감소한다. 야외 활동 시 피부가 노출되어 진드기에 물려서 이 질병에 감염되는 경우가 종종 발생하는데, 진드기에 물린다고 모두 감염되는 것은 아니고 개인의 면역 상태와 바이러스 양에 따라 감염될 확률은 다르다. 따라서 진드기가 서식하는 환경에서는 피부가 노출되지 않게 긴소매의 상의와 긴바지를 입고 신발을 착용하는 것이 좋다. 야외 활동 후 고열이나 메스꺼움, 구토, 설사의 증세가 있으면 의료기관을 통해 진료를 받아야 한다.

FOOD HYGIENE

CHAPTER 06

유전자변형식품, 방사선 조사식품, 방사능 오염 식품

제1절 유전자변형식품

1) 유전자변형 기술의 정의와 현황

전 세계 인구의 급격한 증가로 인해 각종 필수자원뿐만 아니라 곡물과 물과 같은 식량의 부족이 문제로 떠오르고 있다. 인구가 증가하는 만큼 식량 생산량이 증가해야 하지만, 지구온난화로 인한 사막화와 물 부족 현상, 기상이변으로 인한 자연재해, 환경오염 등으로 농작물 재배 면적은 해마다 줄어들고 있으며, 이에 따라 곡물 생산량도 감소하는 실정이다.

한국농촌경제연구원에 따르면, 2020 · 2021년 세계 곡물 생산량은 27억 2천 4백만 톤으로 2019 · 2020년 대비 4천 4백만 톤 증가한데 비해 세계 곡물 소비량은 27억 2천 8백만 톤으로 2019 · 2020년 대비 6천 6백만 톤 증가함으로써 소비량이 생산량을 앞질렀다고 보고하였다. 특히 옥수수 등이 바이오연료의 원료로 사용되면서 곡물의 수요는 더욱 증가하는 추세이며, 곡물 수급에 대한 지역별 격차가 심화되어 안정적인 식량 수급에 대한 위기감이 전 세계적으로 커지고 있다. 이러한 위기 상황에서 세계 각국은 식량 자급 능력을 유지하면서 식량 비축과 수입 확보를 위하여 노력하고 있다. 환경을 파괴하지 않으면서 식량의 품질을 향상하고, 영양 개선을 고려하면서 농산물의 생산량을 늘려야 하는 과제를 안게 되었다.

세계 식량 위기를 해결하기 위한 대표적인 방법은 전통육종법과 유전자 재조합 기술의 통합에 의한 유전자변형생물체의 개발이다. 즉, 온도와 가뭄, 해충이나 제초제에 저항성을 가진 품종, 내염성 종자, 특정 영양 성분을 더 많이 가지거나 오랫동안 신선도를 유지하여 보존기간을 늘릴 수 있는 농산물 등을 개발하여 경작효율을 증진시키고, 좁은 면적에서도 대량생산이 가능하게 함으로써 부족한 식량자원을 확보하는 것이다.

(1) 유전자변형식품의 정의

GMO(genetically modified organism)는 '유전자변형생물체' 또는 '유전자 재조합 생물체'라고 하며, LMO(living modified organism)는 알곡 상태의 옥수수, 콩, 유채 등 생물 그 자체로서 생식과 번식이 가능한 '살아 있는 유전자변형생물체'를 의미한다. 유전자 재조합 기술은 인간에게 유용한 유전자를 생물체에서 찾아 그 염기서열을 밝히고, 필요한 부분과 필요하지 않은 부분을 구별하여 자르고 연결한 후, 그 유전자를 갖고 있지 않은 다른 생물체에 삽입하고 결합시킴으로써 특정한 목적에 맞는 유용한 성질이 나타나게 하는 것으로, 이를 통해 유전자 재조합 식물, 동물 및 미생물을 개발·생산하고 있다. 유전자 재조합 기술을 활용함으로써 재배·육성된 농산물, 축산물, 수산물 등을 원재료로 하여 제조·가공한 식품(건강기능식품 포함) 또는 식품첨가물 중 안전성을 평가하여 입증된 경우에만 식품으로 사용할 수 있는데, 이를 '유전자변형식품(genetically modified food)'이라고 한다.

● 법령에 명시된 유전자변형식품의 정의

유전자변형식품 등의 표시기준 식품의약품안전처 고시 제2019-98호 (2019.10.28. 개정)

제2조(용어의 정의) 이 고시에서 사용하는 용어의 뜻은 다음과 같다.

1. "유전자변형식품 등"이란 다음 각 목의 것을 말한다.
   가. 「식품위생법」 제12조의2 제1항의 유전자변형식품 및 유전자변형식품첨가물
   나. 「건강기능식품에 관한 법률」 제17조의2의 유전자변형건강기능식품
   다. 「축산물 위생관리법」 제2조 제2호에 따른 축산물 중 유전자변형농축수산물을 원재료로 하여 제조·가공한 축산물
   라. 「농수산물 품질관리법」 제2조 제11호의 유전자변형농수산물(콩나물, 콩잎처럼 해당 품목의 종자를 싹 틔워 기른 채소 등을 포함한다. 이하 같다.)

유전자변형식품등의 안전성 심사 등에 관한 규정 식품의약품안전처 고시 제2021-67호(2021. 8. 6. 개정)

제2조(정의) 이 고시에서 사용하는 용어의 뜻은 다음과 같다.

1. "유전자변형"이란 인위적으로 유전자를 재조합하거나 유전자를 구성하는 핵산을 세포 또는

세포내 소기관으로 직접 주입하는 기술, 분류학에 의한 과의 범위를 넘는 세포융합기술 등 현대 생명 공학기술(이하 "유전자변형기술"이라 한다)를 이용 또는 활용하여 농산물 · 축산물 · 수산물 · 미생물(이하 "농축수산물"이라 한다.)의 유전자를 변형시킨 것을 말한다.

2. "유전자변형농축수산물"이란 제1호와 같이 유전자변형된 농축수산물을 재배 · 육성 · 생산한 것을 말한다.
3. "유전자변형식품"이란 유전자변형농축수산물을 원재료로 하거나 또는 이용하여 제조 · 가공된 식품(건강기능식품을 포함한다. 이하 같다.) 또는 식품첨가물을 말한다.

식품위생법

제12조의2(유전자변형식품 등의 표시) ① 다음 각 호의 어느 하나에 해당하는 생명공학기술을 활용하여 재배 · 육성된 농산물 · 축산물 · 수산물 등을 원재료로 하여 제조 · 가공한 식품 또는 식품첨가물(이하 "유전자변형식품 등"이라 한다)은 유전자변형식품임을 표시하여야 한다. 다만, 제조 · 가공 후에 유전자변형 디엔에이(DNA, deoxyribonucleic acid) 또는 유전자변형 단백질이 남아 있는 유전자변형식품 등에 한정한다.

1. 인위적으로 유전자를 재조합하거나 유전자를 구성하는 핵산을 세포 또는 세포 내 소기관으로 직접 주입하는 기술
2. 분류학에 따른 과(科)의 범위를 넘는 세포융합기술

건강기능식품에 관한 법률

제17조의2(유전자변형건강기능식품의 표시 등) ① 영업자(「수입식품안전관리 특별법」 제15조에 따라 등록한 수입식품 등 수입 · 판매업자를 포함한다. 이하 이 조에서 같다.)는 다음 각 호의 어느 하나에 해당하는 생명 공학기술을 활용하여 재배 · 육성된 농산물 · 축산물 · 수산물 등을 원재료로 하여 제조 · 가공한 건강기능식품(이하 "유전자변형건강기능식품"이라 한다)은 유전자변형건강기능식품임을 표시하여야 한다. 다만, 제조 · 가공 후에 유전자변형 디엔에이(DNA, deoxyribonucleic acid) 또는 유전자변형단백질이 남아 있는 유전자변형건강기능식품에 한정한다.

1. 인위적으로 유전자를 재조합하거나 유전자를 구성하는 핵산을 세포 또는 세포 내 소기관으로 직접 주입하는 기술
2. 분류학에 따른 과(科)의 범위를 넘는 세포융합기술

농수산물 품질관리법

제2조(정의) 이 법에서 사용하는 용어의 뜻은 다음과 같다.

11. "유전자변형농수산물"이란 인공적으로 유전자를 분리하거나 재조합하여 의도한 특성을 갖도록 한 농수산물을 말한다.

유전자변형생물체의 국가 간 이동 등에 관한 법률(약칭: 유전자변형생물체법)

제2조(정의) 이 법에서 사용하는 용어의 뜻은 다음과 같다.

2. "유전자변형생물체"란 다음 각 목의 현대생명공학기술을 이용하여 새롭게 조합된 유전물질을 포함하고 있는 생물체를 말한다.
   가. 인위적으로 유전자를 재조합하거나 유전자를 구성하는 핵산을 세포 또는 세포 내 소기관으로 직접 주입하는 기술
   나. 분류학에 의한 과(科)의 범위를 넘는 세포융합기술

(2) 유전자변형식품의 현황

유전자변형식품은 1994년 미국의 칼젠사가 수확 후 상당 기간 무르지 않는 토마토(Flavr Savr)를 개발하여 판매한 이후, 1996년 미국 몬산토사가 개발한 제초제 내성 콩(round-up ready soybean)과 스위스 노바티스사가 개발한 병충해 내성 옥수수(Btmaize)를 통해 본격적으로 상품화되기 시작하여 현재 전 세계적으로 많은 종류가 상업화되어 이용되고 있다.

① 유전자변형작물 재배 현황

1996년 이후 전 세계적으로 유전자변형작물의 재배 면적은 꾸준히 증가하여 2019년에는 1억 9,040만 핵타르에 이르게 되었다.

2019년 말 기준 유전자변형작물을 재배한 국가는 29개국이며, 유전자변형작물 재배 면적 비중이 가장 높은 5개국은 미국(38%), 브라질(28%), 아르헨티나(13%), 캐나다 (79%), 인도(6%)이다(표 6-1). 유럽연합 회원국인 슬로바키아와 체코는 유전자변형

작물에 대한 까다로운 보고 절차와 사료업계의 non-GMO 옥수수 요구로 인하여 2017년 유전자변형작물 재배 국가에서 제외되었다. 유전자변형생물체가 인체와 환경에 미칠 위해를 사전에 방지하기 위해 1999「바이오안전성에 관한 카르타헤나 의정서(cartagena protocol on biosafety, 카르타헤나 의정서)가 제안되었으며, 2000년 국제협약으로 채택되었다. 우리나라는 협약의 이행을 위해 2001년「유전자변형생물체법」를 제정하고 2008년부터 시행하였다. 2010년 카르타헤나 의정서의 책임 및 구제에 관한 나고야 쿠알라룸푸르 추가 의정서가 채택되어 2014년 UN에서 처음 발효되었다. 2022년 4월 기준 바이오안전성 의정서 가입 국가는 우리나라를 포함한 172개국과 EU이며, 주요 비당사국으로는 미국, 러시아, 호주, 캐나다, 아르헨티나, 싱가포르가 있다. 2022년 4월 기준 나고야 쿠알라룸푸르 추가 의정서는 139개국이 비준하였다.

표 6-1 국가별 유전자변형작물 재배 면적(2017년 말 기준) (단위: 백만 헥타르)

순위	국가	재배 면적	유전자변형 작물
1	미국	71.5	옥수수, 대두, 면화, 카놀라, 사탕무, 알팔파, 파파야, 호박, 감자, 사과
2	브라질	52.8	대두, 옥수수, 면화, 사탕수
3	아르헨티나	24	대두, 옥수수, 면화, 알팔파
4	캐나다	12.5	카놀라, 옥수수, 대두, 사탕무, 알팔파, 사과
5	인도	11.9	면화
6	파라과이	4.1	대두, 옥수수, 면화
7	중국	3.2	면화, 파파야
8	남아공	2.7	옥수수, 대두, 면화
9	파키스탄	2.5	면화
10	볼리비아	1.4	대두
11	우루과이	1.2	대두, 옥수수
12	필리핀	0.9	옥수수
13	호주	0.6	면화, 카놀라, 홍화
14	미얀마	0.3	면화
15	수단	0.2	면화
16	멕시코	0.2	면화

순위	국가	재배 면적	유전자변형 작물
17	스페인	0.1	옥수수
18	콜롬비아	0.1	면화, 옥수수
19	베트남	0.1	옥수수
20	온두라스	<0.1	옥수수
21	칠레	<0.1	옥수수, 카놀라
22	말라위	<0.1	면화
23	포르투갈	<0.1	옥수수
24	인도네시아	<0.1	사탕수수
25	방글라데시	<0.1	가지
26	나이지리아	<0.1	면화
27	에스와티니	<0.1	면화
28	에티오피아	<0.1	면화
29	코스타리카	<0.1	면화, 파인애플
합계		190.4	

출처: 한국바이오안전성정보센터.

유전자변형작물은 콩, 옥수수, 면화, 유채(카놀라)를 중심으로 재배되는데, 콩이 전 세계 재배 면적의 약 48.3%를 점유하여 가장 많고, 그다음이 옥수수(32.0%) > 면화(13.5%) > 유채(5.3%)순 순이며, 전체 재배 면적당 유전자변형작물이 차지하는 비중은 면화(79%) > 콩(74%) > 옥수수(31%) > 유채(27%)순이다(표 6-2). 2019년 작물별 재배 면적은 전년 대비 콩이 약간 감소하였고, 옥수수와 면화는 약간 증가하였으 며 카놀라는 변동이 없었다.

현재 상업화된 유전자변형작물은 대부분 제초제 내성 및 해충 저항성 작물인데, 그중 70%를 차지하는 제초제 내성 유전자변형작물은 재배·관리가 편하여 콩, 옥수수, 유채, 면화, 사탕무 등이 개발되고 상업화되었다. 해충 저항성 유전자변형작물은 특정 해충에 대해 살충 효과를 지니는 토양 미생물 유전자를 도입하여 수확량이 늘어나게 한 것으로, 콩, 옥수수, 유채, 면화 등이 상업화되었다. 수술의 불임으로 꽃가루가

임성을 가지지 못하는 웅성불임 유전자변형작물은 제초제 내성 및 해충 저항성 유전자변형작물 개발과 함께 도입되었고, 이들의 유전자가 의도하지 않게 다른 식물체로 이동하는 것을 방지하도록 하였다.

이 외에 홍수, 가뭄, 고온 환경스트레스 내성 벼와 필수아미노산 함유 옥수수, 오메가-3지방산 함유 유채, 리코펜 함량 증가 토마토, 칼슘 함량 증가 상추와 당근, 전분 탄성 변화 감자 등의 유전자변형작물이 해외에서 연구 · 개발 중이다.

표 6-2 유전자변형작물별 재배 면적 비율(2020 FAO 통계) (단위: 백만 헥타르)

작물	전체 재배 면적(A)	LMO 재배 면적(B)	비중(B/A)
콩	124.9	91.9(48.3%)	74%
면화	32.4	25.7(13.5%)	79%
옥수수	193.4	60.9(32.0%)	31%
유채(카놀라)	37.6	10.1(5.3%)	27%

출처: 한국바이오안전성정보센터.

국내에서는 벼(36종), 고추(1종), 유채(2종), 감자(8종), 배추(8종), 양배추(1종), 토마토(2종), 들깨(2종), 콩(4종), 박(2종), 마늘(1종), 사과(2종), 피튜니아(petunia, 2종), 알팔파(alfalfa, 4종), 국화(1종), 버어즈풋트레포일(birds foot trefoil, 2종), 옥수수(2종), 톨페스큐(tall fescue, 3종), 감귤(1종) 품목이 개발되고 있으나 유전자변형작물 재배는 이루어지지 않은 것으로 확인되었다.

② 우리나라 유전자변형식품 수입 현황

유전자변형생물체법이 시행됨에 따라 국내에 수입되는 콩, 옥수수, 면화, 유채(카놀라) 등은 용도별로 위해성 심사를 완료하여 승인을 받아야 하는데, 우리나라는 2022년 5월 기준 식품용 총 193건, 농업용(사료용) 총 171건, 산업용 총 96건, 보건의료용 총 2건에 대해 수입을 승인하였다(표 6-3).

표 6-3 우리나라 유전자변형식품 승인 현황 (2022년 5월 기준)

용도	승인 내용
식품용	• 2021년 식품용 유전자변형생물체 위해성심사 결과 3건의 이벤트에 대하여 승인 결정 – 옥수수, 후대교배종 1건 – 면화, 단일 이벤트 1건, 후대교배종 1건 • 2008년부터 2021년 말까지 7개 작물, 4개 미생물, 총 193건에 대하여 승인 결정 – 대두(29건), 옥수수(93건), 면화(35건), 카놀라(17건), 감자(4건), 알팔파(5건), 사탕무(1건), 미생물(9건)
농업용 (사료용)	• 2021년 사료용 유전자변형생물체 위해성심사 결과 3건의 이벤트에 대하여 승인 결정 – 옥수수, 후대교배종 2건 – 면화, 단일 이벤트 1건 • 2008년부터 2021년 말까지 5개 작물, 총 171건에 대하여 승인 결정 – 대두(29건), 옥수수(89건), 면화(31건), 카놀라(17건), 알팔파(5건)
산업용	• 총 96건이 승인되었으며, 옥수수(90건), 식물세포(1건), 미성물(5건) • 산업용을 목적으로 한 유전자변형옥수수 위해성심사 완료 – 식품용 또는 사료용으로 이미 승인된 유전자변형 옥수수 90건에 대한 근거 자료 확인, 검토 및 사전검토 진행 • 다른 용도로 이미 승인된 LMO에 대해 용도를 변경하여 수입·이용 시 위해성심사를 간소화하여 기업 부담 완화 및 산업육성 지원
보건 의료용	• 2021년 밀폐이용(생산공정이용) 유전자변형생물체 위해성심사 결과 2건의 이벤트에 대하여 승인 결정 – 식물세포(1건), 미생물(1건) • 2021년 말까지 승인된 미생물 및 식물세포는 최종제품으로 판매되는 것이 아닌 식품첨가물, 유용 효소 및 화장품 원재료 등을 생산하는 과정에 투입되어 활용 – 식품용 누적, 9개 이벤트 – 산업용 누적, 6개 이벤트 – 보건의료용 누적, 2개 이벤트

출처: 한국바이오안전성정보센터.

2021년 국내에 수입승인된 식품용·사료용 유전자변형생물체는 약 총 1,114.5만 톤, 34.5억 달러 규모로 2020년에 비하여 수입 물량은 감소하였으나, 코로나 팬데믹으로 인한 인플레이션으로 원자재 가격이 상승하여 수입금액은 큰 폭으로 증가하였다(그림 6-1). 용도별로는 전체 유전자변형생물체 수입 승인량 중 84.2%인 939.0만 톤을 농업용(사료용) 유전자변형생물체가, 나머지 15.7%인 175.5만 톤을 식품용 유전자변형생물체가 차지하고 있다. 작물별로는 2021년 전체 유전자변형생물체 수입 승인량 중 83%인 923.4만 톤을 사료용 GM 옥수수, 9%인 105.6만 톤을 식품용 GM 대두, 8%인 70.0만 톤을 식품용 GM옥수수, 1%인 15.6만 톤을 사료용 GM면화가 차지하고 있다(표 6-4).

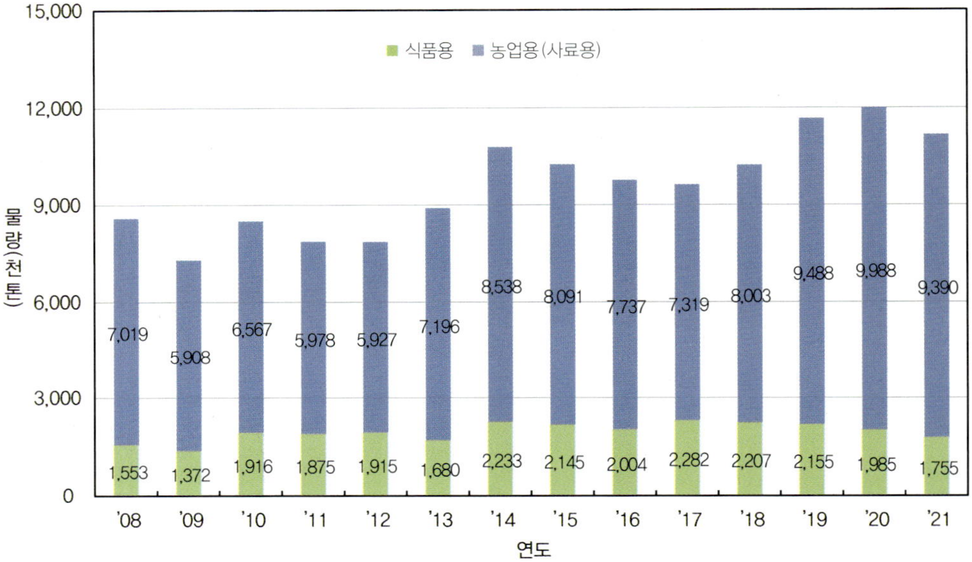

그림 6-1 유전자변형식품 수입양의 변화(2008~2021)

표 6-4 용도별, 작물별 유전자변형식품 수입 승인 현황(2021년 12월 기준) (단위: 천 톤, 천 달러)

용도	식품용				농업용(사료용)				
작물	옥수수	대두	카놀라	소계	면실유	옥수수	대두	기타	소계
물량	700	1,056	0	1,755	156	9,234	소량	소량	9,390
금액	213,067	571,883	0	784,950	52,523	2,614,692	소액	소액	2,667,216

출처: 한국바이오안전성정보센터.

수입 국가에 있어서는 2020년과 달리 곡물 교역 상대국이 아르헨티나(41.4%)를 비롯한 미국(33.3%), 브라질 (17.7%) 등 아메리카 국가로 다시 집중되었다(표 6-5),

식품용 대두는 미국으로부터 39.9만 톤, 브라질에서 65.5만 톤을 수입하여 브라질이 식품용 유전자변형 대두 최대 교역국의 지위를 유지하고 있다. 또 2021년에는 우크라이나로부터 식품용 유전자변형 옥수수가 수입되지 않은 대신 남아프리카공화국이 새롭게 식품용 유전자변형 옥수수 교역국으로 등장했다. 2020년에 이어 2021년에도 아르헨티나에서 유전자변형 옥수수를 사료용으로 가장 많이 수입(49%)하였으며 교역량도 전년도에 비하여 크게 증가하였다. 사료용 면화는 미국으로부터의 수입량이 감소하고 대신 호주로부터의 수입량이 크게 증가하였다.

표 6-5 우리나라 주요 국가별/작물별 유전자변형식품 수입 승인 현황(2021년 12월 기준)

(단위: 만 톤, 백만 달러)

국가	연도	총계		옥수수		대두		면화	
		물량	금액	물량	금액	물량	금액	물량	금액
미국	2020	3,511	800,811	2,956	608,339	374	159,230	181	33,242
	2021	3,711	1,072,521	3,229	831,298	400	215,715	81	25,508
브라질	2020	2,798	668,590	2,175	422,887	613	243,012	10	2,692
	2021	1,971	716,968	1,307	358,018	656	356,075	9	2,875
아르헨티나	2020	2,938	569,068	2,938	568,980	–	–	0.4	88
	2021	4,621	1,398,941	4,616	1,397,365	–	–	4	1,576
기타	2020	2,726	566,034	2,716	563,363	0.1	147	10	2,524
	2021	843	264,070	781	241,386	0.1	93	61	22,591
총계	2020	11,973	2,604,504	10,785	2,163,569	986	402,389	201	38,546
	2021	11,145	3,452,501	9,934	2,828,067	1,056	571,883	156	52,550

출처: 한국바이오안전성정보센터.

(3) 유전자변형식품의 개발 과정

유전자변형식품을 개발하려면 여러 생물체로부터 유용한 유전자를 찾아 분리 · 재조합한 후 식물세포에 도입하여 선발하고 이에 대한 안전성을 확인하는 과정을 거쳐야 한다(표 6-6).

| 표 6-6 | 유전자변형식품의 개발 과정

개발 단계	내용
유전자 발굴	여러 생물체(식물, 동물, 미생물)에서 원하는 특성을 결정하는 유전자를 찾아내는 과정
⇩	
유전자 재조합	여러 생물체로부터 분리한 유전자가 효과적으로 발현되도록 유전자의 일부를 잘라내거나 서열을 변경하는 등 재조합하는 과정
⇩	
유전자 도입	적절하게 재조합된 유전자를 식물세포에 넣어 주는 과정
⇩	
우수계통 선발	원하는 유전자가 안정적으로 도입되어 발현되고, 도입된 형질 이외의 다른 농업적 형질이 변화되지 않은 계통을 선발하는 과정
⇩	
안전성 평가	유전자변형작물을 재배하고 그 생산물을 식품으로 사용하기 위하여 생체 및 환경에 대한 안전성을 미리 평가하는 과정

유전자변형식품 개발의 첫 단계는 우리가 원하는 특성을 결정하는 유용한 유전자를 찾는 것인데, 전통육종법과는 달리 종의 한계를 넘어 동물이나 미생물에서도 유용한 유전자를 찾을 수 있으며 이후 식물세포 내에서 효과적으로 발현되도록 유전자 일부를 변경하기도 한다.

유용한 유전자를 찾으면 제한효소(restriction enzyme), DNA 연결효소(DNA ligase) 등을 사용하여 DNA를 분리하고 연결한 후 식물세포에서 발현되기 적합하도록 변경하는 유전자 재조합 과정을 거친다.

재조합한 유전자는 원하는 생물체에 도입하게 되는데, 대부분 유전자 재조합 작물을 이용한다. 식물체에 유전자를 넣어 주는 방법은 아그로박테리움법이나 유전자총 이용법이며, 이외에 미세주사법, 바이러스 이용법, 원형질체 이식법, 전기충격법 등이 있다.

① 아그로박테리움 이용법

자연계에 존재하는 토양 세균의 하나인 아그로박테리움(*Agrobacterium tumafaciens*)

은 자신이 가진 플라스미드 유전자를 식물세포의 염색체에 쉽게 전달하여 식물에 근두암종병(crown gall)이라고 하는 암종 세포 덩어리를 만드는 병원균이다. 플라스미드를 구성하고 있는 유전자 중 식물에 종양을 일으키는 유전자를 제거하고 이용하고자 하는 유용한 유전자를 연결시켜 아그로박테리움에 넣은 후, 아그로박테리움을 식물세포에 접촉·감염시키면 유용한 유전자가 식물세포 내로 들어갈 수 있다(그림 6-2).

- 재조합된 유전자는 아그로박테리움을 이용해 변형될 식물세포에 이식한다.
- 변형된 식물세포를 배양한다.
- 변형된 유전형질을 가진 식물로 성장한다.

출처: 식품의약품안전처.

그림 6-2 아그로박테리움을 이용한 유전자 도입법

② 유전자총 이용법

유전자총(particle bombardment) 이용법은 재조합한 유전자를 지름 1∼2μm의 금 또는 텅스텐 금속 미립자에 코팅하고, 고압가스의 힘으로 미립자를 식물의 잎 절편 또는 세포 덩어리에 투입하여 물리적으로 식물세포의 염색체에 접촉하도록 함으로써 유용한 유전자를 직접 식물세포 내로 도입하는 방법이다(그림 6-3).

- 재조합된 유전자를 금속입자에 코팅한 후 변형시킬 식물세포에 발사한다.
- 변형된 식물세포를 배양한다.
- 변형된 유전형질을 가진 식물로 성장한다.

출처: 식품의약품안전처.

그림 6-3 유전자총을 이용한 유전자 도입법

유전자가 도입된 식물체는 세대를 진전시키면서 우수한 계통을 선발하게 되는데, 때로는 상업적으로 우수한 품종과 교배하기도 한다.

2) 유전자변형식품의 안전성 평가

유전자변형생물체는 유전공학 기술을 이용하여 인위적으로 유전자의 특성을 바꾼 것이므로, 사람에게 어떤 위해성이 있는지, 환경에 어떤 영향을 끼치는지 사전에 확인하는 안전성 심사를 거친 후 식품으로 사용할 수 있다. 유전자변형식품의 안전성 평가는 유전자 재조합 기술로 생산된 식물, 동물, 미생물을 원료로 하여 만들어진 식품의 섭취 시 발생할 수 있는 위해성 여부를 예측하기 위한 검사로서, 식품의약품안전처 '유전자변형식품 안전성 평가자료 심사위원회'에서 시행한다. 우리나라는 미승인 유전자변형식품이 국내에 유통되지 않도록 「식품위생법」에 따라 유전자변형식품의 안전성 심사를 의무화하여 시행하고 있으며, 기존의 식품만큼 안전하다고 입증된 농산물만 식품으로서 수입을 승인한다.

(1) 유전자변형식품 안전성 평가의 원칙

① 안전성 평가는 과학적이고 투명하게 진행되어야 한다.

② 기존의 식품과 비교 · 분석하는 상대적 평가를 통해 실질적 동등성(substantial equivalence)이 확인되어야 한다. 실질적 동등성은 유전자변형기술이 적용되기 전의 기존 식품만큼 안전한지 확인하기 위하여 유전자변형식품을 기존 식품과 비교하는 평가 개념이다.

③ 식품별 특성에 따른 평가방법을 이용하여 사안별(case-by-case) 평가가 이루어져야 한다.

(2) 유전자변형식품 안전성 평가의 특징

① 유전자변형식품의 안전성 평가는 단일 화합물과는 달리 다수의 구성요소와

이들의 복잡한 상호작용으로 얽혀 있는 생물체를 대상으로 한다.

② 절대 평가가 어렵다.

③ 기존에 잘 알려진 친숙한 작물 또는 식품을 기준으로 설정한다.

(3) 유전자변형식품의 안전성 평가 항목

유전자변형식품의 안전성 평가는 인체안전성 평가와 환경위해성 평가로 이루어진다(표 6-7). 유전자변형식품이 기존 식품(유전자변형기술을 적용하기 전 자연상태의 식품)과 차이점이 있는가를 조사하며, 그 차이점이 인체와 환경에 위해를 일으킬 수 있는지 평가하여야 한다.

표 6-7 유전자변형식품의 안전성 평가 항목

종류	항목	내용
인체 안전성 평가	실질적 동등성 및 영양 성분 평가	농업적 특성 분석(작물의 성장률, 생산량, 질병 저항성, 제초제 저항성, 관능적 특성)
		일반 성분 분석(탄수화물, 단백질, 지방, 회분, 섬유소, 수분 등)
		미량 성분 분석(비타민, 무기질 등)
		기타 미량 성분 분석(항영양소 등)
		영양성 평가(닭을 이용한 영양시험, 메기를 이용한 영양시험)
	일반 정보 및 분자생물학적 특성 평가	GMO 개발 목적 및 이용방법
		숙주 정보
		공여체 정보
		유전자 재조합 정보
		유전자 재조합체 특성 정보
	독성 평가	단백질 독소와의 유사성 평가
		소화 과정 중 분해 여부 검사
		열처리 시 분해 여부 검사
		실험동물에 직접 섭취시켜 독성 여부 조사

종류	항목	내용
인체 안전성 평가	알레르기성 평가	알려진 알레르겐과의 유사성 평가
		소화 과정 중 분해 여부 검사
		열처리 시 분해 여부 검사
		알레르기 환자 혈청항체와 결합 여부 검사
환경 위해성 평가	농업적 특성 평가	유전자변형 후의 특성을 조사, 평가
	유전자 이동성 평가	도입된 유전자가 다른 생물체로 이동되는지 조사, 평가
	잡초화 가능성 평가	자연 생태계에서 잡초화될 가능성과 그 영향을 평가
	비표적 생물체 영향 평가	주변 생태계의 다른 동식물 및 미생물 등에 미치는 영향 평가

① 인체안전성 평가

가) 실질적 동등성 및 영양 성분 평가

화학물질, 의약품, 농약 등의 안전성 평가는 물질 자체에 대한 절대적 평가가 가능하나 유전자변형식품의 경우에는 절대 평가가 어려우므로 유전자변형 기술이 적용되기 전의 기존 식품만큼 안전한지 비교하는 평가 개념으로 실질적 동등성을 조사한다.

나) 일반 정보 및 분자생물학적 특성 평가

유전자 도입방법 및 유전자변형의 도입 유전자에 대하여 안전성과 관련한 분자생물학적 특성을 조사하는 시험이다. 유전자변형생물체의 개발 목적 및 이용방법, 새로운 유전자가 삽입될 대상 생물체에 대한 분류 · 역사, 알려진 독성 및 식경험 자료에 대한 분석, 숙주에 새로 삽입되는 유전자의 공급원이 되는 생물체에 대한 분류 · 역사, 유전자 재조합에 대한 자료 분석이 이루어진다.

다) 독성 평가

유전자변형식품에 새롭게 삽입된 유전자는 기존의 식품에 없었던 신규 단백질을 생산한다. 독성 평가에서는 우선 신규 단백질이 독성을 일으킬 수 있는가를 조사하며, 이것만으로 평가하기 어려운 경우에는 신규 단백질이 포함된 식품 자체에 대한 독성 평가도 실시한다. 식품 자체에 대한 독성 평가는 유전자변형식품을 실험동물에

3개월 정도 지속적으로 섭취시키고 체중 변화, 일반 증상, 안검사, 요검사, 혈액 검사, 혈청생화학 검사, 부검 소견, 병리조직 검사 등을 실시함으로써 기존 식품과 비교하여 실험동물에 독성을 일으키는가를 조사한다.

라) 알레르기성 평가

식품알레르기란 식품의 특정 단백질에 대한 생체 면역계의 비정상적인 반응으로, 유전자변형식품에 새로 들어간 유전자가 생산하는 신규 단백질이 인체에 대한 부작용으로 알레르기를 일으키는지 조사한다.

② 환경위해성 평가

유전자변형생물체는 살아 있는 생물체로서 지속적으로 살아갈 수 있으므로 환경에 방출되었을 때 자연 생태계에 끼칠 수 있는 잠재적 위허성을 알아보기 위하여 환경위해성 평가를 실시한다.

가) 농업적 특성 및 성질 평가

유전자변형 후의 개선된 특성 및 성질이 얼마나 나타나고 있는지를 평가하며, 유전자변형 전의 생물종과 비교하여 차이점을 조사한다.

나) 유전자 이동성 평가

유전자변형작물에 새로 도입된 유전자가 꽃가루에 의해 다른 작물에 수정되어 나타날 수 있는 영향을 평가한다.

다) 잡초화 가능성 평가

유전자변형작물이 환경에 방출되어 생장하면서 잡초화될 가능성에 대해 조사하고, 잡초화된 경우 생태계에 미치는 변화와 그에 따른 영향을 평가한다.

라) 비표적 생물체 영향 평가

비표적 생물체란 개발된 유전자변형생물체가 목표로 하는 생물 이외의 다른 모든 생물체를 말하며, 유전자변형생물체가 환경에 방출되어 생장하면서 주변 생태계의 동식물, 조류, 곤충, 미생물 등 다른 생물에 어떤 영향을 미치는지 조사한다.

3) 유전자변형식품의 표시기준

(1) 우리나라의 유전자변형식품 표시제도

우리나라는 소비자에게 유전자변형식품에 대한 올바른 정보를 제공하기 위하여 「식품위생법」 제12조의2, 「건강기능식품에 관한 법률」 제17조의 2, 「식품 등의 표시 · 광고에 관한 법률」 제4조 관련 「식품등의 표시기준(식품의약품안전처 고시) 및 「농수산물 품질관리법」 제56조 및 같은 법 시험령 제20조 「유전자변형생물체의 국가 간 이동 등에 관한 법률 제24조에 유전자변형식품 등의 표시 대상, 표시의무자 및 표시방법 등에 필요한 사항을 규정하고 있다(표 6-8).

표 6-8 우리나라 유전자변형식품에 관한 표시 내용 및 방법

구분	식품위생법	건강기능식품에 관한 법률	농수산물 품질관리법	유전자변형생물체의 국가 간 이동 등에 관한 법률
법 조항	• 제12조의2(유전자변형식품 등의 표시)	• 제17조의2(유전자변형건강기능식품 등의 표시)	• 제56조(유전자변형농수산물의 표시)	• 제24조(표시)
관련 고시	• 「유전자변형식품 등의 표시기준」 식품의약품안전처 고시			• 「유전자변형생물체의 국가 간 이동 등에 관한 통합고시」 과학기술정보통신부 고시
표시 대상	• 식품용으로 승인된 유전자변형농축수산물과 이를 원재료로 제조 · 가공한 식품 또는 식품첨가물 중 제조 · 가공 후에도 유전자변형 DNA나 유전자변형 단백질이 남아 있는 식품(건강기능식품 포함)(비의도적 혼입치 3% 이하인 유전자변형식품 중 구분유통증명서나 정부증명서를 구비한 경우나 고도로 정제 · 가공되어 최종 식품에 유전자변형 DNA나 단백질이 남아 있지 않은 당류, 유지류 등은 표시 면제 가능)		• 안전성 평가 결과 식품의약품안전처장이 식용으로 적합하다고 인정하여 고시한 품목인 대두, 옥수수, 캐놀라, 면화, 사탕무, 알팔파, 감자(이를 싹틔워 기른 농산물 포함)	• 유전자변형생물체

<table>
<tr><th>구분</th><th>식품위생법</th><th>건강기능식품에 관한 법률</th><th>농수산물 품질관리법</th><th>유전자변형생물체의 국가 간 이동 등에 관한 법률</th></tr>
<tr><td>표시 의무자</td><td colspan="2">•「식품위생법 시행령」 제21조에 따른 식품 제조·가공업, 즉석판매 제조·가공업, 식품첨가물 제조업, 식품 소분업, 유통전문판매업 영업을 하는 자
•「수입식품안전관리 특별법 시행령」 제2조에 따른 수입식품 등 수입·판매업 영업을 하는 자
•「건강기능식품에 관한 법률 시행령」 제2조에 따른 건강기능식품 제조업, 건강기능식품 유통전문판매업 영업을 하는 자
•「축산물 위생관리법 시행령」 제21조에 따른 축산물 가공업, 축산물 유통전문판매업 영업을 하는 자</td><td>• 유전자변형농수산물을 생산하여 출하하는 자, 판매하는 자, 판매할 목적으로 보관·진열하는 자</td><td>• 유전자변형생물체를 개발·생산 또는 수입하는 자</td></tr>
<tr><td>표시 방법</td><td colspan="3">• 지워지지 않는 잉크·각인 또는 소인, 스티커 등을 사용하여 소비자가 잘 알아볼 수 있도록 용기·포장의 바탕색과 구별되는 색상으로 12포인트 이상의 활자로 선명하게 표시
• 유전자변형농축수산물은 “유전자변형○○”, “유전자변형○○로 생산한 ○○○”로 표시
• 유전자변형농축수산물이 포함된 경우 “유전자변형○○ 포함”, “유전자변형○○로 생산한 ○○○ 포함”으로 표시
• 유전자변형농축수산물 포함 가능성 있는 경우에는 “유전자변형○○ 포함 가능성 있음”, “유전자변형○○로 생산한 ○○○ 프함 가능성 있음”으로 표시 가능
• 유전자변형식품은 제품 주 표시면 또는 원재료명 앞에 “유전자변형식품”, “유전자변형식품첨가물”, “유전자변형건강기능식품” 또는 “유전자변형○○ 포함 식품”, “유전자변형○○ 포함 식품첨가물”, “유전자변형○○ 포함 건강기능식품”으로 표시
• 유전자변형 여부를 확인할 수 없는 경우에는 “유전자변형○○ 포함 가능성 있음”으로 표시 가능</td><td>• 유전자변형생물체의 명칭·종류·용도 및 특성
• 유전자변형생물체의 안전한 취급을 위한 주의사항
• 유전자변형생물체의 수출자 및 수입자의 성명·주소 및 전화번호
• 유전자변형생물체에 해당하는 사실
• 환경 방출로 사용되는 유전자변형생물체 해당 여부</td></tr>
</table>

(2) 유전자변형식품 표시기준의 적용 특례

우리나라는 「유전자변형식품 등의 표시기준」에 관한 식품의약품안전처 고시에 근거하여 다음과 같은 표시사항 특례를 적용할 수 있다.

① 즉석판매제조·가공업의 영업자가 자신이 제조·가공한 유전자변형식품을 진열 판매하는 경우로서 유전자변형식품 표시사항을 진열 상자에 표시하거나, 별도의 표지판에 기재하여 게시하는 때는 개개의 제품별 표시를 생략할 수 있다.

② 두부류를 운반용 위생 상자를 사용하여 판매하는 경우로서 그 위생 상자에 유전자변형식품 표시사항을 표시하거나, 별도의 표지판에 기재하여 게시하는 때는 개개의 제품별 표시를 생략할 수 있다.

(3) 유전자변형식품 표시기준 위반 시 처리사항

우리나라는 총리령으로 정하는 「식품위생법 시행규칙」과 「수입식품안전관리 특별법 시행규칙」에 따라 유전자변형식품의 표시기준 위반 시 다음과 같이 행정 처분한다(표 6-9).

| 표 6-9 | 유전자변형식품 표시기준 위반 시 처분사항

구분	식품위생법 (품목 제조 정지)			수입식품안전관리 특별법 (영업 정지)		
	1차 위반	2차 위반	3차 위반	1차 위반	2차 위반	3차 위반
유전자변형식품에 유전자변형식품임을 표시하지 아니한 경우	15일	1개월	2개월	5일	10일	20일
유전자변형식품을 유전자변형식품이 아닌 것으로 표시·광고한 경우	1개월	2개월	3개월	10일	20일	1개월

(4) 다른 나라의 유전자변형식품 표시기준

유전자변형식품에 대한 표시기준은 나라마다 차이가 있다. 우리나라를 포함하여 일본, 유럽연합은 유전자변형식품에 대한 표시 제도를 실시하고 있으며, 미국은 유전자변형식품에 대해 표시하지 않으나, 기존 식품과 영양성, 알레르기성 등이 차이 나는 경우에는 표시하도록 하고 있다(표 6-10).

표 6-10 주요 국가의 유전자변형식품 표시기준

구분	한국	일본	유럽연합	미국
표시 원칙	검사 가능 여부		원료 사용 여부	미표시
표시 대상	GMO 흔적이 남아 있는 식품 원료 함량 상위 5순위 이내	GMO 흔적이 남아 있는 식품 원료 함량 상위 3순위 이내로 5% 이상 함유	모든 식품	–
비의도적 혼입허용치[5]	3% 이하	5% 이하	0.9% 이하	–
사후 관리	서류 확인 및 검사		이력추적제	–

[5]비의도적 혼입허용치: 유전자변형 농산물이 일반 농산물과 섞이는 것을 방지하기 위하여 농산물 종자의 구입부터 제품의 재배·생산까지 별도의 운송수단을 사용하는 등 구분해서 관리하고 있다. 그러나 꽃가루에 의해 유전자변형 농산물이 일반 농산물 밭에서 자라거나 운반 과정에서 섞이는 등 의도하지 않은 요인에 의해 불가피하게 유전자변형 농산물이 일반 농산물에 혼입될 수 있어 이를 완전히 방지하기는 현실적으로 불가능하다. 이러한 이유로 국가별로 비의도적 혼입허용치를 정하고 그 이하로 혼입된 경우에는 표시를 면제하고 있다. 우리나라는 유전자변형 농산물의 비의도적 혼입치를 3%까지 허용하며, 일본은 5%, 유럽은 0.9%까지 허용하고 있다. 미국은 의무표시제를 운영하지 않아 혼입허용치가 없다.

제2절 방사선 조사식품

1) 방사선 조사의 개념과 목적

(1) 방사선 조사의 개념

불안정한 원자핵을 가진 원소가 방사선을 내놓고 안정한 원자핵을 가진 다른 원소로 바뀌는 것을 방사능 붕괴라고 한다. 방사선(radiation)은 물질을 통과할 때 물질의 원자, 원자단, 분자 등을 전리시켜 이온을 생성하는데, 이러한 성질을 지닌 방사선을 전리방사선이라고 하며, γ-선, 전자선, X-선, 자외선, α-선, 중성자선 등이 있다.

방사선 조사(irradiation)는 식품 등의 발아 억제, 살균, 살충 또는 숙도 조절을 목적으로 γ-선 또는 전자선 가속기에서 방출되는 에너지를 복사(radiation)하는 방식으로 식품에 조사한다. 선종과 사용 목적 또는 처리방식(조사)에 따라 γ-선 살균, 전자선 살균, γ-선 살충, 전자선 살충, γ-선 조사, 전자선 조사 등으로 구분하거나, 통칭하여 방사선 살균, 방사선 살충, 방사선 조사 등으로 구분한다. 식품 및 의료용품에 활용되는 비율은 γ-선이 80% 이상, 전자선이 20% 미만이며, X-선은 진단용으로 많이 사용된다. 방사선의 흡수선량은 Gy(그레이, gray) 단위로 나타내는데, 1Gy는 1kg의 식품이 1J(줄, joule)의 에너지를 흡수했을 때의 에너지 양이다.

(2) 방사선 조사의 목적

1921년 미국이 육류의 기생충 오염 문제를 해결하기 위하여 최초로 특허를 획득하였으며, 그 이후 1950년대부터 각국에서는 식품을 장기간 안전하게 보관하기 위하여 방사선 조사에 관한 연구를 시작하였다. 1960년대에는 군 비축 식량과 우주인 식량 등에 이용하였으며 1970년대에 방사선 조사를 물리적 처리법으로 공식 인정하였다.

식품에 쪼인 방사선은 식품을 통과하여 빠져나가므로 식품 속에 잔류하지 않는다. 방사선 조사에 가장 많이 이용되는 γ-선은 투과력이 강하여 제품이 완전히 포장된 상태에서도 처리가 가능하고, 살균 · 살충 효과가 확실하며 유해 성분의 잔류 및 독성이 없다. 에틸렌옥사이드(ethylene oxide) 등 식품의 살균 · 살충에 사용하던 화학훈증제가 식품 중에 잔류하며 강력한 발암물질을 생성한다는 사실이 밝혀지면서 화학약품의 대체방법으로 안전성이 인정된 γ-선 조사의 이용이 계속 증가하고 있다.

방사선 조사식품(irradiated food)은 식품을 일정 시간 γ-선 또는 전자선 가속기에서 방출되는 방사선 이온화 에너지에 노출시켜 미생물, 기생충 등을 사멸시킴으로써 식품 성분의 파괴 없이 신선하고 오래 보존할 수 있는 상태로 만드는 것으로, 목적에 따라 방사선 조사선량에 차이가 있다(표 6-11).

식품에 방사선을 조사함으로써 얻을 수 있는 효과는 다음과 같다.

표 6-11 식품처리별로 요구되는 방사선 조사선량

조사선량(kGy)		처리 목적	대상 식품
저선량 (1kGy 이하)	0.05~0.15	발아 억제	감자, 양파, 마늘, 생강 등
	0.15~0.5	해충 사멸, 기생충 구제	곡류, 콩류, 생 · 건과일, 건어물/건조 육류, 돈육 등
	0.5~1.0	숙도 지연	생과일, 생채소
중선량 (1~10kGy)	1.0~3.0	저장기간 연장	생선, 딸기 등
	1.0~7.0	부패균, 병원균 사멸	냉장 · 냉동 수산물, 냉장 · 냉동 식육(가금육 포함)
	2.0~7.0	가공 적성 개선	포도(주스 수율 증진), 건채소/곡류(조리시간 단축)
고선량 (10~50kGy)	30~50	멸균	식육, 수산물, 환자식, 우주식 등
	10~50	식품첨가제 등의 멸균	향신료, 효소제제, 천연 검 등

① 발아 억제

0.05~0.15kGy 정도의 저선량 방사선 조사로 감자, 고구마, 양파, 마늘, 생강 등의 발아를 억제할 수 있다.

② 해충 및 기생충 제거

0.15~1.0kGy 정도의 저선량 방사선 조사는 곡류, 콩류, 채소와 과일에서 해충 및 그 알과 유충을 죽이거나 불임화할 수 있다. 또한, 촌충, 흡충, 선모충 등 식품에 존재할 수 있는 기생충을 불활성화할 수 있다.

③ 식중독균 억제

방사선 조사로 식중독 원인균의 살균이 가능하다. 세균의 종류에 따라 방사선에 대한 감수성에 차이가 있는데, 살모넬라와 대장균군은 1.0~5.0kGy, 기타 무포자형성균과 각종 곰팡이는 5.0~10.0kGy, 포자형성균은 10.0~20.0kGy, 포자와 바이러스는 30.0kGy의 방사선 조사로 살균할 수 있다. 10.0~50.0kGy의 고선량 방사선 조사는 완전 살균 통조림식품, 환자용 무균식, 우주인 식품, 실험동물용 무균 사료의 제조에 적용한다.

④ 저장기간 연장으로 식품 보존성 연장

매년 세계 식량 생산량의 약 25%가 오염과 부패로 수확 후 폐기되고 있다. 5.0kGy 이하의 방사선 조사는 과일, 축육과 수산가공품 등의 식품에서 부패나 변질을 일으키는 미생물 대부분을 사멸할 수 있다.

⑤ 과일, 채소의 숙도 지연, 물성 개선

저선량 방사선 조사는 바나나, 파파야, 망고 등 과일과 채소, 버섯의 숙도를 지연시키고 보존성을 향상시킬 수 있다. 또한, 건조채소의 조직감을 개량하는 등 물성을 개선할 수 있다.

2) 방사선 조사식품의 안전성 평가

방사선 조사식품은 오랜 연구를 바탕으로 WHO, UN FAO, IAEA, FDA 등에서 안전성을 인정받았다.

1980년대 들어 WHO, UN FAO, IAEA 방사선 조사식품 안전성 평가 공동전문가위원회는 총평균 10.0kGy 이하로 방사선 조사된 모든 식품이 독성학적 · 영양학적 · 미생물학적으로 안전함을 공표하였고, 방사선 조사에 의한 식품 보존이 다른 어떤 방법보다 안전하며 효과적이라고 평가함으로써 모든 식품에 방사선 조사를 적용할 수 있도록 승인하였다. 또한, 방사선 조사식품에 대한 CAC에서 제정한 Codex 및 우리나라의 식품규격이 설정되어 있다.

1992년 WHO, UN FAO, IAEA 등과 국제소비자연맹(IOCU)이 공동으로 10.0kGy 이하의 방사선 조사가 건강에 해로움을 줄 수 있는 식품의 성분 변화를 초래하지 않으며, 방사선 조사식품에서는 어떠한 방사능도 검출되지 않을 뿐 아니라 유전독성학적으로도 전혀 문제가 없다고 결론지음으로써 방사선 조사식품의 안전성에 대해 재확인하였다. 또한, WHO는 가능하면 γ-선으로 조사처리된 신선하고 냉동된 가금육을 선택해야 한다고 발표하였다.

IAEA에 따르면, 2010년을 기준으로 53개국에서 250여 종의 식품 품목에 대해 방사선 조사를 허용하고 있다. 우리나라에서는 감자, 양파, 마늘, 환자용 음식과 된장 · 고추장분말 및 고춧가루, 홍삼 등 화학적 · 물리적 · 영양학적 변화가 없는 26개 식품에 식품 조사를 허용하였으며, 2016년 제조공정 특성상 수작업이 많아 미생물 제어가 어려운 조미건어포류를 식품 조사처리 품목에 추가하는 「식품의 기준 및 규격」 일부 개정안을 행정 예고하였다(표 6-12).

표 6-12 국내 방사선 조사 허용 대상 식품별 흡수선량

품목	조사 목적	조사선량(kGy)
감자, 양파, 마늘	발아 억제	0.15 이하
밤	살충, 발아 억제	0.25 이하
버섯(건조 포함)	살충, 숙도 지연	1.0 이하
난분	살균	5.0 이하
곡류(분말 포함), 두류(분말 포함)	살균, 살충	
전분	살균	

품목	조사 목적	조사선량(kGy)
건조식육	살균	7.0 이하
어류분말, 패류분말, 갑각류분말	살균	
된장분말, 고추장분말, 간장분말	살균	
건조채소류(분말 포함)	살균	
효모식품, 효소식품	살균	
조류식품	살균	
알로에분말	살균	
인삼(홍삼 포함) 제품류	살균	
조미건어포류	살균	
건조향신료 및 이들 조제품	살균	10.0 이하
복합조미식품	살균	
소스	살균	
침출차	살균	
분말차	살균	
특수의료용도 등 식품	살균	

3) 방사선 조사식품에 대한 규제

(1) 방사선 식품 조사처리 기준

우리나라 식품공전에서는 식품 일반에 대한 방사선 조사처리 기준을 다음과 같이 명시한다.

① 식품 조사처리에 이용할 수 있는 선종은 γ-선 또는 전자선으로 한다.

② γ-선을 방출하는 선원으로는 ^{60}Co(코발트)을 사용할 수 있고, 전자선을 방출하는 선원으로는 전자선 가속기를 이용할 수 있다.

③ ^{60}Co에서 방출되는 γ-선 에너지를 사용할 경우 식품 조사처리가 허용된 품목별 흡수선량을 초과하지 않도록 한다.

④ 전자선 가속기를 이용하여 식품 조사처리를 할 경우 10MeV(메가렉트론볼트) 이하에서 조사처리하며, 식품 조사처리가 허용된 품목별 흡수선량을 초과하지 않도록 한다.

⑤ 식품 조사처리는 승인된 원료나 품목 등에 한하여 위생적으로 취급·보관된 경우에만 실시할 수 있으며, 발아 억제, 살균, 살충 또는 숙도 조절 이외의 목적으로 식품 조사처리 기술을 사용하여서는 안 된다.

⑥ 한 번 조사처리한 식품은 다시 조사하여서는 안 되며, 조사식품을 원료로 사용하여 제조·가공한 식품도 다시 조사하여서는 안 된다.

(2) 방사선 조사식품의 표시기준

국제식품규격위원회는 방사선을 조사한 식품의 포장 및 용기에 '조사처리(treated with radiation, treated by irradiation)' 문구 또는 방사선 조사식품 마크를 표시하도록 규정한다. 우리나라의 경우는 식품 등의 표시기준에 대한 식품의약품안전처 고시에 따라 방사선 조사식품에 다음과 같이 표시한다.

① 표시대상

- 「식품위생법」 제7조 및 「축산물 위생관리법」 제4조에 따라 방사선 조사가 허용된 식품에 방사선을 조사한 경우(완제품)
- 위의 식품 중 검지법이 고시된 식품을 원재료로 사용하여 식품을 제조·가공한 경우(방사선 조사한 원재료 사용 식품)

② 표시방법

- 조사처리된 원료를 사용한 식품은 '원재료명 및 함량' 표시란의 해당 원재료명 옆에 괄호로 방사선 조사를 표시하고, 허용된 완제품에 조사한 경우에는 조사처리된 식품임을 나타내는 문구와 조사도안(RADURA)을 표시하여 판매한다(그림 6-4).
- 어떤 원재료가 방사선 조사처리되었는지 확인하기 어려운 경우에는 '방사선 조사처리된 원재료 일부 함유' 또는 '일부 원재료 방사선 조사처리' 등으로 표시할 수 있다.

출처: 식품의약품안전처.

그림 6-4 방사선 조사식품에 대한 국제 도안(RADURA)

(3) 표시기준 위반 시 처리 사항

우리나라는 총리령으로 정하는 「식품위생법 시행규칙」과 「수입식품안전관리 특별법 시행규칙」에 따라 방사선 조사식품의 표시기준 및 처리기준을 위반하면, 다음과 같이 행정 처분한다(표 6-13).

표 6-13 방사선 조사처리식품의 표시기준 및 처리기준 위반 시 처분사항

위반 사항	식품위생법 (품목 제조 정지)		
	1차 위반	2차 위반	3차 위반
조사처리된 식품임을 표시하지 아니한 경우	15일	1개월	2개월
조사처리식품을 표시함에 있어 기준을 위반하여 표시한 경우	시정 명령	15일	1개월

위반 사항	수입식품안전관리 특별법 (영업 정지 및 제품 폐기)		
	1차 위반	2차 위반	3차 위반
허용한 것 외의 선원 및 선종을 사용한 경우	영업 정지 2개월과 해당 제품 폐기	영업등록 취소와 해당 제품 폐기	
허용 대상 식품별 흡수선량을 초과하여 조사처리한 경우와 조사한 식품을 다시 조사처리한 경우	영업 정지 1개월과 해당 제품 폐기	영업 정지 2개월과 해당 제품 폐기	영업등록 취소와 해당 제품 폐기
허용 대상 외의 수입식품 등을 조사처리한 경우	영업 정지 15일과 해당 제품 폐기	영업 정지 1개월과 해당 제품 폐기	영업 정지 2개월과 해당 제품 폐기

제3절 방사능 오염 식품

2011년 규모 9.0의 대지진으로 인한 일본 후쿠시마 원전 사고로 방사능 오염물질이 바다로 유입되면서 일본산 농축수산물과 가공식품의 수입이 중지되었고, 지난해 시중에 판매되던 침대 매트리스에서 1급 발암물질인 라돈(radon)이 검출되어 회수가 이루어졌다. 이처럼 우리 사회에 방사능 오염에 대한 불안감이 커지고 있다.

방사능 물질(핵종)이란 α-선, β-선, γ-선, X-선과 같은 방사선을 방출할 수 있는 물질이다.

방사선은 자연방사선과 인공방사선으로 구분된다. 자연방사선은 태양의 빛 에너지를 포함하여 대기, 대지 등 지구상의 모든 물질에서 자연적으로 나오며, 음식물에도 미량 존재한다. 인공방사선은 TV, 전자레인지 등 가전제품, 건강검진에 쓰이는 X–선 장치나 암 치료 장치, 원자력 발전소, 핵무기 등에서 발생한다. 연간 자연 방사선량은 전 세계 평균 2.4mSv 정도이며 지역마다 차이가 있다. 우리나라는 3.08mSv 정도이다.

TIP 방사능(방사성)과 방사선의 차이

- 방사능(방사성)
  방사능(방사성) 물질의 원자핵이 단위시간당 붕괴되는 수를 의미하며, 방사능 강도의 측정단위로 Bq(베크렐)을 사용한다.
- 방사선
  원자핵이 붕괴될 때 방출하는 α–선, β–선, γ–선 등 일종의 공간을 이동하는 에너지로, 사람이 방사선을 쬐었을 경우 그 영향 정도를 나타내는 측정 단위로 Sv(시버트)와 mSv(밀리시버트)를 사용한다.

1) 방사능에 의한 식품 오염

방사능은 자연적으로는 식품에 존재하지 않으나, 1979년 미국의 스리마일섬 원전 사고, 1986년 구소련의 체르노빌 원전 사고, 2011년 일본 후쿠시마 원전 사고와 같은 원자력 발전소 사고나 핵실험의 핵연료 처리시설 등에서 노출되어 식품에서 발견될 수 있다. 원자력 발전소의 핵폭발 사고로 핵분열 생성물이 대기 중으로 방출된 후 떠돌다가 방사능 강하물로서 그대로 또는 빗물에 섞여 육지나 바다에 떨어진다. 이 과정에서 방사능 물질이 동식물을 직접 오염시키기도 하며, 토양과 해양에 흡수되어 간접적으로 오염시키기도 하는데, 오염된 육지나 토양에서 자란 채소, 해양의 물고기 등에 방사능 물질이 쌓이고 이를 사람이 섭취함으로써 인체에 흡수된다.

이뿐만 아니라 원자력 발전소의 냉각수로 사용된 대량의 바닷물이 온도가 높아진 채 해양으로 배출되어 열오염을 일으킴으로써 수온에 민감한 어패류 양식에 영향을 주어 해양생태계를 파괴하기도 한다. 실제로 후쿠시마 원전 사고 이후 일본산 수산물에서 방사능 세슘(caesium)이 다량 검출됨으로써 후쿠시마 원전에서 가까운 지역의 식품 수입이 중단되었으며, 원자력발전소 폭발 사고가 일어난 체르노빌과 인접한 폴란드산 베리류에서 허용치 이상의 방사능 세슘이 검출되어 판매 중단 및 회수 조치에 들어가기도 하였다.

방사능 강하물 중 식품 오염에 있어 문제가 되는 핵종은 ^{131}I(요오드), ^{137}Cs(세슘), ^{89}Sr(스트론튬)와 ^{90}Sr(스트론튬)이다. ^{131}I과 ^{89}Sr는 반감기가 짧지만 생성률이 높아서 노출 직후 문제가 되며, ^{137}Cs과 ^{90}Sr은 물리적 반감기가 길어 장기적인 문제를 일으키는 경우가 많다. 또한, ^{137}Cs은 ^{90}Sr보다 표면흡수량이 많고 흡수된 후 식물체 내에 농축되는 경향이 있다. 다음은 최근 4년간 국내에서 방사능 세슘이 허용치 이상으로 검출된 유통식품의 현황이다(표 6-14).

표 6-14 우리나라 방사능(세슘) 기준치 초과 검출 식품 현황(2015~2018년)

연도	품목	제조국	품목 건수	검출치 (Bq/kg)	판매된 분량 (kg)
2015	건조능이버섯	북한	1	981	6.0
2016	건조능이버섯	중국	1	326	31.0
2017	차가버섯추출분말	러시아	1	124	9.1
	블루베리퓌레	프랑스	3	123~203	유통 안 됨
	블루베리잼	프랑스	1	138	7.1
2018	블루베리분말	폴란드	2	760~809	17.0
	링곤베리분말		6	120~504	414.8
	빌베리분말		10	891	48.2
	건조능이버섯	키르기스스탄	1	160	272 회수

출처: 동아일보(2018. 7. 9).

2) 방사능 오염 식품의 인체에 대한 작용

우리는 일상생활에서 소량의 방사능에 노출되고 있지만 건강에 큰 영향을 느끼지 못한다. 그러나 한꺼번에 대량의 방사능에 노출되면 영향을 받게 된다. 국제방사선방호위원회는 평생의 누적 선량 기준을 100mSv 이하로 정하고 연간 제한 선량을 1mSv

로 하였다. 이 기준은 100mSv 이하로 노출된 경우 암 발생률이 증가하였다는 증거가 확인되지 않은 일본 히로시마 원폭 피해 자료를 바탕으로 한다.

100mSv의 방사능에 피폭 시 인체에는 큰 영향이 없으나, 1,000mSv 이상에 피폭 시에는 10% 정도가 식욕 부진, 피로감, 메스꺼움 등의 증상이 나타날 수 있으며, 4,000~5,000mSv 이상에 피폭되면 식욕 감퇴, 헛구역질 등의 전조 증상에 이어 2~4주 정도의 잠복기를 거친 후 골수 기능이 저하됨으로써 감염 등 심각한 문제가 발생할 수 있다고 알려졌다.

전신이 1,000mSv 이상의 용량에 노출되면 급성 방사선증후군(ARS, acute radiation syndrome)이 나타날 수 있는데, 과량의 방사능 물질에 노출된 음식을 섭취한 후 구토, 탈모 등과 같은 신체적 이상을 보이는 것을 말한다. 1,000mSv의 용량은 1년간 자연적으로 노출되는 방사선량(3.08mSv)의 약 300배 수준으로, 골수 손상과 관련된다. 한편, 소화기계, 심혈관계 등의 다른 장기는 약 10,000mSv 이상의 더 높은 용량에 의해 영향을 받는다.

방사능에 노출 시 체내로 들어간 방사능 물질은 대사되어 표적 장기에 축적되거나 체외로 배출되는데, 이 과정에서 전리방사선을 방출하여 여러 가지 문제를 일으킨다. 방사능 물질의 체내 축적 현상은 반감기와 관련이 있으며, 물리적 반감기와 생물학적 반감기를 모두 고려하여야 한다(표 6-15, 표 6-16). 주로 근육이나 생식선 등에 분포하여 장애를 주는 ^{137}Cs의 물리적 반감기는 30년으로 알려졌지만, 체내로 들어온 이후 생물학적 반감기인 약 110일이 지나면 자연스럽게 절반이 체외로 배출되고 1년 정도 지나면 거의 배출된다고 알려져 있다.

표 6-15 주요 방사능 물질의 전리방사선과 반감기

전리 방사선	핵종	반감기[6]	전리 방사선	핵종	반감기
α	^{235}U(우라늄)	7.0×10^{8}년	β	^{99}Tc(테크네슘)	2.1×10^{5}년
α	^{238}Pu(플루토늄)	87.7년	β	^{129}I(요오드)	1.6×10^{7}년
α	^{239}Pu(플루토늄)	2.4×10^{4}년	γ	^{60}Co(코발트)	5.3년
α	^{240}Pu(플루토늄)	6540.0년	γ	^{103}Ru(루비듐)	39.3일
α	^{241}Am(아메리슘)	432.0년	γ	^{106}Ru(루비듐)	1.0년
β	^{3}H(삼중수소)	12.4년	γ	^{131}I(요오드)	8.0일
β	^{14}C(탄소)	5730.0년	γ	^{134}Cs(세슘)	2.1년
β	^{35}S(황)	87.3일	γ	^{137}Cs(세슘)	30.1년
β	^{89}Sr(스트론튬)	50.5일	γ	^{144}Ce(세륨)	284.9일
β	^{90}Sr(스트론튬)	29.1년	γ	^{192}Ir(이리듐)	73.8일

[6] 반감기: 원자수가 처음의 반이 되는 데 걸리는 시간

출처: 식품의약품안전처.

표 6-16 주요 방사능 물질의 물리적 반감기와 생물학적 반감기

방사능 물질	물리적 반감기	생물학적 반감기	반감기
^{131}I(요오드)	8.04일	8일	7.6일
^{137}Cs(세슘)	30년	109일	108일
^{90}Sr(스트론튬)	28년	35년	16년
^{239}Pu(플루토늄)	24,300년	200년	198년

출처: 식품의약품안전처.

특히 문제가 되는 대표적인 핵종은 반감기가 긴 ^{90}Sr이다. ^{90}Sr은 칼슘(Ca)과 유사한 성질을 가지고 있어서 다량의 핵종이 식품과 함께 체내로 들어가면 장관에 흡수된 후 뼈에 침착되어 골수의 조혈 기능에 장애를 일으킨다. 방사능 물질은 신체 조직에 침착되는 성질이 있으므로 방사능 오염 식품에 의한 장애는 대부분 만성적이며,

친화성과 침착 부위에 따라 장애 부위가 다르다(표 6-17).

표 6-17 방사능 물질의 전리방사선과 표적 장기

핵종	전리방사선	표적 장기	핵종	전리방사선	표적 장기
^{239}Pu(플루토늄)	α	뼈	^{55}Fe, ^{59}Fe(철)	β	혈액
^{226}Rn(라돈)	α	뼈	^{35}S(황)	β	피부
^{89}Sr(스트론튬)	β	뼈	^{137}Cs(세슘)	β, γ	근육
^{90}Sr(스트론튬)	β	뼈	^{129}I(요오드)	β, γ	갑상샘
^{144}Ce(세륨)	γ	뼈	^{60}Co(코발트)	β, γ	췌장

3) 방사능 오염 식품의 검지 및 규제

방사능은 에너지이므로 눈에 보이거나 냄새가 나지 않아 식품의 수입 단계와 국내 생산 단계에서 방사능 검사를 실시한 후 유통한다. 식품 방사능을 포함한 유해 물질 기준은 CAC에서 설정하는데, CAC는 플루토늄, 스트론튬, 탄소, 요오드, 세슘 등 식품에 오염될 수 있는 방사능 물질 20개에 대한 권고기준을 정하고 있다(표 6-18). 우리나라는 이 기준을 반영하여 식품의약품안전처에서 요오드(^{131}I)와 세슘(^{134}Cs, ^{137}Cs)에 대한 국내 기준을 제정하였다(표 6-19).

표 6-18 Codex의 식품 중 방사능 권고기준

그룹	방사선 핵종	권고기준(Bq/kg)	
		영유아	성인
1	^{238}Pu, ^{239}Pu, ^{240}Pu, ^{241}Am	1	10
2	^{235}U, ^{90}Sr, ^{129}I, ^{106}Ru, ^{131}I	100	100
3	^{35}S, ^{89}Sr, ^{60}Co, ^{103}Ru, ^{134}Cs, ^{137}Cs, ^{144}Ce, ^{192}Ir	1,000	1,000
4	^{3}H, ^{14}C, ^{99}Tc	1,000	10,000

출처: 식품의약품안전처.

표 6-19 우리나라의 식품 중 방사능 기준

방사능 핵종	대상 식품	기준(Bq/kg, L)
^{131}I	영아용 조제식, 성장기용 조제식, 영유아용 곡류 조제식, 기타 영유아식, 영유아용 특수조제식품	100 이하
	우유 및 유가공품	
	기타 식품(7)	300 이하
$^{134}Cs + ^{137}Cs$	모든 식품	370 이하 → 100 이하 (임시 강화 기준)

(7) 기타 식품: 영아용 조제식, 성장기용 조제식, 영유아용 곡류 조제식, 기타 영유아식, 영유아용 특수조제식품, 유 및 유가공품을 제외한 모든 식품 및 농축수산물을 말한다.

방사능 물질에서 전리되는 방사선에는 α, β, γ 핵종 등이 있고, 가장 많이 발생하는 것은 γ 핵종으로 세슘과 요오드가 여기에 해당된다.

여러 가지 방사능 물질 중 식품에 포함된 인공방사능 물질을 측정하는 지표가 되는 물질은 ^{131}I과 $^{134+137}Cs$로 이 중 식품에 포함된 인공방사능 물질의 영향은 대부분 세슘이 차지한다. 따라서 ^{131}I과 ^{134}Cs 및 ^{137}Cs은 방사능 오염 여부를 확인할 수 있는 좋은 지표이며, 분석시간이 상대적으로 짧다는 장점 때문에 수입 단계에서 적용한다.

식품의약품안전처는 식품 중 방사능 세슘과 요오드 관리기준을 정하여 엄격하게 관리하고 있으며, 후쿠시마 원전 사고 이후 가까운 8개 현(후쿠시마, 이바라키, 미야기, 도치기, 아오모리, 군마, 이와테, 지바)에서 생산된 모든 수산물과 14개 현의 27개 농산물은 수입 중지하였고, 기타 지역에서 생산된 식품은 일본에서 검사한 성적서를 첨부해야만 수입을 허용한다. 이렇게 수입된 일본산 식품은 식품의약품안전처가 수입할 때마다 표본검사를 하여 성적서 내용이 확인되는 경우에만 통관이 허용된다. 만약 일본산 식품에서 세슘이나 요오드가 조금이라도 검출되면 다른 방사능 핵종에 대한 검사증명서를 제출토록 요구하고 있다.

우리나라의 식품 방사능 안전성 검사는 식품의약품안전처 주관으로 각 시·도 식품위생관리 부서와 해양수산부 및 농림수산식품부의 산하기관이 합동으로 검사하는데, 다소비품목(농축수산물, 가공식품)과 방사능 검출 이력 품목을 대상으로 연간 수거검사계획을 수립하여 ^{131}I, ^{134}Cs, ^{137}Cs에 대해 방사능 검사를 수행한다. 검체 채취 기준에 따라 검체를 채취한 후 방사능 검사를 실시하는데, 일반식품 1kg당 세슘은 100Bq, 요오드는 300Bq로 관리한다. 현재 우리나라는 방사능 세슘에 대해 식품 1kg당 100Bq로 관리하고 있으며, 국제기준(1,000Bq), 미국(1,200Bq), 유럽연합(1,250Bq)보다 엄격한 기준을 적용하고 있다.

검사 결과는 2주 간격으로 관계 기관의 검사 결과를 취합하여 식품의약품안전처 홈페이지에 방사능 검사 현황을 공개한다. 방사능이 기준치 이하 미량 검출된 제품은 ^{90}Sr, $^{238-240}Pu$에 대해 추가로 검사한다.

FOOD HYGIENE

CHAPTER 07

식품안전관리인증기준

제1절 HACCP의 정의

식품안전관리인증기준(HACCP, 해썹)은 위해요소분석(hazard analysis)과 중요관리점(critical control point)을 의미하며, 생물학적 · 화학적 · 물리적 위해요소를 분석하여 주요 공정이나 단계를 중점 관리함으로써 위해 요소를 예방 · 제거하거나 허용 수준 이하로 감소시키는 것이다.

HACCP은 식품의 원료 및 제조공정에서 발생 가능한 병원성 미생물 등 생물학적 · 화학적 · 물리적 위해 요소를 미리 차단할 수 있는 위해요소분석을 시행한다. 위해요소분석은 어떤 위해를 예측하여 그 위해 요인을 사전에 파악하는 것을 목적으로 한다. 중요관리점이란 '반드시 필수적으로 관리하여야 할 항목'이란 뜻을 포함하고 있으며, 위해 요소를 예방, 제거 또는 허용수준으로 감소시킬 수 있는 공정이나 단계를 중점 관리한다. 즉, HACCP은 위해 방지를 위한 예방적 식품안전관리체계를 말한다.

HACCP 제도는 식품을 만드는 과정에서 생물학적 · 화학적 · 물리적 위해 요인이 발생할 수 있는 상황을 과학적으로 분석하고 사전에 위해 요인의 발생 여건을 차단하여 소비자에게 안전하고 깨끗한 제품을 공급하기 위한 시스템 규정을 의미한다. 즉, 식품의 원재료부터 제조, 가공, 보존, 유통, 조리 단계를 거쳐 최종 소비자가 섭취하기

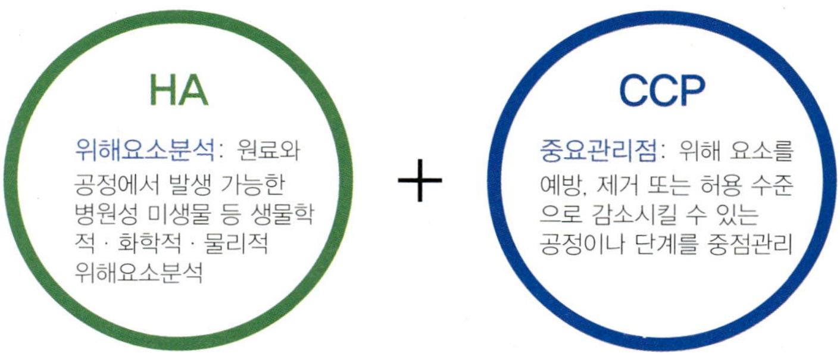

그림 7-1 HACCP의 정의

전까지의 각 단계에서 발생할 우려가 있는 위해 요소를 규명하고, 이를 중점적으로 관리하기 위한 중요관리점을 결정하여 자율적이며 체계적이고 효율적인 관리로 식품의 안전성을 확보하려는 과학적인 위생 관리 체계이다.

HACCP은 전 세계적으로 가장 효과적이고 효율적인 식품안전관리체계로 인정받고 있으며, 미국, 일본, 유럽연합, 국제기구(CAC, WHO, UN FAO) 등에서도 모든 식품에 HACCP을 적용할 것을 적극적으로 권장하고 있다.

제2절 HACCP의 역사

HACCP의 원리가 식품에 응용되기 시작한 것은 1960년대 초 미항공우주국(NASA)이 미생물학적으로 100% 안전한 우주식량을 제조하기 위하여 필스버리사, 미육군 나틱(NATICK) 연구소와 공동으로 HACCP을 실시한 것이 최초이며, 1971년 미국식품보호위원회에서 처음으로 공표하였다.

이 방식은 1973년 FDA에 의해 저산성 통조림식품의 GMP에 도입되었으며, 그 이후 미국 식품업계에서는 신중하게 도입에 관해 논의하였다. 1987년에는 식품보호위원회로부터 HACCP의 채택을 권고받아 미국의 농무부 식품안전검사국, FDA, 육군 나틱 기술개발연구소 및 대학과 민간의 전문가로 이루어진 식품 미생물 기준 전국자문위원회가 설치되어 검토한 결과, 1989년에 HACCP의 지침이 설정되었고 HACCP의 7원칙을 제시하였다.

최근 세계 각국은 식품의 안전성 확보를 위하여 HACCP을 이미 도입하였거나 도입을 준비 중이다. 더욱이 1993년 7월 CAC가 제20차 총회에서 HACCP 시스템의 적용지침을 채택하고 각국에 HACCP 도입을 권고함에 따라 HACCP은 전 세계에 빠른 속도로 확산되고 있다.

| 표 7-1 | 우리나라 HACCP 제도의 역사

시기	제도 정보
1996. 12.	• 식품위해요소중점관리기준(보건복지부 고시) 제정
1997. 10.	• 어육가공품 중 어묵류 HACCP 적용 품목 추가
1998. 2.	• 냉동수산식품 중 어류 등 HACCP 적용 품목 추가
2000. 10.	• 집단급식소 · 식품접객업소의 조리식품, 도시락류 HACCP 적용 품목 추가 • 수출용 식품의 HACCP 기준 마련
2002. 6.	• 비가열음료, 레토르트식품 HACCP 적용 품목 추가 • 비고시 품목 HACCP 적용 심의기준 마련
2003. 8.	• 어묵류 등 6개 식품 유형에 HACCP 의무화 규정 신설(「식품위생법」 제48조 제2항) 및 의무적용 대상 품목 지정
2005. 10.	• 김치절임식품 등 HACCP 적용 대상 추가
2006. 12.	• 배추김치 의무적용 대상 지정
2008. 4.	• 생식류, 고춧가루, 면류 중 국수 · 냉면 · 당면 · 유탕면류 HACCP 적용 대상 추가 • 비고시 품목 HACCP 적용 심의기준 개선
2008. 5.	• HACCP 평가기준 개선
2009. 3.	• 신선편의식품, 단순전처리식품, 기타 가공품, 냉장수산물 가공품 HACCP 적용 대상 추가
2009. 8.	• 기타 식품 판매업소의 판매식품 HACCP 적용 대상 추가
2010. 11.	• 소규모 업소에 맞는 HACCP 관리기준 마련
2011. 6.	• 식품 소분업소의 소분식품, 과자류, 음료류, 다류, 주류(탁주) HACCP 적용 대상 추가
2012. 5.	• HACCP 정기조사평가 차등관리제 도입(고시) • 선행요건관리기준서 간소화 규정 마련
2013. 12.	• HACCP 지정 및 사후관리 평가 시 '과락제' 도입(고시)
2014. 5.	• HACCP 한글 명칭(식품위해요소중점관리기준 → 식품안전관리인증)으로 변경(「식품위생법」) • 8개 품목 및 연 매출 100억 원 이상의 매출업체 의무적용 대상 지정(「식품위생법 시행규칙」)

시기	제도 정보
2014. 12.	• 식품위해요소중점관리기준 → 식품안전관리인증기준(고시명 변경, HACCP 로고 변경)
2015. 8.	• HACCP 적용 부실업체 행정조치 강화(one-strike-out제 시행)
2015. 12.	• 식품 및 축산물 안전관리인증기준 제정 고시
2016. 4.	• 의무적용 대상 품목 지정
2016. 8.	• 인증연장심사 도입 및 시행

출처: 식품의약품안전처(2014b).

제3절 HACCP 제도 및 적용 분야

우리나라는 HACCP 제도를 식품과 축산물 분야에서 적용하고 있다. 1996년 식품위해요소중점관리기준(보건복지부 고시)을 제정하였고, 1997년에 축산물 작업장 위해요소중점관리기준(HACCP)이 도입되었다. 식품 분야는 「식품위생법」에서 적용 품목 및 기준을 마련하였고, 축산물 분야는 「축산물 위생관리법」에서 품목과 기준을 제시하고 있다. 최근에는 「식품 및 축산물 안전관리인증기준」을 식품의약품안전처 고시로 2015년에 통합하여 제정하였다.

1) 식품 분야

식품의 적용 분야는 1996년 제도가 제정된 이후 꾸준히 품목이 증가하고 있다. 식품 및 즉석판매 제조·가공업, 건강기능식품 및 식품첨가물 제조업, 식품 소분업, 집단급식소 및 기타 식품 판매업, 식품 접객업 및 집단급식소 등 식품의 제조·가공·유통·외식·급식의 모든 분야에 적용되고 있다. 2003년 어묵류 등 6개 식품 유형에 식품안전관리 의무화 규정을 신설한 이래 2006년에 배추김치, 2014년에 과자 · 캔디류 등 8개 품목 및 연 매출 100억 원 매출업체, 2016년 순대 · 떡볶이 떡(떡류)에 대해 식품안전관리인증을 의무적으로 적용하며, 연 매출 및 종업원 수에 따라 2020년까지 단계별 의무적용 대상으로 관리된다.

기관에서는 HACCP 인증을 받고자 하는 업체에 서류검토와 현장실사를 실시하여 식품안전관리인증기준의 적용에 적합하다고 인정되는 경우 인증서를 발급하며, 안전한 식품 소비를 위하여 식품안전관리인증기준 대상 식품을 점차 확대하는 추세이다.

| 표 7-2 | 식품안전관리인증의 적용 대상

적용 업종	세부 업종 및 적용 품목
식품 제조 · 가공업소	과자류, 빵 또는 떡류, 코코아 가공품류 또는 초콜릿류, 잼류, 설탕, 포도당, 과당, 엿류, 당시럽류, 올리고당류, 식육 또는 알 함유 가공품, 어육가공품, 두부류 또는 묵류, 식용 유지류, 면류, 다류, 커피, 음료류, 특수용도 식품, 장류, 조미식품, 드레싱류, 김치류, 젓갈류, 조림식품, 절임식품, 주류, 건포류, 기타 식품류
건강기능식품 제조업소	영양소, 기능성 원료
식품첨가물 제조업소	식품첨가물, 혼합제제류
식품 접객업소	위탁급식영업, 일반음식점, 휴게음식점, 제과점
즉석판매 제조 · 가공업소	즉석섭취식품
식품 소분업소	소분식품
집단급식소 식품 판매업소	단순전처리식품
기타 식품 판매업소	판매식품
집단급식소	조리식품

2) 축산물 분야

축산물 분야도 HACCP 적용 품목을 점차 확대하고 있으며, 의무적용 대상이 증가하고 있다. 사료제조업, 가축사육업, 도축업, 집유업, 식육 포장처리업, 축산물 가공업, 축산물 보관·운반·판매업까지 축산물의 생산·가공·유통의 모든 분야에 적용되고 있다. 현재 도축장, 집유장에서는 HACCP을 의무적으로 적용하고 있으며, 유가공장은 2018년도까지 단계별 의무적용 대상으로 관리되고 있다.

표 7-3 축산물 분야 HACCP 적용 대상

적용 업종		적용 품목
안전관리 통합 인증		돼지, 한우, 젖소, 육계, 식용란, 오리, 메추리
가축 사육업(농장)		돼지, 한우, 젖소, 육우, 육계, 산란계, 오리, 부화업, 메추리, 산양
도축업		소, 돼지, 닭, 오리
축산물 가공업	유가공업	우유류, 저지방 우유류, 유당분해우유, 가공유류, 산양유, 발효유류, 버터유류, 농축유류, 유크림류, 버터류, 자연치즈, 가공치즈, 분유류, 유청류, 유당, 유단백가수분해 식품, 조제유류, 아이스크림류, 아이스크림 분말류, 아이스크림믹스류, 무지방 우유류
	식육가공업	햄류, 소시지류, 양념육류, 베이컨류, 건조저장육류, 분쇄가공육 제품, 갈비 가공품, 식육 추출가공품, 식용 우지, 식용 돈지
	알가공업	전란액, 난황액, 난백액, 전란분, 난황분, 난백분, 알가열성형 제품, 염지란, 피단
식육 포장처리업		포장육
축산물 판매업		식육 판매업, 소규모 식육 판매업, 식용란 수집 판매업, 소규모 식용란 수집 판매업, 식육 즉석판매 가공업, 축산물 유통전문 판매업
집유업		집유업
축산물 보관업		축산물 보관업
축산물 운반업		축산물 운반업
배합 사료		고기소, 젖소, 돼지, 닭, 개, 양식용 어류, 사육하는 동물, 프리믹스용 배합 사료, 오리, 사슴, 토끼, 말, 칠면조, 애완동물(기존), 메추리, 꿩, 오소리, 대용유용 배합 사료, 면양 산양, 농가 자가 배합 사료 원료, 실험용 동물, 반추동물용 섬유질 배합 사료, 타조, 뉴트리아, 애완동물(간식영양보충용)
단미 사료		반추동물용 섬유질
보조 사료		보조 사료

제4절 HACCP 도입 효과

HACCP 제도의 도입은 식품의 생산자와 소비자 모두 안전한 식품을 제공하고 소비한다는 신뢰를 가질 수 있으며, 안전성도 확보할 수 있다.

① 사업자 측면

- 자율적인 위생 관리를 수행할 수 있는 체계적인 위생 관리 시스템의 확립이 가능
- 관리인원의 감축, 관리 요소의 감소 등으로 제품 불량률, 소비자 불만, 반품 · 폐기량 등의 감소로 위생 관리 비용이 감소
- 위해 요인을 미리 효과적으로 차단하여 위생적이고 안전한 식품 생산 가능
- 식품제조의 전 단계를 관리하는 것이 아니라 위해가 발생될 수 있는 단계를 집중적으로 관리함으로써 위생 관리 체계의 효율성 극대화
- HACCP 적용 업소는 적용 품목에 대한 인증마크 부착으로 회사와 대상 제품에 대한 신뢰성 향상

② 소비자 측면

- HACCP 적용 업소에서 생산된 제품은 안전성을 최대한 보장하고 있기 때문에 소비자들의 안전한 식품 소비 가능
- 소비자들은 HACCP 마크를 확인하고 스스로 안전한 식품을 선택할 기회 제공

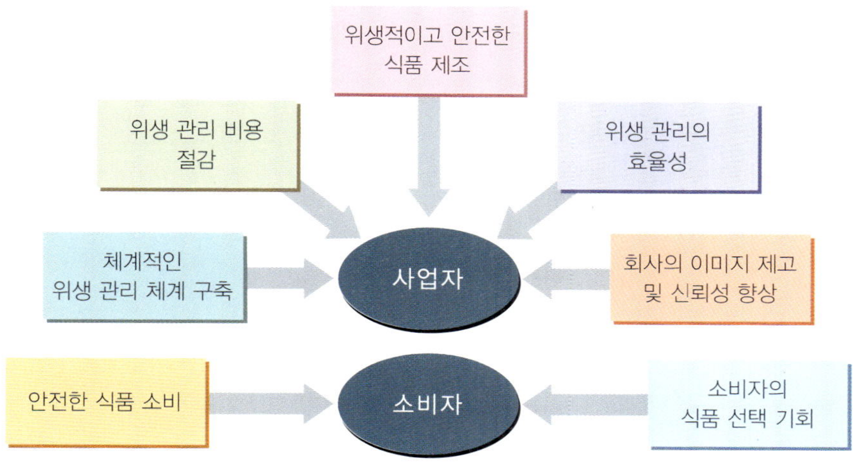

그림 7-2 HACCP 도입의 효과

제5절 HACCP 적용 절차

특정 위해를 확인하고 효율적으로 관리하여 위해를 확실하게 예방하는 관리시스템인 HACCP의 적용에는 7원칙이 있으며, 총 12단계에 따라 이를 적용하여 시행한다(그림 7-3).

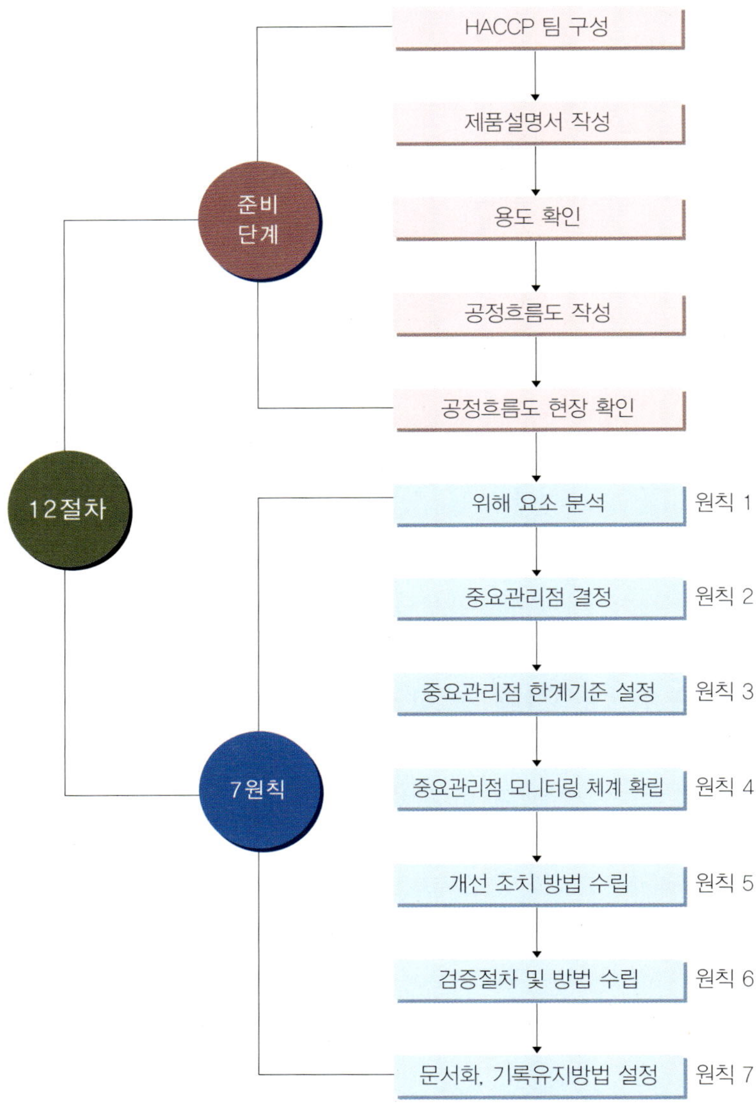

그림 7-3 HACCP의 7원칙 12절차

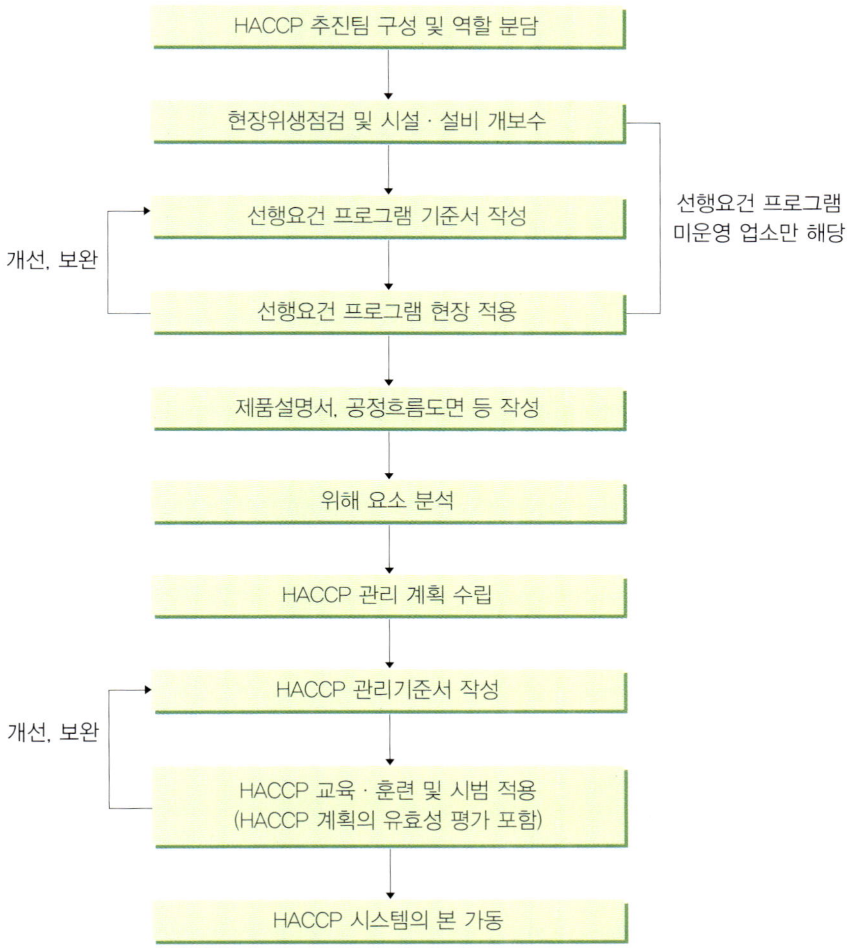

그림 7-4 식품 제조 · 가공 업체 및 집단급식소에서 HACCP 적용 추진 절차

① 추진팀 구성 및 역할분담

- HACCP 시스템의 확립과 운용을 주도적으로 담당할 HACCP 팀이 구성되면, 품질 관리, 생산, 공무, 연구개발 등의 분야를 담당할 팀장 및 팀원별로 각각 구체적이고 실질적인 역할을 분담

② 현장위생점검 및 시설 · 설비 개보수

- 식품을 위생적으로 생산 · 조리하기 위한 기본적인 위생시설 · 설비 및 위생 관리 현황을 점검
- 기본적인 GMP, SSOP(sanitation standard operating procedure) 자체 위생 관리 기준 구축 · 운영에 필요한 문제점을 개선 · 보완

③ 선행요건 프로그램 기준서 작성 및 현장 적용

- 영업장, 위생, 제조시설 · 설비, 냉장 · 냉동설비, 용수, 보관 · 운송, 검사, 회수 프로그램 관리를 포함하는 선행요건 프로그램 기준서를 작성
- 현장 적용 후 실행상의 문제점 · 개선점을 파악, 기준서를 개정

④ 제품설명서, 공정흐름도면 등 작성

- 제품 성분, 규격, 유통기한, 사용용도 등을 포함하는 제품설명서를 작성
- 제조 · 가공 · 조리 공정도, 작업장 평면도, 공조시설 계통도, 용수 및 배수처리 계통도 등을 작성
- 위해분석의 기초 자료로 활용

⑤ 위해요소분석, HACCP 관리계획 수립

- 원료별 제조공정별 발생 가능한 위해 요소에 대한 위해평가를 실시
- 중요관리점, 한계 기준, 모니터링 방법, 기준 이탈 시 개선 조치방법 등을 포함하는 HACCP 관리계획 수립

⑥ HACCP 관리기준서 작성

- HACCP팀 구성, 제품설명서, 공정흐름도, 위해요소분석, 중요관리점 결정, 한계 기준 설정, 모니터링 방법의 설정, 개선 조치, 검증, 교육훈련, 기록 유지 및 문서화 등을 포함하는 HACCP 관리기준서를 작성

⑦ HACCP 교육 · 훈련 및 시범적용

- 현장 종업원, 관리자, HACCP 팀원 등을 대상으로 수립된 HACCP 관리계획에 대한 교육 · 훈련 후 현장에 시범 적용
- 실제 수립된 계획이 현장에 적용하였을 경우 효과적으로 적용 · 운영되는지 반드시 확인(유효성 평가 실시)

⑧ HACCP 시스템의 본격 가동

- 유효성 평가 결과를 HACCP 관리계획에 반영하여 문제점을 개선하여 HACCP 시스템을 본격적으로 운영하고 지방 식품의약품안전청에 HACCP 적용업체 인증 신청

제6절 HACCP의 선행요건

HACCP 관리계획은 안전하고 위생적인 식품 생산에 필요한 기본적인 환경과 작업 활동을 보장하는 선행요건 프로그램의 단단한 기초 위에서 수립하고 시행한다.

HACCP을 적용하고자 하는 업체의 영업자는 「식품위생법」 등 관련 법적 요구사항을 준수하면서 위생적으로 식품을 제조 · 가공 · 조리하는 기본 시스템을 갖추기 위하여 작업 기준과 위생 관리 기준을 포함한 선행요건 프로그램을 먼저 개발하여 시행한다.

선행요건 프로그램에 포함할 사항은 영업장, 종업원, 제조 시설, 냉동설비, 용수, 보관, 검사, 회수관리 등으로서 영업장을 위생적으로 관리하는 기본적이고 필수적인 내용이다. 영업자는 분야별로 작업담당자, 작업내용, 실시 빈도, 실시 상황의 점검 및 기록방법을 정하여 구체적인 관리기준서를 작성하고, 종업원이 준수하도록 관리하며, 시행에 관한 기록을 보관 · 유지한다.

1) 운영

(1) 선행요건 프로그램 개발

식품 제조 · 가공 공장 및 집단급식소에서는 제조 · 조리 공정 및 환경 등에서 발생 가능한 위해로부터 식품이 오염되거나 변질되는 것을 방지하기 위하여 기본적인 위생 관리 방법과 절차 등을 규정한 선행요건 프로그램을 개발한다.

선행요건 프로그램은 ① 영업장 관리, ② 위생 관리, ③ 제조 시설 · 설비 관리, ④ 냉장 · 냉동 설비 관리, ⑤ 용수 관리, ⑥ 보관 · 운송 관리, ⑦ 검사 관리, ⑧ 회수 프로그램 관리인 8개 분야로 구성되며, 분야별로 개별 관리 기준서를 작성한다.

관리기준서의 최초 완성 시 위생 관리 책임자의 서명과 승인일자를 기재하며, 이후 수정 · 개정될 경우 그 이력을 지속적으로 기록 · 유지한다. 기준서 내용에는 위생 관리 방법, 관리 활동을 확인하는 데 필요한 모니터링의 실시 빈도와 방법, 실시 책임자 및 결과의 기록관리에 관한 사항을 규정한다.

선행요건 프로그램은 해당 작업장에 적용되는 모든 법률적 요구사항을 충족하고 위생 관리가 효과적으로 이루어질 수 있도록 작성 · 운영하여야 하지만, 세부기준서의 종류, 문서양식, 작성방법 등은 운영자의 편리에 따라 변경될 수 있다.

(2) 선행요건 프로그램 적용

운영자는 최초 수립된 선행요건 프로그램을 작업장에 적용해 보고, 그 효과성을 평가하는 검증을 실시한다. 선행요건 프로그램의 효과성을 평가한 후 해당 기준서가 법률적 요구사항을 포함한 기본적인 위생안전성을 확보할 수 있음을 확인하고, 필요한 경우 수정 · 보완한다. 또한, 프로그램의 실행 가능성을 평가하여 그 실행이 보장되는 데 필요한 인적 · 물적 자원을 파악하고 보충한다.

(3) 선행요건 프로그램 유지 및 관리

운영자는 선행요건 프로그램이 제조·가공 공정 및 제조환경 등에서 위해 물질에 의한 식품의 직접 오염 또는 변질을 효과적으로 예방할 수 있는지, 종사자들이 관리기준에 따라 적절하게 실행하고 있는지 등을 확인·평가하는 검증을 정기적으로 시행한다.

검증결과를 근거로 선행요건 프로그램이 효율적으로 실시될 수 있도록 관련 규정을 개정하거나 시설, 설비, 기구, 작업방법 또는 담당자를 변경하거나 종업원을 교육한다. 선행요건 프로그램의 검증은 HACCP 시스템의 검증 활동과 병행하거나 분리하여 실시할 수 있다.

(4) 개선 조치

운영자는 선행요건 프로그램의 유지나 시행이 식품의 안전성을 확보할 수 없다고 판단될 경우 적절한 개선 조치를 취한다.

2) 식품 제조·가공 업체의 적용기준

(1) 영업장 관리

① 작업장

- 독립된 건물이거나 식품 취급 외의 용도로 사용되는 시설과 분리함
- 작업장 외벽과 지붕 등의 먼지, 곤충 등의 유입이나 누수를 방지함
- 출입구와 창 등은 밀폐 가능한 구조이어야 함
- 청결 구역과 일반 구역으로 나누고 교차오염 방지를 위하여 벽 등으로 분리함
- 취급하고자 하는 제품의 특성과 공정에 따라 분리, 구획 또는 구분함

표 7-4 작업장의 구역 설정

구분	내포장 이전에 가열(또는 소독) 공정이 있는 경우	내포장 이후에 가열(또는 소독) 공정이 있는 경우	전체 공정에 가열(또는 소독) 공정이 없는 경우
청결 구역	• 가열공정 이후의 작업 구역 중 식품이 노출상태로 취급되는 제조·가공 구역 • 내포장 작업 구역	• 식품이 노출상태로 취급되는 작업 구역 중 제조가공 작업 구역 • 내포장 작업 구역	• 식품이 노출상태로 취급되는 작업 구역 중 제조가공 작업 구역 • 내포장 작업 구역
준청결 구역	• 가열 공정이 포함된 작업 구역	• 식품이 노출상태로 취급되는 작업 구역 중 전처리 외 구역	• 식품이 노출 상태로 취급되는 작업 구역 중 전처리 외 구역
일반 구역	• 식품을 내포장 상태로 취급하는 구역 전처리 작업 구역	• 식품을 내포장 상태로 취급하는 구역 전처리 작업 구역	• 식품을 내포장 상태로 취급하는 구역 전처리 작업 구역

출처: 식품의약품안전처(2017e).

② 건물바닥, 천장, 벽

- 내수성, 내열성, 내약품성, 항균성, 내부식성 등의 재질이어야 함
- 파여 있거나 갈라진 틈, 구멍이 없어야 함
- 천장은 청소가 용이한 구조로 가능한 한 밝은색으로 처리함

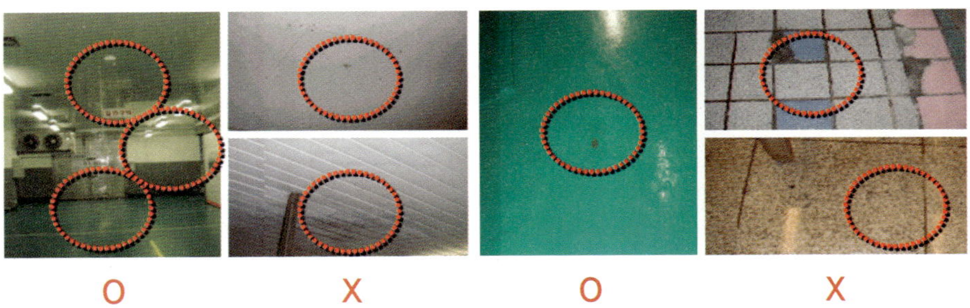

출처: 식품의약품안전처(2017h).

그림 7-5 작업장의 건물바닥, 벽, 천장 설치 예

③ 배수 및 배관

- 작업장은 배수가 잘되고 배수로에 퇴적물이 쌓이지 않아야 함
- 배수구, 배수관은 역류되지 않게 관리함

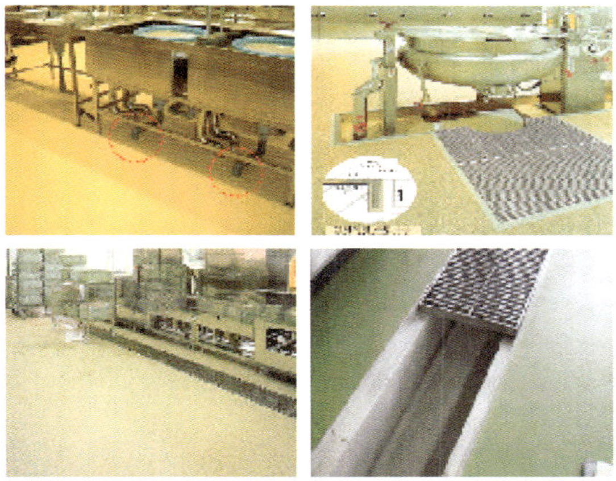

출처: 식품의약품안전처(2017h).

그림 7-6 작업장의 배수 및 배관 설치 예

④ 출입구

- 작업장 출입구에는 작업실 특성에 따라 세척 또는 건조·소독 설비 등을 갖춤

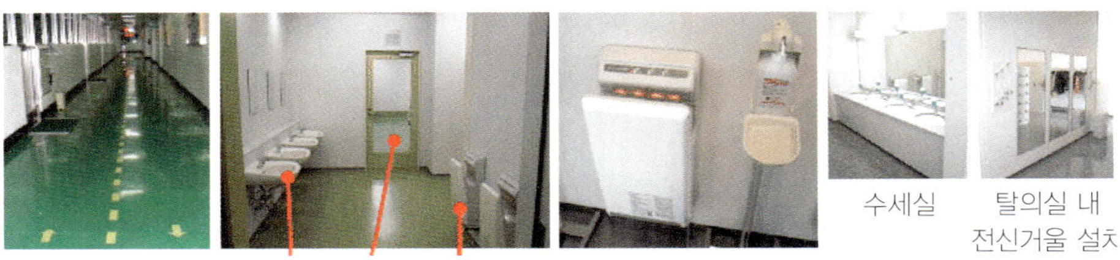

출처: 식품의약품안전처(2017h).

그림 7-7 작업장 출입구 설치 예

⑤ 통로

- 작업장 내부 통로는 종업원 등의 이동에 지장이 없도록 다른 용도로 사용하지 않으며, 이동경로를 표시하여 교차오염을 방지함

⑥ 창

- 유리는 파손 시 비산·혼입되지 않도록 관리함

출처: 식품의약품안전처(2017h).

그림 7-8 작업장 창 설치 예

⑦ 채광 및 조명

- 내부식성 재질로 식품이 노출되거나 내포장 작업을 하는 작업장에는 파손이나 이물 낙하 등에 의한 오염을 방지하도록 적절한 보호 장치를 하고 청결히 관리함
- 선별 및 검사 구역(육안 확인이 필요한 경우에 한함): 540lux 이상

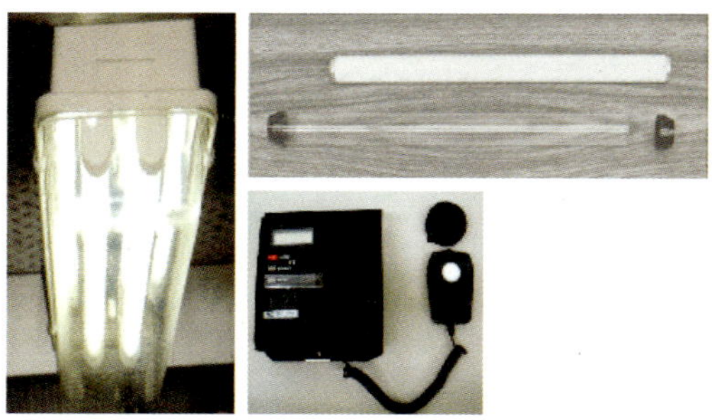

출처: 식품의약품안전처(2017h).

그림 7-9 작업장 조명 설치 예

⑧ 부대시설

- 작업장 외부로 배출할 수 있는 별도의 환기시설 구비함
- 청소가 용이하게 벽과 바닥은 내수성 · 내부식성 재질로 설치함
- 화장실의 출입구에는 세척, 건조, 소독 설비 등을 구비함
- 탈의실은 외출복장(신발 포함)과 위생복장(신발 포함) 간의 교차오염이 발생하지 않도록 구분하여 보관함

(2) 위생 관리

① 작업환경 관리

가) 동선 계획 및 공정 간 오염 방지

- 작업장 전 과정에서 발생할 수 있는 교차오염을 방지를 위하여 물류 및 출입자의 이동 동선에 대한 계획을 수립 · 운영함
- 작업장의 모든 과정에서 발생할 수 있는 이물에 대한 관리계획을 수립함
- 청결 구역과 일반 구역별로 각각 출입, 복장, 세척 · 소독 기준 등을 포함하는 위생 수칙을 설정 · 관리함
- 제조, 가공, 포장, 보관 등 공정별로 온도 관리계획을 수립하고 이를 측정할 수 있는 온도계를 설치함(필요한 경우 습도관리계획 수립 · 운영)

나) 환기시설 관리

- 작업장 내에는 악취나 이취, 유해 가스, 매연, 증기 등을 배출하는 데 충분한 용량의 환기시설을 설치함

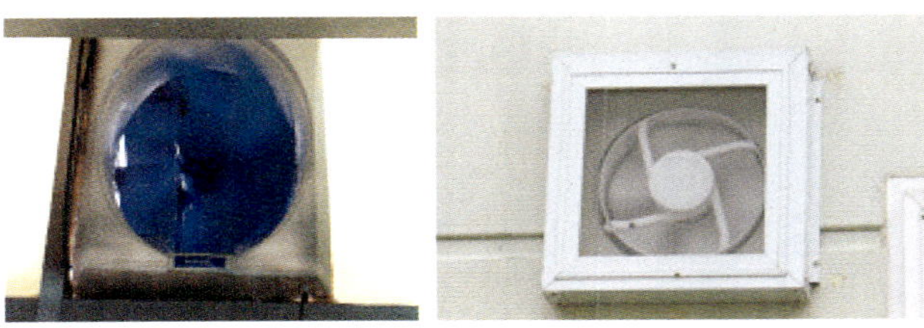

출처: 식품의약품안전처(2017h).

그림 7-10 환기시설 설치 예

다) 방충 · 방서 관리

- 외부로 개방된 흡기 · 배기구 등에는 여과망이나 방충망 등을 부착하고 주기적으로 청소 또는 세척하거나 교체함
- 작업장은 해충이나 설치류 등의 유입과 번식을 방지할 수 있도록 청결히 관리하고 방제 대책을 수립하여 유입 여부를 항상 확인함
- 구제 작업 시 적절한 보호 조치를 취한 후 시행하며, 작업 종료 후 직 · 간접적으로 접촉한 시설 또는 식품을 충분히 세척함

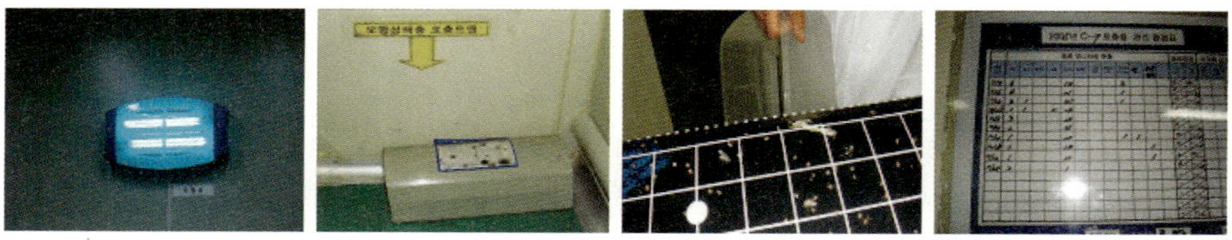

출처: 식품의약품안전처(2017h).

그림 7–11 방충 및 방서시설 설치 예

② 개인위생 관리

- 종업원은 위생복, 위생모, 위생화 등을 항상 착용하며, 이를 위생적으로 관리해야 함(작업 특성에 따라 위생마스크와 위생장갑 등을 추가로 착용함)
- 작업장 내에서 작업하는 모든 종업원은 개인용 장신구 등의 착용을 금지함

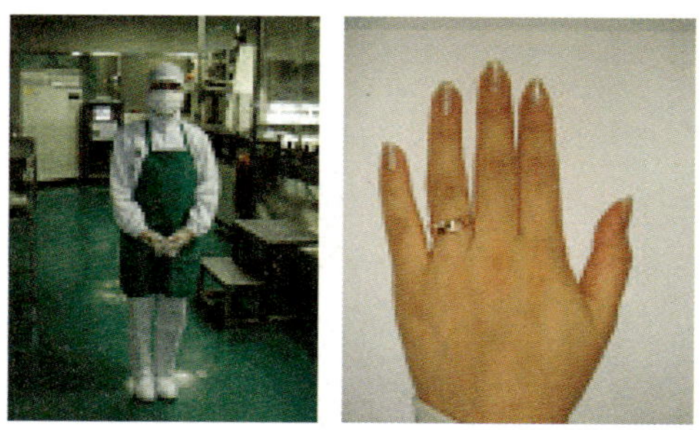

O X

출처: 식품의약품안전처(2017h).

그림 7–12 작업자 개인위생

③ 폐기물 관리

- 처리용기는 밀폐 가능한 구조로 침출수 및 냄새가 누출되지 않아야 하며, 수시로 세척 · 소독함
- 폐기물 · 폐수처리 시설은 작업장과 격리된 일정 장소에 설치 · 운영하고, 정기적으로 폐기물 등을 처리 · 반출함

출처: 식품의약품안전처(2017h).

그림 7-13 작업장 폐기물 관리 예

④ 세척 또는 소독

- 영업장에 종업원이나 기계 · 설비, 기구 · 용기 등을 세척하거나 소독할 수 있는 충분한 시설이나 장비를 구비함
- 올바른 손 세척방법 등에 대한 지침이나 기준을 게시함

(3) 제조시설 설비관리

① 기계 · 기구류 등 설비관리

- 제조 · 가공 공정 간 또는 취급시설 · 설비 간 오염이 발생하지 않도록 공정의 흐름에 따라 적절히 배치함
- 공업용 윤활유나 물리적 위해 요인에 의한 오염이 발생하지 않도록 위생적으로

설치 · 운영함

- 인체에 무해한 내수성 · 내부식성 재질로 세척이 쉽고 열탕 · 증기 · 살균제 등으로 소독 · 살균이 가능하여야 함
- 청소가 용이한 구조로 배치함
- 온도를 높이거나 낮추는 처리시설에는 온도 변화를 측정 · 기록하는 장치를 설치 · 구비 · 관리함
- 주기적으로 점검하여 유지 · 보수 등 개선 조치함

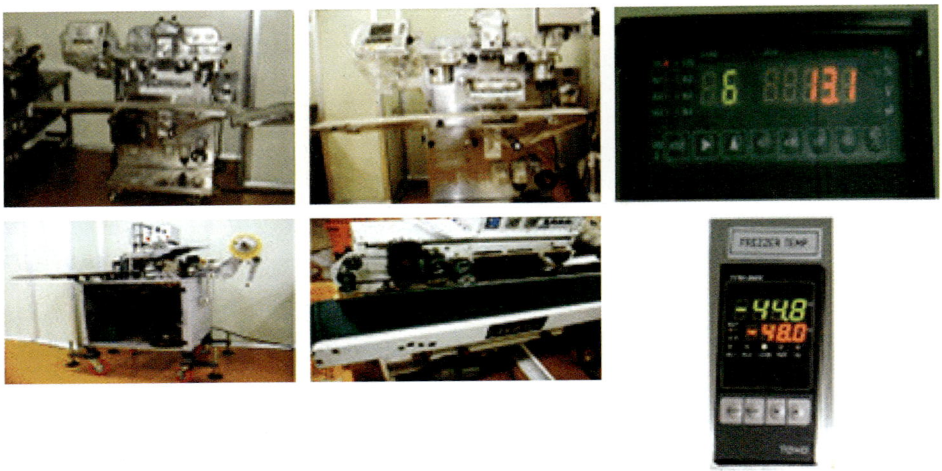

출처: 식품의약품안전처(2017h).

| 그림 7-14 | 제조시설 설비관리 예

(4) 냉장 · 냉동시설과 설비관리

- 냉장시설은 내부의 온도를 10℃ 이하(완제품의 유통단계는 제외), 냉동시설은 −18℃ 이하로 유지함
- 외부에서 온도 변화를 관찰할 수 있어야 하며, 온도 감응 장치의 센서는 온도가 가장 높게 측정되는 곳에 설치함
- 정기적으로 점검 · 정비를 실시하며 그 결과를 기록 · 유지함

출처: 식품의약품안전처(2017h).

그림 7-15 냉장 · 냉동시설 관리 예

(5) 용수기준

- 식품 제조 · 가공에 사용되는 용수는 수돗물이나 먹는물 수질기준에 적합한 지하수이어야 함
- 지하수의 취수원은 화장실, 폐기물, 폐수처리시설, 동물사육장 등 기타 지하수가 오염될 우려가 없도록 관리하고 필요한 경우 용수 살균 · 소독장치를 설치함
- 지하수를 사용하는 경우에는 먹는물 수질기준의 모든 항목에 대하여 연 1회 이상 검사함(음료류 등 직접 마시는 용도의 경우는 반기 1회 이상 검사함)
- 먹는물 수질기준에 정해진 미생물학적 항목은 월 1회 이상 검사를 실시함
- 용수 저장탱크, 배관 등은 인체에 유해하지 않은 재질을 사용하며, 외부로부터의 오염물질 유입을 방지하는 잠금장치를 설치함
- 용수 저장탱크는 반기별 1회 이상 청소와 소독을 실시하고 결과를 기록 · 유지함
- 비음용수 배관은 음용수 배관과 구별되도록 표시하고 교차되거나 합류되지 않도록 관리함

(6) 보관 · 운송관리

① 구입 및 입고

- 검사성적서로 확인되거나 자체적으로 정한 입고 기준 및 규격에 적합한 원 · 부자재만 사용함
- 부적합한 원 · 부자재의 반품 또는 폐기처분 절차를 설정 · 실행함
- 입고검사를 위한 검수 공간을 확보하고 검수 장비 구비함(필요시 먼지 제거 시설 포함)
- 원 · 부자재 검수는 납품 시 즉시 시행하고, 검수가 늦어질 경우에는 원 · 부자재별로 정해진 냉장 · 냉동 온도에 보관함

② 운송

- 운송차량(지게차 등 포함)으로 인하여 제품이 오염되지 않게 함
- 운송차량은 적정 온도를 유지하고, 외부 온도 기록장치를 부착하여 확인함(냉장 10℃ 이하, 냉동 −18℃ 이하 유지)
- 바로 먹을 수 있는 식품과 생식품을 분리하여 위생적으로 운반식품을 취급함
- 운송차량, 운반도구, 운반용기를 주기적으로 세척 · 소독함

③ 보관

- 선입선출 원칙에 따라 입 · 출고 상황을 관리하고 기록함
- 원 · 부자재 및 완제품을 명확하게 구분하고, 바닥과 벽으로부터 이격 보관함
- 날음식과 가열조리 음식을 구분하여 보관함
- 부적합품을 별도로 구분하여 반송이나 폐기 등의 조치방법을 설정 · 기록하여 유지함
- 비식용 화학물질을 구분하여 보관 · 취급함

O　　X

출처: 식품의약품안전처(2017h).

그림 7-16 보관관리 예

(7) 검사관리

① 제품 검사

- 제품 검사는 자체 실험실 또는 검사기관과의 협약에 의하여 실시함
- 검사결과 내용은 구체적으로 기록함

② 시설 · 설비 · 기구 등 검사

- 온도 측정장치의 연 1회 이상 교정함
- 작업장의 청정도 유지를 위하여 정기적으로 공중낙하 세균 등을 검사 · 관리함
- 검사용 장비 및 기구를 정기적으로 교정하고 그 기록을 유지함

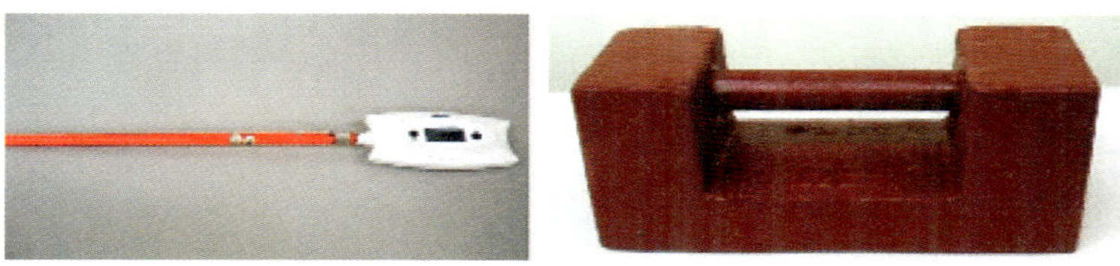

탐침온도계　　표준분동

출처: 식품의약품안전처(2017h).

그림 7-17 검사용 장비 및 기구

(8) 회수 프로그램 관리

- 구체적인 회수 절차나 방법을 기술한 회수 프로그램을 수립 · 운영함
- 생산 장소, 일시, 제조 설비 등 해당 시설 내의 필요한 정보를 기록 · 보관함
- 제품 추적을 위한 코드 표시 또는 로트 관리 등의 적절한 확인방법을 마련함

제7절 HACCP 인증마크

1) HACCP 적용 품목 심벌

HACCP 적용 심벌이나 현판은 인증기관에서 제시하는 심벌을 참조하여 제품과 업소의 특성과 포장 재질 또는 디자인에 적합하게 다양한 색상과 크기를 적용하여 사용할 수 있다. 식품 또는 축산물을 구분할 경우 심벌 내부에 '식품안전관리인증 또는 축산물안전관리인증', '안전관리인증식품 또는 안전관리인증축산물'로 표시할 수 있다.

2) HACCP 심벌

인증신청을 절차에 따라 실시한 후, 인증을 받은 사업자는 사용장소에 맞게 색상 및 크기를 조정할 수 있으나, 디자인은 다음과 같다(표 7-5).

표 7-5 업종별 HACCP 심벌

업종	HACCP 심벌
도축장, 집유장, 농장	안전관리인증 HACCP 농림축산식품부
사료	위해요소중점관리 HACCP 농림축산식품부
그 밖의 HACCP 적용 작업장 및 업소	안전관리인증 HACCP 식품의약품안전처
사용장소에 맞게 색상 및 크기 조정 가능	식품안전관리인증 HACCP 식품의약품안전처 (3종) 안전관리인증식품 HACCP 식품의약품안전처 (3종)

출처: 식품의약품안전처(2017e).

3) HACCP 지정업소 현판 견본

사용하고자 하는 자가 사용장소에 맞게 현판의 크기를 조정할 수 있으나, 크기는 가로:세로가 2:1 비율이며 디자인은 가능한 한 다음과 같아야 한다(그림 7-18).

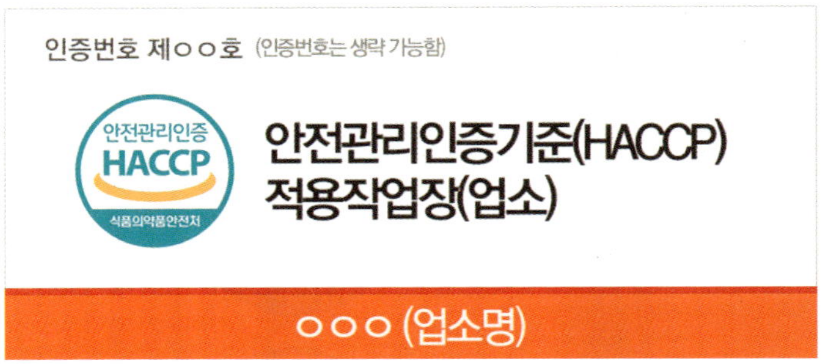

출처: 식품의약품안전처(2017e).

그림 7-18 HACCP 지정업소 현판의 예

CHAPTER 08

식품시설 및 개인위생 관리

제1절 시설 및 환경의 위생 관리

1) 시설 및 개인위생의 중요성

식품의 생산, 제조, 조리, 판매 등과 관련된 모든 시설과 종사자들의 위생 관리는 식품의 안전성 확보를 위하여 매우 중요하다. 그래서 「식품위생법」에서는 위해식품의 생산 및 유통 방지, 작업 능률의 향상, 종사자의 건강관리를 위하여 시설에 대한 기준 설정과 위생 관리를 규정하고 있다. 업종별로 시설 기준이 정해져 있으므로 이 기준에 부적합하면 영업허가를 받을 수 없다.

2) 작업장 바닥 및 벽

작업장을 구성하는 바닥과 내벽은 콘크리트, 인조 대리석 등 내구성 자재로 시공하여 마모·균열로 인한 2차 오염을 방지한다. 세척 공정이 포함되는 작업장에서는 내수성 마감재를 사용하기도 한다. 또한, 청소 등 물을 많이 사용하게 되면 배수가 잘 되도록 기울기를 주어야 하는데 바닥 1m당 높이 0.5~2.0cm의 기울기가 적당하다. 벽은 1m 높이까지는 바닥과 같은 내수성 자재로 시공한다. 바닥과 벽이 닿는 모서리는 반지름이 5cm 정도가 되도록 둥글게 하면, 모서리에 오물이 부착되는 것을 방지할 수 있고 청소가 용이하다. 출입문은 하단 30cm가량을 철판으로 씌우고 입구에는 신발 소독 장치(1~2% 크레솔 비누액 사용)를 설치하며, 에어커튼(450m/min의 풍속)을 설치하여 미생물과 곤충의 침입을 막는다.

3) 환기시설

식품을 조리하는 구역에는 후드, 환풍기 등의 환기시설을 구비하여야 한다. 작업장에서 발생하는 증기와 불쾌한 냄새 등을 배출할 수 있는 기계 환기시설을 설치하여 청정한 실내 환경을 유지하며, 자연 환기를 할 때는 창문에 방충망을 설치한다. 또한, 환기시설은 식품의 제조·조리 시 발생되는 이산화탄소와 증기, 연기 등이 외부로 잘 배출되는 곳에 설치한다. 후드의 형태는 조리기기보다 사방 15cm 이상 크게 하며, 녹이 슬지 않도록 스테인리스스틸 재질로 제작하고, 30° 정도의 적정 각도를 유지한다.

4) 배수시설

식품취급시설의 청정 구역에 해당하는 조리작업장의 바닥 배수구에는 덮개를 설치한다. 또한, 설치된 덮개가 그 기능을 수행할 수 있는 상태(부식·파손되지 않은 상태)로 설치·유지한다. 배수구 덮개의 기능은 배수구를 통해 해충 및 설치류, 음식물 찌꺼기 등의 이물질이 유입되는 것을 방지할 수 있다. 작업장 바닥과 배수로에 물 고임 및 냄새 역류가 없도록 청결히 관리한다.

출처: 식품의약품안전처(2017g).

그림 8-1 배수구의 올바른 관리

5) 작업장 구역 분리

식품의 제조, 가공, 조리, 판매 등의 시설은 일반 작업 구역과 청결 작업 구역으로 분리한다. 전처리 구역과 제조·가공·조리 구역이 벽 또는 문으로 분리되어야 한다. 특히, 식품제조시설과 집단급식소의 조리 구역은 작업 과정에서 교차오염이 발생하지 않도록 벽과 문을 설치하여 전처리실, 조리실, 식기구 세척실로 구획한다.

표 8-1 식품취급시설의 작업장 구역 분리

작업 구역	작업내용
전처리 구역 (일반 작업 구역)	검수 구역
	전처리 구역
	식재료 저장 구역
	세정 구역
조리 구역 (청결 작업 구역)	조리 구역
	정량 및 포장 구역
	배식 및 식기 보관 구역

6) 작업장 시설

작업장 안에는 취급하는 식품을 위생적으로 가공 및 조리하는 데 필요한 조리시설, 세척시설, 폐기물 용기 및 손 씻는 시설을 각각 설치하고, 폐기물 용기는 오물·악취 등이 누출되지 않도록 뚜껑이 있는 내수성 재질로 사용한다. 특히 손 씻는 시설 및 손 세정제, 손소독제, 종이타월을 구비하며, 종이타월은 수건으로 대체 가능하나 수건의 위생 관리가 이루어져야 한다.

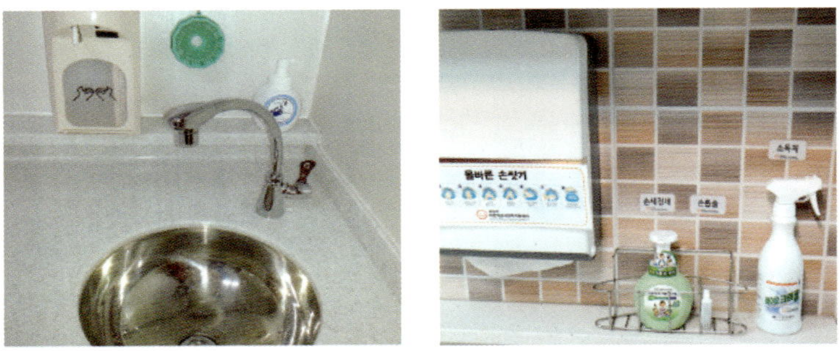

출처: 식품의약품안전처(2017g).

그림 8-2 손 씻기 시설 및 대체시설의 관리

7) 원재료의 위생 관리

「식품위생법」 제4조의 위해식품 등의 판매 등 금지에 관한 내용에 따르면, 부패·변질된 원료 및 식품을 사용 또는 보관하여서는 안 되며, 다음 사항에 해당하는 식품 등을 판매하거나 판매할 목적으로 채취, 제조, 수입, 가공, 사용, 조리, 저장, 소분, 운반, 진열하여서는 안 된다.

- 썩거나 상하거나 설익어서 인체의 건강을 해칠 우려가 있는 것
- 병을 일으키는 미생물에 오염되었거나 그러한 염려가 있어 인체의 건강을 해칠 우려가 있는 것
- 불결하거나 다른 물질이 섞이거나 첨가된 것 또는 그 밖의 사유로 인체의 건강을 해칠 우려가 있는 것
- 수입이 금지된 것 또는 수입신고를 하지 않고 수입한 것
- 영업허가를 얻지 않은 자가 제조·가공·소분한 것

8) 방충·방서 시설

쥐와 해충 등이 침입하여 식품을 오염시켜 심각한 질병을 전파할 수 있으므로 식품을 취급하는 작업장은 외부로 통하는 문과 창문에 모두 방충·방서 시설을 설치한다. 쥐와 곤충의 먹이가 될 수 있는 고인 물이나 음식물 찌꺼기를 제거하여 위생적인 환경을 조성하여야 한다. 유리창 및 방충망 청소는 월 1회 이상 시행할 것을 권장한다.

9) 그 밖에 작업장 시설 환경 관리

- 문과 창문 닫아 두기
- 방충망 설치 및 보수(새, 곤충, 해충 침입 금지)
- 냄새 발생 방지(배기시설, 배수구 정비)
- 음식물 폐기, 배수로 등의 세정 살균
- 출입구 근처 나무 제거(해충의 발생 서식지 제거)
- 시설 주변에 물이 고이는 곳과 쓰레기 제거
- 시설 내에 홈 제거

제2절 개인위생 관리

1) 복장

식품 취급 종사자는 위생복와 위생모를 착용하여 개인위생부터 식품의 안전성을 확보하여야 한다. 위생복은 자주 세탁하여 청결을 유지하여야 하며, 위생복을 착용하고 조리장 밖에 나가서는 안 된다. 모자나 삼각포로 머리카락을 덮고 마스크를 하며 손톱을 짧게 깎고 작업 중에는 반지와 같은 장신구 착용을 금지한다(그림 8-3).

출처: 식품의약품안전처(2016c).

그림 8-3 복장 위생

2) 손 씻기

식품의 가공 및 조리 전에는 반드시 올바른 방법으로 손을 씻은 후 작업하여야 한다. 작업자의 손을 매개로 하여 다양한 질병이나 식중독이 발생할 수 있으므로 올바른 손 씻기를 통해 예방한다. 손 씻기를 해야 할 때는 다음과 같다(그림 8-4).

- 작업을 시작하기 전
- 코 풀거나 재채기한 후
- 머리나 몸을 만진 후
- 화장실 사용 후
- 생선, 날고기 등을 취급한 후
- 전화를 받은 후
- 소독제, 세척제 등을 만진 후

출처: 식품의약품안전처(2016c). 식중독예방.

그림 8-4 손 씻기를 해야 할 때

FOOD HYGIENE

참고문헌

참고 문헌

구난숙 · 김완수 · 이경애 · 김미정(2015). 이해하기 쉬운 식품위생학. 경기: 파워북.

금종화 · 손규목 · 김성영 · 권영안 · 김정목 · 김종겸 · 김창렬 · 박상곤 · 송승열 · 송혁 · 이경임 · 이상일 · 이효순 · 조석금(2017). 이해하기 쉬운 식품위생학. 서울: 도서출판효일.

김미정 · 김보성 · 김옥경 · 김정연 · 민경진 · 박인숙 · 범봉수 · 송형익 · 어금희 · 여생규 · 윤정미 · 이명헌 · 황영정 · 홍승희(2015). 식품위생관계법규. 경기: 지구문화사.

농림축산식품부(2017. 9. 27.). 조류인플루엔자방역과 - 1002.

박경진 · 김중범 · 정현정 · 심원보(2017). 식품위생학. 서울: 창지사.

변명우(2010). 방사선조사 바로 알기. 대전: 우송대학교.

송형익 · 김경림 · 김미정 · 배지현 · 배현수 · 오창환 · 이미영 · 이웅수 · 최소례 · 최찬익(2015). 에센스 식품위생학. 경기: 지구문화사.

식품의약품안전처 고시(2014). 유전자변형식품 등의 안전성 심사 등에 관한 규정.

__________(2017). 유전자변형식품 등의 표시기준.

식품의약품안전처 보도자료(2017). 유전자변형식품 표시, 소비자 정보제공 범위 확대.

식품의약품안전처(2012). 방사선조사식품 수입신고 및 검사방법 안내.

__________(2014a). 방사선조사식품 관련 궁금증을 풀어봅시다!.

__________(2014b). 알기 쉬운 HACCP관리.

__________(2014c). 유전자변형식품(GMO) 안전관리.

__________(2015). 위해평가보고서 작성 가이드라인.

__________(2016a). 2015년 국내 원인균별 식중독 발생 현황.

__________(2016b). 미생물 위해 기술서 II.

__________(2016c). 식중독예방.

__________(2017a). 2017년 식품의약품안전백서.

__________(2017b). 2017년도 식중독 예방관리대책.

______________(2017c). 식중독 예방을 위한 위생관리 2017(강사과정).

______________(2017d). 식중독균의 이해.

______________(2017e). 식품 및 축산물 안전관리인증기준.

______________(2017f). 식품공전 해설서 – 식품별 기준 및 규격.

______________(2017g). 집단급식소 위생안전관리.

______________(2017h). HACCP 안전관리표준메뉴얼.

______________(2018). 유전자변형식품 승인현황.

이정훈 · 윤미숙 · 차욱진 · 유진현 · 이희태 · 김민경(2016). 식품위생학. 서울: 백산출판사.

이주운(2010). 산업계의 방사선조사 이용 현황. 한국원자력연구원 방사선과학연구소.

임무혁(2010). 국내 방사선조사식품 관리 현황. 식품의약품안전처.

장동석 · 신동화 · 정덕화 · 김창민 · 이인선(2006). 식품위생학. 서울: 정문각.

최해연 · 김학연 · 윤혜려 · 성정민 · 김옥선(2014). 식품위생학 및 법규. 경기: 파워북.

______________________________(2017). 식품위생학 및 법규. 경기: 파워북.

한국생명공학연구원 바이오안전성정보센터(2018). 2017년 우전자변형생물체 관련 주요 통계.

한국소비자연맹(2014). GMO교육교재 유전자변형식품 올바로 알기.

한국소비자연맹 · 식품의약품안전처(2016). 유전자변형식품 올바로 알아보기.

한국질병관리본부(2005). 감염병실험실진단.

McBeath, B. (2011). Reducing Spoilage in the Fresh Food Supply Chain.

WHO(2008). Foodborne Disease Outbreaks Guidelines for Investigation and Control.

농림수산식품교육문화정보원. www.epis.or.kr. 농식품백과사전.

법제처 국가법령정보센터. www.law.go.kr.

식품의약품안전처 식품안전나라. www.foodsafetykorea.go.kr.

식품의약품안전처. www.mfds.go.kr.

질병관리본부. www.cdc.go.kr.

한국바이오안전성정보센터. www.biosafety.or.kr.

http://www.botany.hawaii.edu/faculty/wong/BOT135/LECT12.HTM.

http://www.cdc.go.kr/CDC/cms/content/mobile/33/69033_view.html

https://articles.extension.org/pages/28432/staphylococcus-aureus.

https://en.wikipedia.org/wiki/Bacillus_cereus#/media/File:Bacillus_cereus_SEM-cr.jpg.

https://en.wikipedia.org/wiki/Campylobacter_jejuni.

https://en.wikipedia.org/wiki/Clostridium_botulinum.

https://en.wikipedia.org/wiki/Clostridium_perfringens.

https://en.wikipedia.org/wiki/Escherichia_coli_O157:H7.

https://en.wikipedia.org/wiki/Hepatitis_A#/media/File:Hepatitis_A_virus_02.jpg.

https://en.wikipedia.org/wiki/Listeria_monocytogenes

https://en.wikipedia.org/wiki/Norovirus#/media/File:Norwalk.jpg.

https://en.wikipedia.org/wiki/Pseudomonas_aeruginosa#/media/File:Pseudomonas_aeruginosa_Gram.jpg.

https://en.wikipedia.org/wiki/Rotavirus#/media/File:Multiple_rotavirus_particles.jpg.

https://en.wikipedia.org/wiki/Salmonella.

https://en.wikipedia.org/wiki/Vibrio_parahaemolyticus.

https://en.wikipedia.org/wiki/Yersinia_enterocolitica.

https://stopfoodborneillness.org/pathogen/vibrio.

https://www.cdc.gov/yersinia/index.html.

https://www.foodnavigator.com/Article/2014/08/18/Salmonella-illnesses-from-single- source-yet-to-be-identified.

저자 소개

김정목
목포대학교 식품공학과 교수

강희정
동부산대학교 바리스타&소믈리에과 교수

박상규
남부대학교 식품영양학과 교수

배상옥
초당대학교 조리과학부 교수

신정규
전주대학교 한식조리학과 교수

이영덕
서원대학교 식품공학과 교수

제2판

식품위생학

초 판 1쇄 발행 2019년 6월 27일
제2판 1쇄 발행 2022년 8월 19일

지 은 이 | 김정목 · 강희정 · 박상규 · 배상옥 · 신정규 · 이영덕
펴 낸 이 | 김기섭
편 집 인 | 김민수 · 이현남
펴 낸 곳 | 창지사 www.changjisa.com
08589 서울시 금천구 가산디지털 1로 83 파트너스타워 1차 9층
전화 (02)719-2211~3
팩스 (02)701-9386
등 록 | 1977년 4월 28일 · 제1-421호

ISBN 978-89-426-1553-7 (93590)

값 21,000원